AF309379

ATLAS
GÉNÉRAL ET
ÉLÉMENTAIRE
Pour l'Etude
de la Géographie et de
l'Histoire moderne
Dirigé
par le Sr. DESNOS Libraire
et Ingénieur Géographe
DU ROY
DE DANNEMARCK
A PARIS
Rue St. Jacques au Globe
1769.

DESCRIPTION
GÉNÉRALE
DE L'EUROPE, DE L'ASIE, DE L'AFRIQUE, ET DE L'AMÉRIQUE,

Précédée de Difcours pour l'intelligence des Spheres Armillaires de P T O L E M É E, & de Ç O P E R N I C, & des Globes Célefte & Terreftre;

A V E C

Un Avant - propos Hiftorique fur l'origine & les progrès de l'Aftronomie & de la Géographie ;

Ouvrage utile pour l'intelligence de toutes fortes d'Atlas univerfels,

Par M. M A C L O T , Profeffeur de Mathématiques & de Cofmographie.

Volume in - folio, broché, fix liv. & grand in - 4°. cinq liv.

A P A R I S,

Chez D E S N O S , Libraire & Ingénieur - Géographe , rue Saint Jacques , à l'Enfeigne du Globe & de la Sphere.

M. D C C. L X V I I I.
A V E C P R I V I L E G E D U R O I.

AVERTISSEMENT
DE L'ÉDITEUR.

ON a eu soin de faire imprimer ces discours, de maniere qu'ils puissent être appliqués sur chacune des Cartes dont ils présentent l'analyse. Ils sont particuliérement adaptés à *l'Atlas général méthodique & élémentaire, dressé pour l'instruction de la jeune Noblesse de l'Ecole Royale Militaire, & reçu par une Délibération du Conseil de cette Ecole.*

Les Cartes qu'il renferme ont été construites d'après les meilleures Cartes Françoises & Etrangeres, & assujerties aux Observations astronomiques de Messieurs de l'Académie Royale des Sciences, par une Société d'Ingénieurs-Géographes du Roi, qui ont fait usage des Mémoires les plus récents, & particuliérement de ceux de Messieurs Tchirikow & De l'Isle, ainsi que des Cartes & Mémoires publiés en Russie, postérieurement à leurs découvertes.

Tout ce qui peut intéresser le Militaire, l'homme de Lettres, le Négociant & le Voyageur, s'y trouve réuni. Outre les divisions générales qui servent à faire connoître les limites respectives des divers Empires, Royaumes & Républiques; elles offrent encore les divisions particulieres de chacun d'eux, relativement à leur Gouvernement Ecclésiastique, Militaire & Civil. Celles de la France offrent de plus un Itinéraire détaillé de ce Royaume.

Pour que rien ne manque à cet Atlas, on y a joint les représentations en plan des Spheres de Ptolemée & de Copernic, ainsi que des Globes céleste & terrestre. Une suite d'autres Planches sert de développement à celles-ci, & présente des connoissances plus particulieres sur les différents systêmes du Monde, la diversité des apparences célestes qui résultent des différentes positions de la Sphere, la variété des saisons & des climats, la distinction des horisons, la méthode de s'orienter, les longitudes, les latitudes, &c. &c.

Toutes ces Planches & Cartes n'offriroient d'utilité qu'aux personnes déjà instruites, & le seroient peu à l'égard de celles qui ne le sont pas, sans le secours des discours analytiques & historiques qui les accompagnent. Ce sont autant de Leçons précises imprimées sur les marges de chaque Carte, pour en faciliter l'étude. La partie de l'Astronomie qui se combine avec la Géographie, est aussi traitée en autant de discours qu'il y a de Planches relatives à cet objet, & pareillement imprimés sur les marges de chaque Planche.

Le nombre des feuilles, tant Planches pour l'intelligence de la Géographie astronomique, que Cartes géographiques, composant cet Atlas, est de soixante-huit. Elles sont indiquées par ordre de numeros, dans le Catalogue que l'on en donne ci-après. C'est le même qui a été communiqué au Public à la suite du Prospectus que nous avons fait paroître. On retrouve ici sous le titre d'Avant-Propos, le Préambule de ce Prospectus, qui renferme en peu de lignes, tout ce qui peut être dit d'intéressant touchant l'origine & les progrès de la Géographie. Le Supplément en forme de Commentaire qui se trouve à la suite, contient des principes utiles & des remarques relatives à l'histoire de l'Astronomie.

Le Catalogue en question, est une Nomenclature raisonnée & détaillée. Il se trouve ici d'autant plus utile qu'il sert à faire connoître l'ordre observé dans la suite & l'arrangement des Cartes qui en sont l'objet. Si le Recueil qu'on en donne au Public, a quelque avantage sur tous ceux de la même espece qui ont paru jusqu'à présent, il l'a sur-tout, à l'égard de l'ordre dont nous parlons, qui est le plus naturel & le plus conforme à la méthode que l'on doit suivre pour étudier la Géographie avec succès.

Il n'est personne qui ne puisse facilement reconnoître l'avantage des discours imprimés. L'impression est beaucoup moins pénible pour la lecture que ne l'est la gravure; & ce n'est que d'après les avis & les sollicitations mêmes d'un très-grand nombre d'Amateurs, que nous lui avons donné la préférence. Comme nous ne cherchons que ce qui peut être utile au Public, nous avons cru qu'il étoit de notre devoir de nous en rapporter là-dessus au Public même.

CATALOGUE.

Planches pour la Géographie astronomique.

N°. 1. Sphere universelle construite, selon le systême de Ptolemée, & représentée dans deux différentes positions.

N°. 2. La même Sphere représentée dans une troisieme position. Autre Sphere universelle construite selon le systême de Copernic.

N°. 3. Globe céleste & Globe terrestre.

N°. 4. Les circonstances qui résultent des trois positions générales de la Sphere, sont ici représentées avec plus de détail par trois différentes Figures dessinées géométriquement. Une quatrieme figure met sous les yeux la différence des horisons rationel & sensible. Une cinquieme figure appellée *Rose des vents*, désigne tous les points que l'on distingue dans la circonférence de l'horison.

N°. 5 Ordre des corps célestes, selon Ptolemée, Copernic, Descartes & Tycho-Brahé.

N°. 6. Cette Planche représente les positions d'où résultent, à l'égard des divers peuples de la terre, les oppositions de saisons, d'heures, & de projections de l'ombre méridienne du Soleil.

N°. 7. Ici l'on donne la connoissance des Zônes, des Climats, des Longitudes, des Latitudes, &c.

CARTES GEOGRAPHIQUES.

N°. 8. *Mappemonde.* Il est naturel, en commençant l'étude de la Géographie, de prendre d'abord une idée générale de tout le Globe: c'est pourquoi la Mappemonde est la premiere Carte à voir.

N°. 9. *Hemisphere Oriental.* La Mappemonde représente le Globe terrestre divisé en Hémisphere oriental & Hémisphere occidental, relativement au méridien de l'Isle-de-fer. Après avoir considéré ces deux Hémispheres ensemble, il est bon de considérer chacun d'eux en particulier. Cette Carte de l'Hémisphere Oriental, nous offre sur l'Europe, l'Asie & l'Afrique, plus de détails que la Mappemonde.

N°. 10. *Hemisphere Occidental.* Nous avons déjà acquis quelques idées sur l'Europe, l'Asie & l'Afrique: c'est sur l'Amérique, principal objet de cette Carte, que notre attention doit se porter maintenant.

N°. 11. *Carte de l'Europe.* Il est dans l'ordre qu'après avoir acquis des connoissances générales sur toutes les parties de la Terre, nous commencions notre étude particuliere

A

par l'Europe qui est pour nous la partie la plus intéressante à connoître. Ici, nous la considérons séparément des autres parties, & elle nous est présentée avec beaucoup plus de développement que dans les Cartes précédentes.

Nº. 12. *Carte du Royaume de France.* C'est la premiere Carte particuliere que nous devons étudier après avoir vu celle de l'Europe : elle nous offre la division du Royaume par Gouvernemens militaires immédiats. Nous nous en servons encore pour connoître les ressorts des Parlemens & des Conseils supérieurs.

Nº. 13. C'est la même Carte dont nous faisons usage pour la connoissance des Provinces Ecclésiastiques & du cours des Rivieres, ainsi que pour l'Introduction à l'Itinéraire du Royaume.

Nota. Les Cartes pour le détail de la France sont au nombre de quinze : nous les avons mises exprès à la fin de l'Atlas, afin que l'étude qu'on en fera, étant la derniere placée dans la mémoire, elle n'en puisse être effacée par l'étude subséquente d'autres Cartes.

Nº. 14. *Carte de la Suisse.* Toute la Suisse est divisée en treize Cantons qui forment autant d'Etats Républicains, unis & confédérés en un seul Corps, dont plusieurs Etats voisins, Principautés & Républiques sont alliés. Différents petits pays du côté de l'Allemagne, de la France & de l'Italie sont sujets, soit des Suisses, soit des Grisons leurs alliés. Ce sont toutes ces différentes divisions que cette Carte met sous les yeux, ainsi que la distinction des pays Catholiques, Protestans, & Mixtes.

Nº. 15. *Carte de l'Italie en général.* L'Italie est le partage de divers Souverains & Républiques. Ses principaux Souverains sont le Pape, le Roi des deux Siciles, le Roi de Sardaigne, le Grand Duc de Toscane, &c. Il y a deux Républiques puissantes, Venise & Gênes. Tous ces différents Etats sont ici représentés.

Nº. 16. *Premiere Carte pour le détail de l'Italie.* Les parties de l'Italie, voisines de la France, sont sous la domination du Roi de Sardaigne : on les voit ici représentées avec les Etats de Milan, de Parme & de Gênes.

Nº. 17. *Deuxieme Carte pour le détail de l'Italie.* Elle représente la partie des Etats de Venise qui est en Italie, & le Mantouan.

Nº. 18. *Troisieme Carte pour le détail de l'Italie.* L'Etat de l'Eglise divisé en treize Provinces, le grand Duché de Toscane divisé en trois Provinces, le Duché de Modene, & les Etats de la République de Lucques enclavés dans ceux de Toscane, sont les objets représentés sur cette Carte.

Nº. 19. *Quatrieme Carte pour le détail de l'Italie.* Elle représente les seuls Etats du Roi des deux Siciles, composés du Royaume de Naples divisé en douze Provinces, & de l'Isle & Royaume de Sicile divisé en trois Provinces.

Nº. 20. *Cinquieme Carte pour le détail de l'Italie,* représentant les Isles de Sardaigne & de Corse.

Nº. 21. *Carte des Royaumes d'Espagne & de Portugal,* divisés par Gouvernemens généraux.

Nº. 22. *Carte des Isles Britanniques.* Les Royaumes d'Angleterre & d'Ecosse renfermés dans la plus grande de ces Isles, appellée Grande-Bretagne, sont ici représentés, ainsi que le Royaume d'Irlande qui comprend l'Isle de même nom.

Nº. 23. *Carte du Royaume d'Angleterre.* Les quarante Comtés de l'Angleterre & les douze Comtés de la Principauté de Galles dépendante de ce Royaume, sont distingués sur cette Carte avec la plus grande netteté.

Nº. 24. *Carte du Royaume d'Ecosse,* représentant la division générale de ce Royaume en deux parties, Ecosse méridionale, Ecosse septentrionale ; & la division de chacune de ces parties en Provinces particulieres.

Nº. 25. *Carte de l'Isle & Royaume d'Irlande,* représentant la division générale de cette Isle en quatre grandes parties divisées chacune en Comtés.

Nº. 26. *Carte des Pays-Bas.* Elle offre la division générale de ces Pays, en Pays-Bas François, Pays-Bas Autrichiens, & Pays-Bas Hollandois ou Provinces-Unies. Nous donnons dans l'analyse de la France, celle des Pays-Bas François. Comme la seule analyse des Pays-Bas Autrichiens occupe les deux marges de cette Carte, nous sommes obligés d'en faire un double emploi.

Nº. 27. *La même Carte,* pour servir à l'analyse des Pays-Bas Hollandois.

Nº. 28. *Carte de l'Empire d'Allemagne,* représentant les neuf Cercles dans lesquels cet Empire est divisé, & les Etats de Bohême.

Nº. 29. *Premiere Carte pour le détail de l'Empire d'Allemagne.* Cette Carte offre la connoissance des différens Etats renfermés dans chacun des Cercles de Westphalie, du Haut-Rhin, & du Bas-Rhin.

Nº. 30. *Deuxieme Carte pour le détail de l'Empire d'Allemagne.* Ce sont les Cercles de Haute-Saxe & de Basse-Saxe qu'elle représente. On y voit les Etats des Maisons de Saxe, de Brandebourg-Prusse, de Brunswick, &c.

Nº. 31. *Troisieme Carte pour le détail de l'Empire d'Allemagne.* Cercles de Baviere, de Souabe & de Franconie. Les principaux Etats représentés sur cette Carte, sont ceux de l'Electeur de Baviere, du Duc de Virtemberg, & des Maisons de Brandebourg-Bareith & de Brandebourg-Anspach.

Nº. 32. *Quatrieme Carte pour le détail de l'Empire d'Allemagne.* Elle ne représente que le Cercle d'Autriche qui comprend la Stirie, la Carinthie, la Carniole & le Tirol, avec les Evêchés de Trente & de Brixen. Tous ces Pays & leurs divisions particulieres, sont exprimés très-nettement.

Nº. 33. *Carte des Etats de Bohême.* Ces Etats sont composés de la Bohême proprement dite, de la Moravie, de la Silésie, & de la Lusace, pays qui ont chacun leurs subdivisions que cette Carte fait très-bien connoître.

Nº. 34. *Carte des Etats de Hongrie.* La Haute & la Basse-Hongrie, la Transilvanie, le Banat de Temeswar, la Croatie, & la Morlaquie ; voilà ce que cette Carte représente ; c'est le tout ensemble qui forme les Etats ou Royaume de Hongrie.

Nº. 35. *Carte des Etats de Pologne & de Lithuanie, & du Royaume de Prusse.* La Grande & la Petite Pologne divisées chacune en Palatinats, sont avec la Russie Polonoise & la Prusse Polonoise aussi divisées de la même maniere, ce qui compose l'Etat de Pologne. Toutes ces divisions, ainsi que celles du grand Duché de Lithuanie, de la Curlande, de la Samogitie, & du Royaume de Prusse, sont exprimées sur cette Carte.

Nº. 36. *Carte du Royaume de Dannemarck,* composé des Isles de Zéland, Fionie, &c. & de la presqu'Isle de Jutland.

Nº. 37. *Carte du Royaume de Suede, de la Norvege, de la Laponie, & de l'Islande,* où sont représentées les divisions générales & particulieres de ces différens pays.

Nº. 38. *Carte de la Russie Européenne.* Cette Carte construite d'après celles de l'Atlas Russien & les Mémoires les plus récens, ne le cede à aucune des autres Cartes de ce Recueil pour la clarté & la netteté.

Nº. 39. *Carte de la Turquie Européenne & de la Petite Tartarie.* Elle est une des plus intéressantes, en ce que les

Pays qui s'y trouvent représentés, ont été le Théatre des plus mémorables événemens, & que c'est-là qu'étoient autrefois (c) fameuses Républiques d'Athenes, de Lacédémone, le Royaume de Macedoine, &c. ainsi que tant de lieux célebres dans les ouvrages des plus grands Poëtes de l'antiquité. Cette Carte termine le détail de l'Europe qui est suivi de celui de l'Asie, de l'Afrique & de l'Amérique.

Nº. 40. *Carte de l'Asie.* La Turquie Asiatique, l'Arabie, la Perse, les Indes, la Chine &c. la grande Tartarie, dont l'ensemble est ce qui forme l'Asie, se trouvent ici toutes représentées.

Nº. 41. *Premiere Carte pour le détail de l'Asie,* représentant particuliérement la Turquie Asiatique, la Perse & l'Arabie, avec toutes leurs divisions.

Nº. 42. *Deuxieme Carte pour le détail de l'Asie.* Cette Carte nous représente les Indes Orientales & la Chine. L'Empire du Mogol & les autres Etats, tant de la partie des Indes qui est en-deçà du Gange, que de celle qui est au-delà de ce Fleuve, y sont distinguées, ainsi que les Provinces Chinoises.

Nº. 43. *Troisieme Carte pour le détail de l'Asie.* C'est la grande Tartarie divisée en Tartarie indépendante, Tartarie Russienne, & Tartarie Chinoise, qui fait le sujet de cette Carte.

Nº. 44. *Carte de l'Afrique.* L'Abyssinie, la Nubie, l'Egypte, la Barbarie, la Nigritie, la Guinée, le Congo & la Cafrerie; voila en général ce qui compose l'Afrique. On voit ici la situation respective de toutes ces Régions.

Nº. 45. *Premiere Carte pour le détail de l'Afrique.* C'est toute la partie de l'Afrique en-deçà de la ligne équinoxiale qui est ici représentée: elle comprend toutes les Régions qui viennent d'être nommées, excepté le Congo & une grande partie de la Cafrerie.

Nº. 46. *Deuxieme Carte pour le détail de l'Afrique.* Toute la partie de l'Afrique qui est au-delà de la ligne équinoxiale, se trouve sur cette seconde Carte, avec autant de détail qu'il en est besoin. On y voit le Congo composé de divers Royaumes, du nombre desquels est celui d'Angola; l'Empire du Monomotapa, le pays des Hottentots, le Cap de Bonne - Espérance, l'Isle de Madagascar, l'Isle Bourbon, l'Isle de France, &c. &c.

No. 47. *Carte de l'Amérique.* Elle offre sous un seul coup d'œil, toutes les parties, tant de l'Amérique septentrionale que de l'Amérique méridionale, avec les Isles qui se rapportent à l'une & à l'autre de ces deux grandes parties.

Nº. 48. *Premiere Carte pour le détail de l'Amérique,* représentant toutes les parties de l'Amérique méridionale situées au-delà de la ligne équinoxiale; sçavoir, la Terre Magellanique, le Chili, le Paraguai, le Bresil, le pays des Amazônes & le Pérou.

Nº. 49. *Deuxieme Carte pour le détail de l'Amérique.* D'une part elle offre la Terre ferme & la Guiane appartenantes à l'Amérique méridionale, & d'une autre part le vieux Méxique ou nouvelle Espagne appartenans à l'Amérique septentrionale, avec les Isles Antilles.

Nº. 50. *Troisieme Carte pour le détail de l'Amérique.* Toutes les autres parties connues de l'Amérique septentrionale; sçavoir, le nouveau Méxique, la Lousiane, la nouvelle Angleterre, le Canada, &c. sont les objets que cette Carte présente.

Cartes pour le détail de la France.

Les Gouvernemens militaires immédiats & les Généralités du Royaume, sont ce que les quinze Cartes de détail placées à la suite de cet Atlas font connoître. A cette connoissance, se joint celle des grandes routes de communication, avec les distances respectives des Villes & lieux des différentes Provinces, exprimées en lieues d'usages dans ces Provinces.

Comme cette Collection forme une espéce de hors-d'œuvre, nous employons pour sa nomenclature une numération particuliere. Voici les titres des Cartes dont elle est composée.

Nº. 1. Les Gouvernemens de l'*Isle de France* & de *Champagne*, & les Généralités de *Paris* & de *Châlons.*

No. 2. Gouvernemens de *Normandie* & du *Havre*, ainsi que les trois Généralités de *Rouen*, *Caen* & *Alençon.*

Nº. 3. Gouvernemens de *Picardie*, de *Boulonnois* & d'*Artois*, avec la Généralité d'*Amiens* & celle de *Soissons.*

Nº. 4. Pays-Bas François comprenants le Gouvernement de *Flandre*, ainsi que les Intendances de *Flandre* & de *Hainaut.*

Nº. 5. Les Duchés de *Lorraine* & de *Bar*, (a) & les Evêchés de *Metz*, *Toul* & *Verdun*, (b) avec les Généralités de *Nanci* & de *Metz.*

Nº. 6. Gouvernement & Généralité d'*Alsace.*

Nº. 7. Gouvernemens & Généralités de *Bourgogne* & de *Franche-Comté.*

Nº. 8. Gouvernemens d'*Orléanois*, de *Touraine*, du *Maine*, d'*Anjou*, & du *Saumurois*, avec les Généralités d'*Orléans* & de *Tours*, subdivisés en petits Pays.

Nº. 9. Gouvernement de *Bretagne*, Pays d'Etats dont les Villes qui ont droit d'y envoyer, sont distingués par un astérisme *.

No. 10. Les Gouvernemens de *Poitou*, de *Berri*, de *Bourbonnois*, & de *Nivernois*, avec les Généralités de *Poitiers*, de *Bourges* & de *Moulins*, subdivisés en petits Pays.

No. 12. Gouvernement de *Dauphiné*, & Généralité de *Grenoble.*

Nº. 13. Gouvernement de *Provence* & Généralité d'*Aix*, avec le *Comtat-Venaissin.*

(a) Compris sous un seul Gouvernement.

(b) Formant deux Gouvernemens; sçavoir, le Gouvernement de Metz & Verdun, & le Gouvernement de Toul.

Nº. 14. Gouvernemens de *Languedoc*, de *Roussillon*, de *Foix*, & partie de celui de *Guienne* & *Gascogne*, avec les Généralités de *Toulouse*, de *Montpellier*, de *Montauban*, de *Perpignan*, & partie de celle d'*Auch.*

Nº. 15. Gouvernemens d'*Aunis*, de *Saintonge*, de *Limosin*, avec partie de celui de *Guienne*, & le Gouvernement de *Bearn* & *Basse-Navarre*, les Généralités de *la Rochelle*, de *Limoges*, de *Bordeaux*, de *Pau*, & partie de celle d'*Auch.*

Toutes les Cartes de cet Atlas sont enluminées à la maniere Hollandoise, moyen beaucoup plus intelligible pour l'étude qu'au simple trait.

PRIX de l'Atlas complet, avec les discours.

En grand papier . . . . 46 liv.
En moyen papier 38
Et en petit papier 32

Le même Atlas sans le détail de la France, mais accompagné d'une grande Carte de ce Royaume, où l'on distingue par l'enluminure, les Provinces du Nord, du milieu & du Midi, & de trois autres Cartes générales, représentant la France divisée par Gouvernemens Militaires, Provinces Ecclésiastiques, &c.

Le détail de la France, en quinze Cartes, se vendra féparément.

Le tout relié en carton, avec dos de veau très-folide.

Les perfonnes, qui, ayant acquis féparément le volume des difcours, defireront fe procurer l'Atlas, remettront ce Volume au Sieur DESNOS, qui leur tiendra compte du prix qu'elles l'auront acheté fur celui de l'Atlas qu'il leur délivrera, avec les mêmes difcours appliqués fur les marges, où à la fuite de chaque Carte.

Un autre Ouvrage du même format, & actuellement fous preffe, fera inceffamment mis au jour par le Sieur Defnos. C'eft le *Tableau général de l'Hiftoire moderne, ou fuite de Notices hiftoriques fur les différents Etats de l'Europe & des autres parties de la Terre*, fuivi d'un *Parallele de la Géographie ancienne & moderne*, par M. *MACLOT*.

On trouve actuellement chez le même Libraire, la Collection des 54 Eftampes gravées par Chaperon, d'après les peintures des Loges du Vatican, de Raphaël, repréfentant la fuite des principaux événements de l'Hiftoire Sacrée. Il fera paroître au plutôt, un Tableau général de l'Hiftoire & de la Géographie Sacrée, qui fera adapté à cette belle & intéreffante Collection, & accompagné des Cartes de la Terre Sainte, & des autres contrées de l'Afie qui ont été le théâtre de ces événements. Le moyen le plus sûr de fixer l'attention, eft de parler à l'efprit & aux yeux en même-temps. C'eft ce que nous faifons ici. Les avantages de cette méthode, font palpables, fur-tout à l'égard des jeunes perfonnes, pour qui les routes du fçavoir, doivent être applanies & embellies autant qu'il eft poffible.

XXXXXXXXXXXXXXXXXXXXXXXXXXXXXXXXXXXXXXXX

AVANT-PROPOS
HISTORIQUE.

LA Science qui traite du Globe que nous habitons, qui nous en fait connoître les dimenfions les plus exactes, & fes rapports avec les autres parties de l'Univers; (A) *qui en même temps qu'elle imprime dans notre efprit des connoiffances d'un ordre fi relevé, nous préfente le riche & vafte tableau de toutes les parties, foit Terre, foit Eau, dont ce Globe eft compofé; & qui à la fuite de ces magnifiques objets de contemplation, nous offre le plus intéreffant de tous les fpectacles, en nous faifant confidérer, comme fous un feul point de vue, tous les divers Empires, Royaumes, Républiques, & en général tous les Peuples, tant civilifés que barbares, qui habitent les différentes contrées de la Terre: Cette Science, dis-je, qui peint à nos yeux, & le monde naturel, & le monde politique,* (B) *eft la* GÉOGRAPHIE, *dont la feule définition eft l'éloge le plus expreffif qu'on en puiffe faire.*

On ne peut ajouter à cet éloge, qu'en faifant voir l'eftime que l'on a eue pour elle dans tous les temps. C'eft à cette eftime univerfelle, & toujours foutenue; c'eft à la faveur des plus grands Souverains & des plus illuftres Perfonnages de l'antiquité; c'eft au zele infatigable des Savants qui l'ont cultivée avec la plus grande ardeur, qu'elle eft redevable de fes progrès & du dégré de perfection où elle eft portée de nos jours.

Parcourons les annales du monde, & arrêtons-nous aux premiers temps connus. Sous cette époque, les Etats commencent à fe former: ceux qui fe fentent une fupériorité de forces s'agrandiffent par la ruine des autres, & de très-petits qu'ils font dans leur origine, on les voit ainfi parvenir à former de grands Empires (C). Mais à mefure qu'ils s'étendent, à mefure la connoiffance qu'ils doivent avoir d'eux-mêmes devient compliquée, & plus il eft néceffaire de la fixer dans la mémoire par le fecours de l'art. Peut-on attribuer à d'autres circonftances, la premiere invention des Tableaux & Cartes Géographiques? Non; & l'Hiftoire vient à l'appui de cette conjecture.

Sefoftris, le premier & le plus grand conquérant d'entre les Souverains de l'Egypte, (D) *range fous fa domination tous les Peuples de l'Afrique que l'antiquité défigne fous le nom général d'Ethyopiens.* Il paffe dans l'Afie, ou d'un côté il s'avance jufqu'aux embouchures de l'Inde, & de l'autre, jufqu'aux Monts fameux du Caucafe: il foumet les Arabes, les Indiens, les Syriens, & beaucoup d'autres Peuples. Animé par les fucccs de fes armes, il les tourne encore du côté de l'Europe. Les Thraces, Peuples habitants le long des côtes de la Mer noire & des rives du Danube, ne peuvent réfifter au joug qu'il leur impofe. Après tant de braves & heureufes expéditions, il revient comblé de gloire dans fon propre pays: & pour que fon Peuple ait la connoiffance de tous ceux qui ont été le théâtre de fa valeur, il les fait repréfenter fur une grande table d'airain qu'on expofe publiquement, & qui eft la premiere dont les Hiftoriens faffent mention. Ce fpectacle nouveau n'excite pas moins l'admiration, que les conquêtes du Monarque: il fait naître dans l'Egypte une lumiere qui s'y perpétue, & delà fe répand chez toutes les Nations qui ont du goût & du fentiment pour tout ce qui eft du reffort des belles connoiffances.

Les Grecs qui ont fi long-temps eu les Egyptiens pour maî-

tres

tres en tout genre de Sciences & d'Arts (E), faififfent avidement une fi belle invention. Anaximandre de Milet eft le premier d'entr'eux qui met fous les yeux de fes compatriotes un tableau général des Terres & des Mers connues alors. Son travail bientôt imité rend l'ufage de ces fortes de tableaux commun dans la Grece. Les Souverains & tous ceux qui ont le maniement des affaires publiques s'en fervent pour leur utilité : les Particuliers, , & fur-tout les Philofophes en font leurs délices. Je ne citerai ici que Théophrate , ce célébre Difciples d'Ariftote : il ordonne par fon teftament que tous les Tableaux géographiques qu'il poffede, & qu'il regarde comme une fource précieufe d'occupations auffi utiles qu'attrayantes , foyent après fa mort expofés fous le portique qu'il avoit fait conftruire dans la Ville d'Athenes.

Les Romains (F) après avoir porté à divers fois leurs armes dans la Grece , parviennent à l'affujettir. Cette conquête eft pour eux d'un plus grand prix que toutes celles qu'ils ont faites jufqu'alors : ils apprennent à cultiver les Siences & les Arts. La Géographie fixe figuliérement leur attention, & acquiert chez eux un luftre qui fubfifte pendant plufieurs fiecles. Le temps des grandes révolutions arrive ; & les Sciences dont le flambeau femble s'éteindre , vont dans d'autres contrées reprendre leur éclat. *Ce font les Arabes qui les font revivre. Bientôt l'Europe fe trouve par eux éclairée de nouveau* (G).

Le rétabliffement des Sciences dans cette partie du monde, doit être regardé comme la plus importante époque de l'Hiftoire moderne, qui, à l'égard des temps antérieurs à cette époque, n'eft proprement que l'hiftoire des brigandages , des meurtres & de la fuperftition.

Dans cette renaiffance des Sciences & des Arts , les Allemands font les premiers qui donnent des preuves de leur goût pour la Géographie. La France ne tarde pas à produire quelques effais en ce genre ; mais ce n'eft que plus d'un fiecle après que les Nicolas , Guillaume & Adrien Sanfon doivent paroître, & être fuivis des Delifle , des Danville , des Bellin , & d'autres Géographes du premier ordre, que le mérite de leurs Ouvrages préconife plus qu'aucun éloge.

§. I.

(A) ON eft convaincu par toutes fortes d'obfervations céleftes , par un grand nombre de voyages & par diverfes expériences. que la Terre eft un Globe, c'eft-à-dire ronde en tout fens. Ce n'eft cependant pas la premiere idée que l'on a coutume de s'en former. En tous lieux elle paroît plate , & telle on la juge d'abord ; mais pour revenir de cette illufion , il ne faut que confidérer ce qui fe paffe d'ailleurs. Si la Terre étoit plate dans toute fon étendue, le lever & le coucher du Soleil, & des autres aftres , feroient vus en même-temps de tous les Peuples qui l'habitent, d'où il arriveroit, à l'égard du Soleil, que l'on jouiroit d'une maniere égale & uniforme, de fa préfence, dans toute l'étendue de la Terre, & qu'ainfi les jours & les nuits y feroient par tout de la même durée. Or l'expérience eft totalement contraire à cette fuppofition ; car premiérement , il s'en faut que les jours & les nuits foient d'une durée uniforme dans tous les Pays ; cette durée eft différente à Paris, à Rome , à Stockolm, au Caire , &c. En fecond lieu , puifqu'à l'égard de tous les Peuples de la Terre , le Soleil fe leveroit dans un même inftant, & fe coucheroit dans un même inftant , il s'enfuivroit que fous ces Peuples auroient Midi en même-temps, & ainfi des autres heures du jour. Or, on eft affuré par les obfervations les plus conftantes & les plus certaines , que quand il eft midi à Paris , il eft environ fept heures quarante minutes du foir à Pékin, Capitale de la Chine , & environ cinq heures du matin à Mexico , Capitale du Mexico.

La rotondité de la Terre n'eft point une vérité métaphyfique ; elle eft du nombre de celles qui ne peuvent fe prouver que par des faits; plus il s'en préfente à remarquer, plus cette vérité devient palpable. Je mettrai encore fous les yeux l'argument fuivant. Quand on s'éloigne des hautes montagnes ou des tours extrêmement élevées , d'abord la partie la plus baffe, enfuite celles qui font intermédiaires, & enfin le fommet, femblent s'abaiffer & difparoître tout-à-fait. D'un autre côté, quand on s'en approche, on commence de fort loin à en appercevoir le fommet, enfuite le milieu, & enfin quand on eft proche, on découvre le pied même. Soyez fur le bord de la Mer; un Vaiffeau d'abord trop éloigné pour que vous puiffiez le voir, s'avancera jufqu'à la portée de votre vue ; vous ne le verrez pas tout d'un coup en entier; ce que vous appercevrez le premier , fera le haut du mât, vous découvrirez enfuite le milieu ; enfin vous verrez le pied , & tout le refte du Vaiffeau. Si l'efpace terreftre qui fe trouve entre votre œil & la Montagne ou le Vaiffeau en queftion s'étendoit en ligne droite , vous verriez , quant à la premiere, d'abord le pied, enfuite le milieu, & en dernier lieu le fommet. Vous verriez de même d'abord le corps du Vaiffeau , enfuite la partie inférieure du mât & fucceffivement les autres parties.

Pour prouver plus pofitivement encore la rotondité de la Terre , je d rai qu'on en a fait le tour. Le premier de ces voyages entrepris par Ferdinand Magellan qui mourut en chemin , a été continué par Sébaftien Cano. D'autres navigateurs Anglois & Hollandois, ont formé, avec fucc s la même entreprife. Le voyage le plus récemment fait autour de notre Globe , eft celui de M. l'Amiral George Anfon qui partit en 1740 & revint en 1744.

La Terre eft-elle parfaitement ronde ? Les preuves qui viennent d'être alléguées, en démontrent la courbure d'une maniere inconteftable ; mais elles font infuffifantes pour déterminer à la rigueur , la nature de cette courbure. On n'a pas laiffé néanmoins , pendant une fuite confidérable de fiecles , de regarder la Terre comme un corps fphérique.

Un de nos Aftronomes, nommé M. Richer , fut chargé en 1672 d'aller faire des obfervations aftronomiques à la Cayenne , & autres lieux fitués prè de l'équateur : il s'apperçut que les vibrations du pendule s'y faifoient avec plus de lenteur qu'en France. Toute l'Europe favante s'intéreffa à ce phénomene, que l'on expliqua par la diminution de force attractive ou péfanteur: on tira enfuite cette conféquence, que les parties terreftres fituées vers l'équateur , étoient les plus éloignées du centre, & que la Terre au lieu d'être parfaitement ronde , comme on l'avoit cru, étoit un fphéroïde ellyptique, ou , fi l'on veut , un ovale, dont la moindre courbure fe trouvoit vers les pôles. Il s'eft agi de vérifier cette affertion par l'application des mefures actuelles, ce qui a eu lieu. Si la Terre , a-t-on dit, eft moins courbe vers les pôles que vers l'équateur , il faut dans les régions voifines des pôles , faire plus de chemin , pour avoir dans le Ciel un nouveau dégré de latitude ou hauteur du pôle, qu'il n'en faut faire pour avoir le même changement vers les régions voifines de l'équateur. L'opération a donné un réfultat entiérement conforme à cette conclufion. Meffieurs Godin , Bouguer & de la Condamine, envoyés par le Roi dans le Pérou, ont mefuré près de l'équateur , l'efpace terreftre qui répond à un des dégrés par lefquels on détermine l'élévation du pôle : Meſſieurs de Maupertuis, Clairaut, Camus, le Monnier & Outhier, ont meſuré un pareil eſpace dans le voiſinage du cercle polaire : ce dernier eſpace s'eſt trouvé contenir 772 toiſes de plus que l'autre. C'étoit tout ce qu'il falloit pour conclure d'une maniere déciſive, l'applatiſſement de la Terre vers les pôles : parlons de ſes dimenſions.

On appelle *Dimenſions de la Terre*, ſon étendue en circuit, en diametre, en ſurface, & en ſolidité ou groſſeur. Le *plus grand circuit* de la Terre contient trois cent ſoixante fois cinquante-ſept mille toiſes ; ce qui, réduit en lieues de deux mille de deux cents toiſes, produit *neuf mille* de ces lieues. Son diametre en a à peu près *trois mille*. Sa ſurface comprend *vingt-ſept millions* de ces mêmes lieues en quarré. Enfin ſa ſolidité eſt de *treize billions cinq cens millions* de lieues cubiques.

La Terre qui n'eſt qu'un point inſenſible dans l'univers, eſt d'une étendue immenſe par rapport à nous. L'horiſon terreſtre qui n'eſt autre que ce cercle de terre dans lequel notre vue s'étend tout autour de nous, eſt plus ou moins étendu, ſelon que l'œil eſt plus ou moins élevé. En le ſuppoſant élevé de cinq pieds, l'horiſon terreſtre ne comprend qu'environ douze lieues quarrées : ce n'eſt pas la deux millionieme partie de la ſurface totale. Or la courbure d'une telle portion de ſurface ſphérique doit être inſenſible, enſorte que cette portion paroîtra néceſſairement ſous l'apparence d'une figure plane ; & comme en quelqu'endroit que nous nous trouvions de la ſurface du Globe terreſtre, nous ne voyons jamais au plus que la deux-millionieme partie de cette ſurface, c'eſt la raiſon pour laquelle la Terre nous paroît plate de tous côtés.

La Terre étant ſuppoſée parfaitement ronde, tous les points de ſa ſurface ſont également diſtants du centre, chacun d'eux en eſt à 1500 lieues. Une montagne dont le ſommet ſeroit diſtant du centre de la Terre de 1501 lieues, auroit une lieue de hauteur. Les montagnes les plus élevées ont à peu près une lieue & un tiers de haut. Que l'on conſidere l'effet que diverſes éminences un peu moindres chacune que la ſoixante-douzieme partie d'un pouce, feroit ſur un Globe de trente pouces de diametre ; tel eſt l'effet que ces hautes montagnes produiſent à la ſurface de la Terre : elles n'y ſont que de fort petits points, & n'en alterent aucunement la ſphéricité. Un abime dont le fond feroit diſtant du centre de la Terre de 1499 lieues, auroit une lieue de profondeur. En attribuant 3000 toiſes aux plus profonds abîmes, la ſphérité de la Terre n'en ſera pas plus altérée que de la hauteur des montagnes.

La Géographie eſt une ſcience qui emprunte ſes principales lumieres de l'Aſtronomie & de la Géométrie. Par les obſervations aſtronomiques, nous connoiſſons en général la figure de la Terre : par les obſervations aſtronomiques combinées avec les obſervations géométriques, nous déterminons au juſte cette figure, nous parvenons à connoître le plus grand circuit de la Terre, & par ſuite nous connoiſſons toutes ſes autres dimenſions. Notre connoiſſance s'étend plus loin. Le diametre de la Terre, ou plutôt la moitié de ce diametre qu'on appelle *Rayon de la Terre*, eſt une baſe qui va nous ſervir à évaluer ces eſpaces immenſes qui nous environnent : nous connoîtrons la diſtance qu'il y a d'ici à la Lune, qui eſt le corps céleſte le plus voiſin de nous. Le même procédé appliqué aux autres corps céleſtes placés à des diſtances beaucoup plus éloignées, nous ſervira à connoître ces diſtances, toutes prodigieuſes qu'elles ſont. C'eſt par le moyen du diametre de la Terre, que nous connoiſſons les diſtances en queſtion, & c'eſt

par le moyen de ces diſtances connues, que les dimenſions des corps dont il s'agit, nous deviennent auſſi connues. Delà nous apprenons que la Lune placée à quatre-vingt-dix mille lieues de nous, n'eſt groſſe que comme la ſoixante-quatrieme partie de la Terre ; que le Soleil dont nous ne ſommes pas éloignés de moins que de trente-trois millions de lieues, eſt un million de fois gros comme la Terre ; que la planete de *Vénus* eſt de même groſſeur que la Terre ; que celle de *Mercure* ne comprend dans ſa groſſeur que la vingt-ſeptieme partie de la Terre ; que *Mars* n'eſt guere que le quart de la Terre ; que *Jupiter* & *Saturne* dont les groſſeurs apparentes ne different point de celles des Etoiles fixes, ne laiſſent point d'être, l'un *treize cens trente-une fois*, & l'autre *ſept cens cinquante-trois fois* gros comme la Terre.

§. II.

(B) La Terre eſt un Monde. La Lune eſt un Monde. Toutes les Planetes ſont autant de mondes. L'Univers comprend tous les Mondes qui exiſtent, & on l'appelle auſſi *le Monde*. Le Monde, dit un Ancien, *eſt un Cercle dont le centre eſt par-tout, & la circonférence nulle part* : c'eſt l'Univers qu'il déſigne, & dont il nous donne l'idée la plus grande & plus vraie que l'on puiſſe avoir. Dans l'Ecriture Sainte, il eſt dit que l'Homme eſt un Monde en petit, & le Monde un Homme en grand : l'Ecriture compare l'Homme à l'Univers & l'Univers à l'Homme. Quelques-uns donnant de l'extention à cette analogie, ont prétendu que le Monde étoit un Etre vivant. Le cinquieme Concile de Conſtantinople, a condamné l'opinion des Théologiens & des Philoſophes qui admettoient une ame dans la Lune, le Soleil, les Etoiles &c. Saint Thomas n'a pas laiſſé de ſoutenir depuis, que le Soleil, la Lune, les Etoiles, le Ciel même, étoient des Etres animés ; mais l'ame qu'il leur attribuoit, n'étoit point une ame intelligente. Que dirons-nous de ceux qui, ſe figurant que la Terre eſt un animal, ont voulu que le flux & le reflux de la Mer, ne fuſſent autre choſe qu'un effet de la violente reſpiration de cet animal ?

Le Monde, c'eſt-à-dire l'Univers, étoit appellé par les Grecs *Coſmos*. Delà s'eſt formé le mot de Coſmographie, qui ſignifie *Deſcription du Monde*.

Ce qu'ici nous appellons le *Monde naturel*, eſt la Terre conſidérée matériellement. Les Hommes qui l'habitent, comme partagés en différentes ſociétés civiles, ſont le *Monde politique*.

§. III.

(C) La premiere grande Monarchie dont l'Hiſtoire faſſe mention, eſt celle des Aſſyriens qui étoit établie dans l'Aſie. Les Pays connus ſous le nom d'Aſſyrie, étoient arroſés par le Tygre & l'Eufrate : ils comprenoient les parties de la Turquie d'Aſie voiſines de la Perſe, & renfermoient les deux célebres Villes de Ninive & de Babylone, la premiere ſur le Tygre, à peu près au lieu où eſt Moſul, & la ſeconde plus au midi ſur l'Eufrate. Celle-ci devoit toute ſa ſplendeur & ſa magnificence à Sémiramis qui régna ſur les Aſſyriens après Ninus ſon mari. Cette Reine étendit ſa domination juſqu'aux rivages de la Mer Caſpienne où elle aſſujettit les Medes : elle tourna pareillement ſes armes du côté de l'Afrique, dont elle conquît diverſes parties. Les Hiſtoriens diſtinguent deux Monarchies des Aſſyriens : il n'eſt ici queſtion que de la premiere, qui après avoir ſubſiſté pendant environ cinq cens ans, prit fin ſous Sardanapale, vers le temps de la fondation de Rome, 753 ans avant Jeſus-Chriſt.

Le Pays où étoit située Babylone, se nomme aujourd'hui l'Irac-Arabi, & anciennement il s'appelloit la Chaldée. Le plus grand nombre des Ecrivains, s'accordent à le regarder comme le berceau de l'Astronomie. C'est-là, en effet, que se sont trouvées les plus anciennes observations dont on ait connoissance. Ptolomée fait mention d'une éclipse de Lune qui avoit été observée à Babylone 721 ans avant l'avenue de J. C. Porphyre, ancien Historien, rapporte qu'après la prise de cette Ville, par Alexandre le Grand, on en rapporta des observations célestes faites depuis 1903 ans, ce qui remonte à peu près au temps de la construction de la Tour de Babel. Un autre Ecrivain nommé Epigenes, cité par Pline, réduit ce nombre d'années à 700. Hérodote, *Livre premier* de son Histoire, dit que de son temps l'on voyoit encore à Babylone, le Temple de Jupiter Belus que Sémiramis avoit fait construire, & au milieu duquel il y avoit une Tour élevée de cent toises, & surmontée de sept autres qui servoient, selon que l'assure Diodore de Sicile, à observer les astres. Les Chaldéens disoient qu'un homme marchant d'un bon pas, suivroit le Soleil autour de la Terre, & se retrouveroit en même-temps que lui sous le point équinoxial ; ce qui prouve deux choses, premiérement, qu'ils connoissoient la figure de la Terre ; & secondement, qu'ils sçavoient à peu près la valeur de son plus grand circuit.

§. IV.

(D) Ce sont ici les expressions d'un illustre Auteur que nous transcrivons. » L'Egypte, dit M. Bossuet, aimoit la » paix, parce qu'elle aimoit la justice & n'avoit de Sol- » dats que pour sa défense. Contente de son Pays où tout » abondoit, elle ne songeoit point aux conquêtes. Elle s'é- » tendoit d'une autre sorte, en envoyant des Colonies par » toute la Terre, & avec elles la Politesse & les Loix. » Les Villes les plus célebres venoient apprendre en Egyp- » te leurs antiquités & la source de leurs plus belles insti- » tutions... L'Egypte régnoit par ses Conseils, & cet em- » pire d'esprit lui parut plus noble & plus glorieux que ce- » lui qu'on établit par les armes.... Quand les Egyptiens » se sont mêlés d'être conquérants, ils ont surpassé tous les » autres peuples.... Le pere de Séfostris, ou par instinct, » ou par humeur, ou, comme le disent les Egyptiens, par » l'autorité d'un Oracle, conçut le dessein de faire de son » fils un conquérant, Il s'y prit à la maniere des Egyp- » tiens, c'est-à-dire, avec de grandes pensées. Tous les » enfants qui naquirent le même jour que Séfostris furent » amenés à la Cour par ordre du Roi. Il les fit élever com- » me ses enfants, & avec les mêmes soins que Séfostris, » près duquel ils étoient nourris .... Ce Prince après la » mort de son pere, se trouva en état de tout entreprendre. » Il ne conçut pas un moindre dessein que celui de la con- » quête du monde : mais avant que de sortir de son Royau- » me, il pourvut à la sûreté du dedans, en gagnant le cœur » de tous ses peuples par la libéralité & la justice, & ré- » glant, au reste, le Gouvernement avec une extrême » prudence.

» Les Egyptiens, dit le même Auteur dans un autre en- » droit, avoient l'esprit inventif ; mais ils le tournoient » aux choses utiles. Leurs mercures ont rempli l'Egypte » d'inventions merveilleuses, & ne lui avoient presque » rien laissé ignorer de ce qui pouvoit rendre la vie com- » mode & utile. Je ne puis, continue-t-il, laisser aux Egyp- » tiens la gloire qu'ils ont donnée à leur Osiris, d'avoir » inventé le labourage ; car on le trouve de tout temps » dans les pays voisins de la Terre d'où le genre humain

» s'est répandu : & on ne peut douter qu'il ne fut connu » dès l'origine du monde. Aussi les Egyptiens donnent-ils » eux-mêmes une si grande antiquité à Osiris, qu'on voit » bien qu'ils ont confondu son temps avec celui des com- » mencemens de l'Univers, & qu'ils ont voulu lui attri- » buer les choses dont l'origine passoit de bien loin tous » les temps connus dans leur Histoire. Mais si les Egyp- » tiens n'ont pas inventé l'Agriculture, ni les autres Arts » que nous voyons devant le Déluge, ils les ont tellement » perfectionnés, & ils ont pris un si grand soin de les réta- » blir parmi les peuples où la barbarie les avoit fait oublier, » que leur gloire n'est guere moins grande que s'ils en » avoient été les inventeurs. Il y en a même de très-im- » portants, dont on ne peut leur disputer l'invention. Com- » me leur pays étoit uni, & leur Ciel pur & sans nuage, » ils ont été les premiers à observer le cours des astres. Ils » ont aussi les premiers réglé l'année. Ces observations les » ont jettés naturellement dans l'Arithmétique ; & s'il est » vrai, ce que dit Platon, que le Soleil & la Lune ayent » enseigné aux hommes la science des nombres, c'est-à- » dire, qu'on ait commencé les comptes réglés par celui » des jours, des mois & des ans, les Egyptiens sont les » premiers qui ayent écouté ces merveilleux maîtres ».

De toutes les connoissances humaines, il n'en est peut-être pas qui exigent plus de temps que l'Astronomie pour être portée à un certain dégré de perfection. Ce n'est que par des observations sans nombre, faites avec la plus grande exactitude, & à l'aide de calculs extrêmement compliqués que l'on peut y parvenir. Que ce soit les Egyptiens ou les Chaldéens qui aient été les premiers inventeurs de cette Science, il est certain que pendant une longue suite de siecles, elle a été renfermée chez eux dans des bornes fort étroites. Il paroît même par les monuments & les écrits qui nous restent des Chaldéens, qu'environ 800 ans avant l'Ere Chrétienne, leur Astronomie se réduisoit presque à l'invention du Zodiaque, & à la division du Ciel en constellations. Bérose, un de leurs Auteurs, qui vivoit dans un temps fort postérieur à celui dont nous parlons, ignoroit encore la cause des phases de la Lune, & croyoit que cette Planete avoit deux côtés, l'un brillant & l'autre obscur.

On ne sçait rien de positif touchant l'origine de l'Astronomie chez les Egyptiens. Nous ne ferons que citer la tradition, qui veut qu'Abraham qui étoit passé de la Chaldée dans la Palestine, & de-là en Egypte, leur ait communiqué les premieres idées de cette Science, qu'il disoit tenir de ses ancêtres qui les avoient tenues d'Enoch, Patriarche du premier âge. Quelle antiquité n'attribueroit-on pas à l'Astronomie, en admettant cette tradition ? Quelle foi peut-on ajouter au récit suivant de Joseph ? Cet Historien écrit dans le premier Livre de ses antiquités Judaïques, que lorsqu'Adam eut prédit à ses fils que tout ce qui étoit sur la Terre devoit périr, & qu'ensuite le genre humain se renouvelleroit ; ceux-ci, dans la crainte que la connoissance qu'ils avoient acquise des choses célestes, ne fut perdue pour les hommes qui vivroient après cette destruction, éleverent deux colonnes, l'une de brique, & l'autre de pierre, & qu'ils graverent sur ces deux colonnes, ce qu'ils avoient jugé à propos de transmettre. Incertains si le monde devoit être, ou consumé, ou submergé ; ils avoient fait celle de brique pour qu'elle résistât à la voracité du feu, & celle de pierre, pour qu'elle tint contre l'inondation. Cette derniere, ajoute l'Historien, s'étant conservée au milieu des eaux du Déluge, a subsisté pendant une suite considérable de siecles, & on la voyoit, dit-il, encore de son temps dans la Syrie.

Pour revenir aux Egyptiens, on lit dans Diodore, qu'ils étoient une Colonie Ethyopienne. L'Ethyopie étoit la plus vaste contrée de l'Afrique. Les Pays aujourd'hui connus sous les noms de Nubie & d'Abyssinie, en étoient une portion que l'on appelloit Ethyopie sous Egypte. Lucien, dans son Livre sur l'Astrologie, dit que les Ethyopiens avoient précédé les Egyptiens dans la culture des Sciences & des Arts, & Diodore les regarde comme les maîtres de ceux-ci. Céphée étoit Roi d'Ethiopie, dans les temps que l'on nomme fabuleux, & il avoit, au dire des Mythologues, de l'expérience en ce qui regarde les choses celestes. Son nom, celui de son épouse Cassiopée, & ceux de sa fille Andromede, & de Persée, mari d'Andromede, furent donnés aux constellations voisines du pôle arctique.

Les Egyptiens sçavoient, au rapport de Diogene Laerce, que les Etoiles étoient tout de feu, & qu'elles brilloient de leur propre clarté : ils assuroient que le monde étoit rond comme une boule, & que les éclipses de Lune étoient causées par l'ombre de la Terre : ils avoient encore remarqué l'inégalité du mouvement des Planetes, & selon ce que dit un Auteur nommé Macrobe, ils avoient conclu de leurs observations, que le cercle décrit annuellement par le Soleil, étoit environné de ceux que décrivent les Planetes de Mercure & de Vénus ; mais plusieurs sont d'avis que tout ce détail de connoissances, ne doit être rapporté qu'à l'an 400 avant J. C. Ils eurent, à ce qu'on prétend, la première idée de la pluralité des Mondes ; & divers Ecrivains leur attribuent celle du mouvement de la Terre autour du Soleil.

§. V.

(E) L'Astronomie est essentiellement liée à la Géographie, comme nous l'avons déjà remarqué, & l'on voit par l'Histoire que les Grecs n'ont pas moins cultivé l'une que l'autre. Thalès de Milet, l'un de ceux que l'on appelloit les sept Sages de la Grece, passe pour être le premier qui se soit appliqué à déterminer les principales circonstances du cours du Soleil & de la Lune. Si l'on en croit Hérodote, Thalès prédit aux Ioniens ses Compatriotes, une éclipse totale de Soleil qui arriva de son temps, & que l'on regarde comme la première qui ait été prédite parmi les Grecs. Pline & Strabon le font inven teur de la Sphere armillaire. L'art de diriger la navigation par les Etoiles, étoit mal connu des Grecs, & peut-être ne l'étoit point du tout ; ce fut lui qui le premier, leur en donna des préceptes sûrs : il disoit que la voûte céleste n'étoit que de la terre endurcie, & les Etoiles fixes, des Montagnes & des rochers ; que Saturne, Jupiter, Mars, Vénus, Mercure & la Lune, étoient des corps opaques à peu près de même nature que la Terre, & que le Soleil n'étoit autre chose qu'un tas prodigieux de pierres enflammées. Il regardoit l'eau comme le principe unique de toutes choses.

Anaximandre, son Disciple, étoit d'une opinion différente à l'égard des principes naturels : il en admettoit un nombre infini, & il pensoit qu'il y avoit une infinité de Mondes : il ne croyoit pas que la Terre fut ronde en tous sens : il n'avoit observé, sans doute, que les phénomènes qui établissent sa rontodité de l'Orient à l'Occident, & il pensoit qu'elle s'étendoit en ligne droite du Septentrion au Midi ; c'est pourquoi il vouloit qu'elle fut de forme cylindrique, c'est-à-dire, semblable à une colonne ronde.

Anaximene, Disciple & successeur d'Anaximandre, prétendoit que tout avoit été engendré par l'eau, même les Dieux : il croyoit le Soleil plus près de la Terre qu'il ne l'est réellement. Nos Astronomes le font un million de fois plus gros que la Terre. Anaximenes se contentoit de le faire plus grand que le Péloponèse, aujourd'hui connu sous le nom de Morée, & qui n'est qu'une Province de la Turquie d'Europe. Une assertion de cette espece prouve que l'Astronomie étoit encore alors bien loin de la perfection où depuis elle est parvenue.

Thalès fut, comme nous venons de le dire, le premier Grec qui prédit les éclipses de Soleil. Anaxagoras, éleve d'Anaximenes, fut le premier qui mit au jour des prédictions d'éclipses de Lune. Nous parlerons ici de Pythagore, qui étoit contemporain des Philsophes qui viennent d'être nommés : il n'avoit que dix-huit ans lorsqu'il fut voir Thalès, qui lui conseilla de voyager en Egypte. Si ce Philosophe a laissé quelques ouvrages, ils ne sont point parvenus jusqu'à nous. Diogene Laërce qui a écrit la vie des Philosophes anciens, ne laisse pas d'en citer trois qu'il lui attribue. Saint Augustin témoigne par une réponse qu'il fait aux Gentils, (Livre premier de la Concordance des Evangélistes,) qu'il étoit d'un avis contraire. Sur ce que ceux-ci marquent de la surprise de ce que Jesus-Christ n'avoit point lui-même écrit sa doctrine, il leur apporte pour exemple Pythagore qui n'avoit, dit-il, laissé aucun écrit, & dont les dogmes & les opinions ne nous ont été transmis que par le moyen de ceux à qui il les avoit comuniqués de vive voix.

Les Sectateurs de Pythagore, autrement les Pythagoriciens regardoient le feu comme ce qu'il y a de plus excellent dans la nature. En conséquence la place qu'ils lui assignoient étoit le centre de l'Univers, comme le lieu le plus distingué. » Ils ne tiennent point, dit Plutarque, dans la » vie de Numa, que la Terre soit immobile, ni située au » milieu du Monde, ni que le Ciel tourne à l'environ, (je » me sers de la traduction d'Amyot,) ains au contraire » qu'elle est suspendue à l'entour du feu, comme centre du » Monde ; & si ne veulent point que ce soit l'une des pre- » mieres & principales parties de l'Univers, laquelle opi- » nion, ajoute-t-il, on dit que Platon même tint en sa » vieillesse, que la Terre étoit en autre place que celle du » milieu, & que le centre du Monde, comme le plus » honorable siege, appartenoit à quelqu'autre plus digne » substance «.

Diogene Laërce dit que Philolaüs, Philosophe Pythagoricien, est le premier qui ait mis en vogue l'opinion du mouvement de la Terre ; mais il ajoute, que plusieurs en attribuent l'invention à un nommé Hycetas de Syracuse. Cicéron, Liv. IV. de ses Questions Académiques, parle de cet Hycetas, & il en parle d'après Téophraste. *Hycetas, Syracusain, pense, dit-il, que le Soleil, la Lune, les Etoiles, & en général tout ce qui est au-dessus de nous, sont dans un repos parfait, & que la Terre est le seul corps de l'Univers qui ait du mouvement.*

Cette opinion trouva des Sectateurs parmi ceux qui sçavoient n'être point esclaves des préjugés vulgaires, & elle leur attira des persécutions. Aristarque, pour l'avoir soutenue avec vigueur, fut accusé devant le Tribunal d'Athenes d'avoir violé les Loix de la Religion. Après avoir été en bute à beaucoup de contradictions, & beaucoup été défendue, elle tomba dans un entier oubli, & y demeura ensévelie jusqu'environ l'an 1460 de l'Ere Chrétienne. Un Cardinal, nommé Nicolas de Cusan, commença dès-lors d'en faire une nouvelle mention. Ce fut quatre-vingt ans après, c'est-à-dire en 1540 que Copernic la remit de nouveau en vogue par la force des arguments qu'il employa pour la faire valoir ; il eut pour Sectateur, entr'autres le célebre Galilée, Mathématicien de Florence, qui eut à subir un sort semblable à celui d'Aristarque : il fut cité devant

vant le Tribunal de l'Inquifition, où il fe trouva obligé de faire un défaveu folemnel de tout ce qu'il avoit avancé touchant le mouvement de la Terre. Les raifons qui ont déterminé les plus grands génies en faveur de ce fyftême, & qui le font aujourd'hui recevoir univerfellement, font déduites de la plus faine Philofophie, & appuyées d'obfervations qui ne permettent plus de placer ce que difent là-deffus les Philofophes, dans l'ordre des affertions fimplement hypotétiques.

Philolaüs dont il vient d'être parlé, vivoit 450 ans avant J. C. il compofa trois Livres de Phyfique, que Platon, par le cas qu'il en faifoit, acheta une fomme confidérable.

Eudoxe, ami de Platon, & qui vivoit 370 ans avant J. C. eft regardé comme le plus célebre des Aftronomes Pythagoriciens: il voyagea en Egypte, & Séneque dit qu'il en rapporta le premier, la connoiffance des mouvements planetaires.

Ptolemée Philadelphe, régnoit en Egypte 283 ans avant J. C. Amateur & Protecteur zélé des Sciences, il attira dans Alexandrie fa Capitale, des Savants de divers Pays, & particuliérement de la Grece: l'accueil favorable qu'il leur fit, excita une émulation qui fubfifta plufieurs fiecles après lui. Alexandrie devint le féjour des plus célebres Savants en tout genre, & particuliérement dans celui de l'Aftronomie. On y vit fucceffivement paroître Thymocaris, Eratofthène, Hyparque & Ptolemée. Ce dernier eft le feul de tous les anciens Aftronomes dont les Ouvrages nous foient reftés. Celui de ces Ouvrages auquel les Arabes ont donné le nom d'*Almagefte*, mot qui fignifie *très-grand*, a feul perpétué l'Aftronomie jufqu'au temps de Copernic. Eratofthène fit les premieres obfervations pour la mefure de la Terre. Le plus important des travaux d'Hyparque, eft un Catalogue des Etoiles fixes qu'il entreprit à l'occafion d'une Etoile qui parut de fon temps. »Il fut porté à croire, dit Pline, que ces phénomenes » pouvoient arriver plus fouvent, & par une entreprife » digne de la Divinité, il ofa donner à la poftérité le dé-» nombrement du Ciel, & en déterminer toutes les parties, » avec des inftruments de fon invention, au moyen def-» quels il marqua les lieux & les grandeurs des Etoiles. « Ptolemée nous a confervé dans fon Almagefte ce grand Ouvrage d'Hyparque.

§. VI.

(F) Nous avons dans le difcours fur la cinquieme Carte du détail de l'Italie, touché quelque chofe du vafte & puiffant Empire que les Romains ont fondé. L'Hiftoire de cet Empire eft de toutes les Hiftoires anciennes, celle qui a le plus de droit de nous intéreffer par fa liaifon immédiate avec l'Hiftoire des Etats qui fe font élevés fur fes ruines. La plupart des Royaumes & autres Etats qui exiftent aujourd'hui en Europe, n'ont été autrefois que des Provinces de l'Empire Romain. Les commencements de l'Hiftoire de France, d'Italie, d'Efpagne, &c. ne peuvent être bien entendus fi l'on n'a une idée générale de l'Hiftoire Romaine; idée qui doit néceffairement avoir un triple objet, l'origine, les progrès & la décadence de l'Empire en queftion. Nous effaierons d'en tracer la plus fimple efquiffe, qui fervira de préliminaire au tableau général de l'Hiftoire moderne, que nous donnerons inceffamment.

§. VII.

(G) L'empire des Arabes s'eft formé, ainfi que plufieurs autres, des débris de l'Empire Romain. Diverfes familles

ont tenu le fceptre de cet Empire. Les Abaffides font ceux qui l'ont tenu avec le plus de gloire. *Almamon* feptieme Souverain de cette famille, s'eft rendu recommandable par fon amour pour les Sciences, & par l'eftime dont il honoroit ceux qui les cultivoient. Tous les meilleurs Livres Grecs furent traduits en Arabe par fon ordre. En 827, il fit traduire l'Almagefte, & chargea des gens habiles de faire des Inftruments propres aux obfervations aftronomiques. Ce Prince forma l'entreprife de la mefure de la Terre, & fit pour cette opération venir de divers endroits, les plus habiles Mathématiciens; ceux-ci mefurerent dans les plaines de *Fingar* fur les bords de la Mer rouge, un dégré du méridien, qu'ils trouverent être de 56500 pas & demi.

La Conquête que les Arabes ont faite de l'Efpagne dans le huitieme fiecle, a beaucoup contribué à tirer l'Europe des ténebres de l'ignorance: celle qu'ils firent de la Perfe, produifit dans ce Pays le même avantage. Les Sciences pénétrerent bientôt dans les régions plus orientales de l'Afie. *Vlug-Beig*, Prince Tartare, régnoit dans les Indes & dans cette partie de la Tartarie, nommée Tartarie indépendante. Samarcand, Capitale de fon Empire, étoit le véritable féjour des Sciences. L'Hiftoire fait mention de quantité d'entreprifes faites par ce Prince, pour le progrès de l'Aftronomie; il compofa lui-même des tables aftronomiques, dont l'exactitude a caufé de l'étonnement aux plus habiles Aftronomes des fiecles poftérieurs.

CONCLUSION.

Il paroit par les anciennes Hiftoires, que dans les premiers temps où l'Aftronomie fut cultivée, elle le fut d'abord par des Rois. Les Hiftoires du moyen âge & l'Hiftoire moderne fourniffent pareillement des preuves de l'accueil favorable que lui ont fait les plus grands Princes. On voit dans le treizieme fiecle un des plus illuftres Potentats de l'Europe, je veux dire Alphonfe X, Roi de Caftille, donner quelque partie de fon temps à l'Aftronomie, & même contribuer par fes propres travaux aux progrès de cette Science. Ce fut dans le même fiecle que l'Empereur Fréderic II fit traduire l'Almagefte d'après une verfion Arabe.

Les Copernic, les Tycho-Brahé, les Képler, ont vécu dans le feizieme fiecle, qui eft l'époque des plus grands progrès de l'Aftronomie en Europe. Le fiecle fuivant eft celui des Gaffendi, des Defcartes, des Caffini, des Huyghens, des Flamftéad. Le célebre Newton, né dans le même fiecle, peut être réclamé par le nôtre qui eft encore illuftré par plufieurs Géometres & Aftromes d'un ordre diftingué.

ADDITION.

A l'explication du fyftême de Ptolemée, Planche 5e.

LE Firmament a plufieurs mouvements apparents: celui qui fe fait d'Orient en Occident, & par lequel il paroît accomplir une révolution entiere en 24 heures, eft le premier qui ait été remarqué comme le plus fenfible. On a long-temps cru que ce mouvent lui étoit propre; en conféquence, on ne lui en attribuoit point d'autre. J'ai parlé plus haut de Thymocaris, Aftronome d'Alexandrie: ce fut lui qui le premier, en obfervant les pofitions des Etoiles, foupçonna qu'il pouvoit y avoir dans le ciel, un fecond mouvement infininiment plus lent que le précédent, & fe dirigeant d'un fens contraire, c'eft-à-dire, d'Occident en Orient. Il lui eut fallu, pour établir quelque chofe de décifif fur ce mouvement, des obfervations antérieu-

res avec lesquelles il eut comparé les siennes ; & il en man-
quoit. Ce doute ne pouvoit être levé que par ceux qui
dans la suite compareroient leurs observations avec celles
de cet Astronome ; c'est ce que fit Hyparque deux cents
ans après, & il trouva que la longitude de l'Etoile, connue
sous le nom d'*Epi de la Vierge*, étoit augmentée de deux
dégrés. Ptolemée environ trois cents ans après Hyparque,
la trouva aussi considérablement augmentée, ainsi que celle de l'Etoile, dite *Regulus* ou le Cœur du Lion : il supputa
d'après ces observations, la durée que pouvoit avoir la révolution du Ciel d'Occident en Orient, & il crut la pouvoir
fixer à trente-six mille ans : cette révolution n'apportant
aucun changement à la latitude des Etoiles, il conclut ainsi
qu'Hyparque l'avoit déja fait, qu'elle s'accomplissoit autour
des pôles de l'écliptique.

Deux mouvements contraires se rencontrant de la sorte
dans le Firmament, il étoit nécessaire qu'il y en eut un que
l'on ne considérât que comme mouvement communiqué ;
c'est ce que fit Ptolemée. Selon lui, & selon tous les Astronomes qui l'ont suivi jusqu'au temps de Copernic, la révolution de trente-six mille ans, étoit le mouvement propre
du Firmament. Le premier Mobile, Ciel qu'ils plaçoient
au-dessus du Firmament étoit chargé de la révolution
journaliere, & il communiquoit son mouvement à tous les
Cieux placés au-dessous de lui.

On s'est dans la suite apperçu que le mouvement propre du Firmament, étoit affecté de quelques irrégularités.
Les Etoiles au lieu d'augmenter leur longitude précisé-
ment d'un dégré chaque cent ans, comme Ptolemée l'avoit
prétendu, tantôt faisoient trop de chemin, & tantôt n'en faisoient pas assez pour que cela fut ainsi. Environ l'an 800 de
l'Ere Chretienne, un Astronome Arabe nommé Muhamed
Bengeber Albatani, ou si l'on veut Albategnius, selon le
nom qui lui est communément donné, sur ce que les Etoiles lui paroissoient aller plus vîte qu'elles n'avoient paru à
Ptolemée, réforma la période de trente-six mille ans, & la
réduisit à vingt-trois mille sept cent soixante ans. Le Roi Al-

phonse, en 1250, vit la chose tout autrement : les Etoiles, selon lui, n'alloient pas assez vîte pour faire une révolution entiere en trente-six mille ans ; & cette période lui
parut trop courte de treize mille ans ; il la fit donc de quarante-neuf mille ans.

Il nous faut arrêter ici à une observation. Alphonse, con-
sidérant d'une part le progrès accéléré des Etoiles au temps
d'Albategnius, & faisant d'une autre part attention, au
ralentissement qu'elles avoient de son temps, conçut que
ces irrégularités ne pouvoient être l'effet que d'un troisieme
mouvement, par lequel le Firmament n'accomplissoit que
des portions de révolutions, tantôt d'Occident en Orient,
tantôt d'Orient en Occident : ce mouvement que les Astronomes appellerent mouvement de *Libration*, ne pouvoit
être considéré dans le Firmament que comme un mouvement communiqué : il fallut imaginer un Ciel de plus, &
le placer entre le Firmament & le premier mobile : ce
Ciel accomplissant diverses allées & venues d'Orient en
Occident, & d'Occident en Orient, faisoit mouvoir de
même le Firmament ; voilà ce qui interrompoit la continui-
té du mouvement propre de celui-ci & causoit ces accé-
lérations, ces ralentissements, ces stations & ces rétro-
gradations qu'on y remarquoit.

Bientôt on s'apperçoit que les plus grandes déclinaisons
du Soleil, ne sont pas constament les mêmes ; elle aug-
mentent pendant un temps, & diminuent pendant un autre temps ; c'est l'équateur céleste, qui tantôt s'approche &
tantôt s'éloigne de l'Ecliptique. Voilà dans le Firmament,
un autre balancement différent du premier, en ce qu'il se
fait du Septentrion au Midi, & du Midi au septentrion :
autre Ciel à imaginer & à placer entre le Firmament & le
premier mobile.

Tout l'espace qui s'étend au-delà du premier mobile,
n'est plus du ressort de l'Astronomie : les Docteurs, & entr'autres le vénérable *Bède*, en forment l'Empirée ou séjour
des bienheureux. Le mot d'Empirée, signifie *Lieu de clarté
par excellence*.

DES SPHERES

ARTIFICIELLES.

LEs termes de *Sphère* & de *Globe* désignent tous deux un corps parfaitement rond; le premier dérive du Grec; l'autre dérive du Latin. En langage commun, nous appellons *Boule* ce que les Savants appellent *Sphère* & *Globe*. Faites rouler une boule sur un plan comme une table ou un plancher, vous remarquerez qu'elle ne touche jamais la table ou le plancher que par un seul point de sa surface, lequel point change à chaque mouvement particulier de la boule, qui se trouve avoir fait un tour entier lorsque le point qui au commencement touchoit la table, revient la toucher de nouveau. Ce point & tous ceux qui ont successivement touché la table, seront appellés *Points de contact*. La suite de tous ces points de contact forme nécessairement autour de la boule, une circonférence de cercle. Si vous coupez la boule selon cette circonférence, elle se trouvera divisée en deux parties égales, auxquelles vous donnerez le nom d'*Hémi-sphère*.

Marquez sur la boule un point hors de la circonférence en question, soit à droite, soit à gauche : si ce point est dans la partie haute de la boule, à mesure que celle-ci roulera, il s'approchera de la table, mais il ne parviendra jamais à la toucher : après être arrivé à une certaine distance, il s'éloignera & regagnera le haut de la boule; il aura décrit une circonférence moindre que la précédente. Un second point plus éloigné décrira une circonférence encore plus petite. La circonférence décrite par un troisieme point encore plus éloigné, sera encore plus petite que la derniere. La circonférence décrite par le point le plus éloigné sera zéro : si long-temps que vous fassiez rouler la boule, il aura toujours la même distance par rapport à la table : tous les autres accomplissent chacun une ou plusieurs revolutions : celui-là n'en accomplit point : il en est de même du point qui lui est opposé. Ces points immobiles, nous les appellerons *Pôles*.

Imaginez une ligne droite qui passe d'un pôle à l'autre dans l'intérieur de la Boule; tous les points dont elle est composée sont immobiles, aussi - bien que les pôles : cette ligne sera appellée *Axe*. En général tous les points, tant extérieurs qu'intérieurs de la boule, accomplissent des révolutions autour de l'axe. Nous allons cesser de nous servir du mot *Boule*, & employer celui de *Sphère*.

Coupez une Sphère en deux parties égales; les deux cercles que donnera la section seront égaux, & auront pour centre le centre même de la Sphère; nous les appellerons *grands Cercles de la Sphère*.

La Sphère peut être coupée par moitié en bien des sens différents. La distance d'un pôle à l'autre est exprimée par la demi-circonférence d'un grand cercle : il ne peut passer par le milieu de cette distance qu'une seule section perpendiculaire qui divise la Sphère en deux parties égales, ou, ce qui revient au même, on ne peut à mi-distance des pôles, tracer sur la surface de la Sphère qu'une seule circonférence de grand cercle, telle que tous ses points soient également distants des deux pôles : donnons un nom à ce grand cercle, & appellons-le *Equateur*.

On peut concevoir un nombre infini de sections qui passent toutes par les pôles, & conséquemment par l'Equateur : autrement on peut tracer sur la surface de la Sphère, un nombre infini de circonférences de grands cercles, toutes passant par les pôles & par deux points opposés de la circonférence de l'Equateur; chacune de ces circonférences divisera celle de l'Equateur en deux parties égales, & elles seront réciproquement divisées de même par celle de l'Equateur : nous appellerons *Méridiens* les cercles auxquelles elles appartiennent : ou plutôt, nous ne considererons que les moitiés de ces cercles. En prenant une de ces moitiés depuis un pôle jusqu'à l'autre, & appellant cette moitié un *Méridien*, nous appellerons l'autre moitié *Anti-méridien*.

Supposé un point de la surface de la Sphère à une certaine distance de l'Equateur; vous en pouvez concevoir du même côté un nombre infini qui ayent chacun une égale distance du même cercle : la suite de ces points formera la circonférence d'un cercle parallèle à l'Equateur, & qui coupera la Sphère en deux parties inégales : ce cercle sera moindre que ceux qui la coupent en deux parties égales : nous l'appellerons en général un *petit Cercle de la Sphère*; & comme il est parallèle à l'Equateur, relativement à cette circonstance, nous lui donnerons le nom de *Parallèle*.

Vous ne pouvez tracer sur la surface de la Sphère que deux parallèles égaux.

Vous ne pouvez pas tracer deux parallèles égaux d'un même côté de l'Equateur.

Si donc vous tracez un parallèle à la droite de l'Equateur, ce ne sera qu'à la gauche, & à pareille distance, que vous pourrez tracer son égal : nous appellerons ce dernier, *Anti-parallèle*.

La trois-cent-soixantième partie d'un cercle, s'appelle un *Degré*. De chacun des pôles à l'Equateur, il y a quatre-vingt-dix dégrés; & d'un pôle à l'autre il y en a cent quatre-vingt.

Appellons A, B, C, D, quatre points de la circonférence de l'Equateur, distants entr'eux de quatre-vingt-dix dégrés; C sera le point diamétralement opposé à A. Imaginez une circonférence de grand cercle qui passe par les points opposés A & C, & par les pôles : prenez sur cette circonférence & à la droite de A, un point qui en soit distant de vingt-trois dégrés & demi, & sur la même circonférence un second point à la gauche de C, qui en soit à pareille distance; vous ferez passer par ces deux points & par les points B & D, une circonférence; & vous appellerez *Ecliptique* le cercle auquel elle appartiendra. Vous menerez de chaque côté de l'écliptique, & à huit dégrés de distance, un cercle qui lui sera parallèle, & vous donnerez à l'espace compris entre ces deux cercles, le nom de *Zodiaque*. Vous diviserez le Zodiaque en douze parties égales, auxquelles vous donnerez des noms; l'une s'appellera le *Bélier*, l'autre aura le nom de *Taureau*, & ainsi des autres.

Faites passer une circonférence par les deux pôles & par les intersections de l'Ecliptique & de l'Equateur, & appellez *Colure des Equinoxes* le grand cercle auquel elle appartient. Une seconde circonférence menée pareillement de l'un à l'autre pôle, & par les points de l'Ecliptique les plus éloignés de l'Equateur, sera celle d'un autre grand cercle, que vous appellerez *Colure des Solstices*.

Pour faire la distinction des pôles, vous appellerez l'un *Pôle arctique*, & l'autre *Pôle antarctique*.

Tracez un parallèle à vingt-trois dégrés & demi de l'Equateur du côté du pôle arctique; vous l'appellerez *Tropique du Cancer*; son anti-parallèle sera le *Tropique du Capricorne*.

Tracez un autre parallèle à vingt-trois dégrés & demi du pôle arctique; vous l'appellerez *Cercle polaire arctique*; son anti-parallèle sera le *Cercle polaire antarctique*.

Suite du Discours sur les Sphères artificielles.

SUPPOSÉ que l'on trace sur une boule creuse, tous les cercles qui viennent d'être indiqués, & qu'ensuite on découpe cette boule, de manière que de toute la matière qu'elle contient, il ne reste que des filets qui représentent les cercles tracés, on aura une *Sphère armillaire*.

Le Ciel étant rond ou sphérique, & ayant un mouvement de rotation apparent, on peut y concevoir des cercles tels que ceux que nous venons de décrire & tracés dans le même ordre.

C'est en imaginant un tel ordre dans le Ciel, que les Astronomes parviennent à rendre raison de tout ce qui s'y passe.

Tout ceci posé, nous définirons la Sphère armillaire, *une Machine ronde propre à représenter l'ordre général selon lequel on a remarqué que l'Univers étoit construit.*

Au centre de la Sphère armillaire, vous remarquerez une petite boule qui, dans la Sphère dite de Ptolémée, représente la Terre, & dans celle dite de Copernic, représente le Soleil.

Les Sphères armillaires sont dites aussi *Sphères artificielles*. La dénomination de *Sphère naturelle* est opposée à celle de *Sphère artificielle*. La Sphère naturelle est le Ciel, en tant que vous n'y considérez que les cercles, & que vous faites abstraction de tout le reste.

Dans la Sphère de Ptolémée, les cercles en question sont premièrement conçus comme appartenans au Ciel, & si l'on en considère de semblables sur la superficie de la Terre, ce n'est qu'à cause de la correspondance qu'ont entr'elles les parties du Ciel & les parties de la Terre. Dans la Sphère de Copernic, les mêmes cercles sont conçus comme appartenans primitivement à la Terre. Cette différence vient de la différence des hypothèses ou suppositions.

Ptolémée fait de la Terre une masse immobile au centre de la Sphère des étoiles; & comme celle-ci paroit accomplir une révolution en vingt-quatre heures, il prétend que cette révolution est réelle. Copernic prétend au contraire que la Sphère des étoiles est parfaitement immobile, & que le mouvement qu'elle paroit avoir, est chez nous l'effet d'une illusion causée par le mouvement réel de la Terre. Selon lui, la Terre a un mouvement de rotation, par lequel chacune des plus petites particules dont sa masse est composée, accomplit une révolution entière en vingt-quatre heures; & pendant que ce mouvement de rotation s'effectue, la Terre obéit à un autre mouvement, par lequel elle se trouve emportée autour du Soleil, & parcourt dans l'espace d'un an, environ deux cents sept millions quatre cents vingt-huit mille lieues. Il y a de la Terre au Soleil, trente-trois millions de lieues, distance qui, étant le demi-diamètre de l'orbe que la Terre décrit en un an, donne pour la circonférence de cet orbe à très-

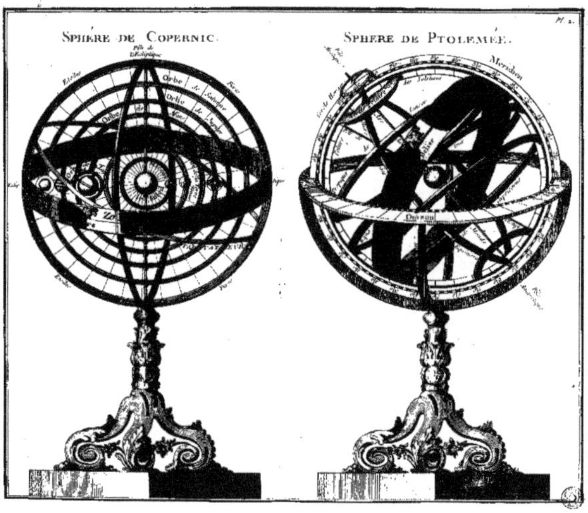

peu de chose près, la quantité de lieues que nous énonçons.

Je n'arrêterai ici à une courte supputation qui nous donnera une idée de l'étendue de cette Sphère étoilée à laquelle on donne le nom de *Firmament*, & qui nous fera connoître combien la Terre est peu de chose dans l'immensité de l'Univers.

La Terre, disons-nous, décrit un orbe de deux cents sept millions quatre cents vingt-huit mille lieues. Concevons un Globe dont le plus grand circuit soit de cette quantité. Ce Globe contient celui de la Terre dix mille six cents quarante-huit billions de fois. Autrement, concevons un Globe qui contienne celui de la Terre mille millions de fois, il sera moindre que la dix millième partie de celui dont il s'agit qui se trouve cependant n'être qu'un point insensible par rapport à l'étendue de la Sphère des étoiles, puisque de delà la Terre, on voit en tous sens la moitié de cette Sphère.

La Terre n'est pas le seul corps qui tourne autour du Soleil, & qui reçoive de cet Astre la lumière & la chaleur. Les corps célestes qui tournent ainsi autour du Soleil se nomment des *Planètes*. Ceux qui tournent autour des planètes sont dits les *Satellites*. La Terre est une planète qui a la Lune pour satellite. *Mercure*, *Vénus*, *Mars*, *Jupiter* & *Saturne* sont les autres planètes qui tournent autour du Soleil.

Reprenons la Sphère de Ptolémée. Tout grand cercle tracé sur la surface de la Sphère peut être appellé *Horison* : il représente le cercle qui, à l'égard de tout spectateur placé sur la surface de la Terre, sépare la partie visible du Ciel de celle qui ne l'est pas. Si un grand cercle considéré comme horison passe par les pôles, la Sphère, relativement à cet horison, est dite Sphère droite ; s'il passe à quatre-vingt-dix dégrés des pôles, & se confond avec l'Equateur, la Sphère est dite parallèle. Ces deux positions de la Sphère sont représentées sur la planche précédente. Il y a une troisième position ; c'est lorsque l'horison passe à une distance des pôles, moindre que d'un quart de cercle ou quatre-vingt-dix dégrés : alors il coupe obliquement l'Equateur, & la Sphère est dite oblique, telle on la voit ici représentée.

Tous ces petits intervalles alternativement noirs & blancs que vous voyez dans le contour du Méridien valent chacun deux dégrés. La numération des dégrés commence à l'Equateur, & se termine aux Pôles.

Vous remarquerez que l'axe passe par deux points opposés de la Terre, lesquels points seront appellés *Pôles terrestres*. La demi-circonférence menée d'un de ces Pôles à l'autre est un *Méridien terrestre*.

Tout Méridien Terrestre est renfermé dans un Méridien Céleste. En général, si vous concevez un grand cercle dans le Ciel, & sur la Terre un grand cercle qui lui corresponde, ce dernier sera toujours renfermé dans le premier, par la raison que tous les grands cercles Célestes, & tous les grands cercles Terrestres, ont un centre commun qui est le centre de la Terre. Il n'en est pas de même par rapport aux petits cercles Célestes. Le cercle qui sur la Terre répond au tropique du cancer, a son centre dans la portion de l'axe qui traverse la Terre. Le Tropique du cancer a aussi son centre dans l'axe ; mais ce centre est prodigieusement distant du premier.

DES GLOBES
CÉLESTE ET TERRESTRE.

LA Sphère armillaire dont nous venons de parler, est différente du Globe proprement dit. Vous avez sur cette planche, la représentation des Globes céleste & terrestre qui sont des Sphères pleines & sans aucun vuide.

La surface du Globe vûe extérieurement est dite *convexe.* C'est la surface convexe de la Terre que nous voyons.

La surface d'un Globe vûe dans l'intérieur est dite *concave* : nous ne voyons que la surface concave du Ciel ou Firmament.

La surface convexe du Globe terrestre naturel, est représentée sur la surface convexe du Globe terrestre artificiel. C'est aussi sur la surface convexe du Globe céleste artificiel, que la surface concave du Globe céleste naturel est représentée.

Tout grand cercle tracé sur le Globe, soit céleste, soit terrestre, divise chacun de ces Globes en deux parties égales ou hémi-sphères ; & si l'on considère le point du milieu de chaque hémi-sphère, le cercle en question a, par rapport à ce point, le nom d'horison. L'horison que vous avez ici partage l'un & l'autre Globe, de manière que le Pôle arctique se trouve dans la partie supérieure, & le Pôle antarctique dans la partie inférieure : chacun d'eux est distant de l'horison de cinquante dégrés.

Vous ne voyez ici qu'une moitié du Globe terrestre : cette moitié contient *l'Europe, l'Asie & l'Afrique* ; elle est traversée par une moitié de l'Équateur, par une moitié de l'Écliptique & par divers méridiens. Vous voyez encore moitié du Tropique du Cancer, moitié du Tropique du Capricorne, moitié du cercle-polaire-arctique, moitié du cercle-polaire-antarctique, & les moitiés de divers autres parallèles.

Les Géographes ont donné des noms aux diverses parties de la Terre. Les Astronomes en ont pareillement donné aux divers assemblages d'étoiles ou constellations. On ne vous représente ici qu'une moitié du Ciel, & vous ne voyez que quelques-unes des principales constellations qui y sont renfermées : telles sont entr'autres *la grande-Ourse,* & plus près du Pôle arctique *la petite-Ourse.* Remarquez à gauche de la grande-ourse la constellation du *Cocher,* & celle dite *Persée* ; à droite se trouve la *Chevelure de Bérénice.* Autour de l'Écliptique il y a *douze Constellations* qui composent le Zodiaque & qu'on appelle *les douze signes du Zodiaque :* vous en voyez six qui sont de gauche à droite, *le Bélier, le Taureau, les Gémeaux, l'Écrévisse, le Lion* ; & *la Vierge :* les six autres signes, mais qui ne se trouvent point ici représentés, sont *la Balance, le Scorpion, le Sagittaire, le Capricorne, le Verseau & les Poissons.* Remarquez au-delà de l'Équateur du côté du Pôle-antarctique, la constellation de *la Baleine,* celle dite *l'Eridan,* suivie d'une troisième nommée Orion, & à la suite de celle-ci *le grand Chien, le Navire d'Argos, l'Hydre,* &c.

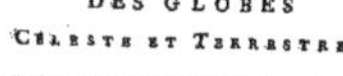

GLOBE TERRESTRE.   GLOBE CÉLESTE.   Pl. 3.

Les lignes qui traversent le Globe céleste & se terminent à l'un & l'autre Pôle représentent des Méridiens célestes. Nous avons dit qu'on peut concevoir un nombre infini de Méridiens ; car il y en a autant qu'il se trouve de points dans la circonférence de l'Équateur : il n'y a donc point d'étoile que l'on ne doive concevoir comme traversée par un de ces Méridiens. C'est l'arc ou portion du Méridien comprise entre l'Étoile & l'Équateur qui mesure la distance de cette Étoile à l'Équateur ; & cette distance est ce qu'on appelle la *déclinaison de l'étoile.* La déclinaison d'une étoile est différente de ce qu'on appelle son *ascension droite.* L'Équateur & l'Écliptique s'entre-coupent en deux points diamétralement opposés. Le signe du Bélier est plus près de l'un de ces points d'intersection, que de l'autre : appellons *premier Méridien,* autrement *premier Cercle d'ascension droite,* celui qui passe par ce point d'intersection voisin du signe du Bélier. Supposons maintenant l'Équateur divisé en ses trois cents soixante dégrés, & que cette graduation commence au point en question, ce sera-là aussi qu'elle se terminera ; mais de quel côté prenons-nous le premier, le second dégré ? &c. du côté où se trouve le signe du Bélier. Il faudra donc appeller *second, troisième,* & *quatrième Méridiens* ou *Cercles d'ascension droite,* ceux qui passent par les premier, second, & troisième points de division, & ainsi de suite. Telle étoile est traversée par le soixante-unième Méridien ; elle a une ascension droite, & cette ascension droite est l'Arc de l'Équateur compris entre le premier & le soixante-unième Méridien. L'arc en question est de soixante degrés.

Du Cercle horaire.

On adapte à la Sphère de Ptolémée & aux Globes céleste & terrestre, un petit cercle près du Pôle arctique, sur lequel les heures sont marquées. Il y a aussi une aiguille de laiton qui tient à l'axe ; elle suit tous les mouvemens de la Sphère & du Globe quand on les fait tourner, & sa pointe se porte successivement sur toutes les heures marquées autour du cercle, qui pour cette raison est appellé *cercle horaire.*

Le Cercle horaire adapté à la Sphère de Ptolémée est principalement utile pour faire connoître les Signes du Zodiaque qui se trouvent sur l'horison à telle heure du jour que ce soit. On s'en sert encore pour connoître la durée du jour dans tous les temps de l'année : ce second usage se pratique aussi sur le Globe terrestre à l'aide du cercle horaire. On sçaura encore par son moyen connoître l'heure qu'il est dans tous les différents lieux de la Terre, quand il est une certaine heure dans un lieu donné comme *Paris.*

Par le moyen du Cercle horaire adapté au Globe céleste, on sçaura pour toutes les heures du jour quelles sont les parties du Ciel qui se trouvent au-dessus & au-dessous de l'horison, leurs positions dans l'hémisphère visible, *&c.* ce qui sera d'un grand secours pour apprendre de soi-même à distinguer les différentes constellations, & les reconnoître dans le Ciel. Nous n'entrons point ici dans le détail de tous ces procédés, parce que pour les entendre il faudroit avoir des Sphères & des Globes en relief sous les yeux. On en trouve de très-bien conditionnés chez le sieur *Delisle* connu pour cette partie. Je conseillerois aux personnes qui auroient l'intention de s'en procurer, de prendre du moins les Globes céleste & terrestre de dix pouces de diamètre : ils contiennent plus de chose que ceux qui sont d'un diamètre moindre, & par-là ils sont beaucoup plus utiles ; il y a d'ailleurs plus à compter sur leur exactitude que sur celle des autres.

DE L'HORISON.

CE que notre vûe peut découvrir de la furface de la Terre, n'eſt qu'un point en comparaiſon de tout le reſte de cette furface. Soyons dans une vaſte plaine où rien ne nous borne, il règne autour de nous un eſpace terreſtre qui eſt circulaire, & dont la circonférence eſt le terme au-delà duquel la vûe, ne peut plus s'étendre : c'eſt cet eſpace auquel le Ciel paroît contigu, que l'on nomme l'*Horiſon*.

Le lieu précis où le Spectateur ſe trouve placé, eſt le centre de l'Horiſon qu'il a actuellement : car la Terre étant ronde, autant de fois il change de place, autant de fois à la rigueur il change d'Horiſon.

C'eſt un cercle immenſe qui ſépare la partie viſible du Ciel de celle qui eſt cachée, & ce cercle renferme le petit cercle terreſtre que l'œil découvre : ils ont tous deux pour centre le lieu même du Spectateur. On appellera *Horiſon terreſtre*, ſi l'on veut, le petit cercle en queſtion ; l'autre ſera l'*Horiſon céleſte*.

On peut concevoir un Horiſon céleſte parallèle à celui-ci, & qui ait pour centre le centre même de la Terre ; ce ſera deux Horiſons à diſtinguer : le premier, celui qui a pour centre le lieu du ſpectateur, ſera appellé *Horiſon ſenſible* ; l'autre ſera appellé *Horiſon rationel*.

Les Corps céleſtes paroiſſent accomplir des révolutions journalières autour de notre Globe : il eſt des temps où ils nous ſont viſibles, & d'autres où ils nous ſont inviſibles : ils ne peuvent après avoir été pendant un temps inviſibles, recommencer à être viſibles que parce qu'ils ſont parvenus à l'Horiſon. J'expliquerai ici un phénomène, en conſéquence duquel le Soleil, ou tout autre aſtre, nous paroît être dans l'Horiſon, quoiqu'il ſoit réellement encore au-deſſous ; c'eſt le phénomène de la réfraction.

Le Globe de la Terre eſt environné d'air ; & cet air eſt plus denſe, plus épais que la matière céleſte ou éther dans lequel les corps céleſtes accompliſſent leurs révolutions. Les rayons de lumière qui émanent de ces corps céleſtes rencontrant l'œil, ſe plient vers la Terre. Le Soleil étant au-deſſous de l'Horiſon, tous ceux de ſes rayons qui ſe dirigent vers la Terre, paſſeroient au-deſſus de nous, ſi l'air qu'ils rencontrent, en les pliant, ne les amenoit à notre œil. L'enſemble de ces rayons ainſi pliés, produit à nos yeux une image du Soleil : nous ne voyons en effet autre choſe que cette image, lorſque le Soleil nous paroît vers l'Horiſon. La même illuſion a encore lieu quoique le Soleil ſoit parvenu à une certaine élévation, deſorte qu'en le voyant, nous le rapportons à un lieu au-deſſus de celui où il eſt réellement. Lorſque le centre du Soleil paroît élevé au-deſſus de l'Horiſon d'un peu plus que ſon diametre, c'eſt l'inſtant où il ſe trouve réellement dans l'Horiſon.

Des points que l'on diſtingue dans la circonférence de l'Horiſon.

Ces points ſont l'*Orient*, l'*Occident*, le *Septentrion* & le *Midi*, autrement l'*Eſt* & l'*Oueſt*, le *Nord* & le *Sud*. Ces quatre points ſe nomment les quatre points cardinaux. Il y

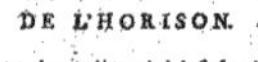

a les inter-médiaires ou collatéraux, tels que le *Nord-Eſt*, le *Nord-Oueſt*, le *Sud-Eſt*, le *Sud-Oueſt*, &c.

Le 21 Mars & le 21 Septembre, les points du lever & du coucher du Soleil ſont en oppoſition diamétrale, c'eſt-à-dire, que la ligne droite menée de l'un à l'autre de ces points, paſſe par le lieu du ſpectateur. Ces mêmes points ſont ce que l'on appelle l'un l'Orient, l'autre l'Occident. Concevez une ſeconde ligne qui paſſe auſſi par le lieu du ſpectateur, & menée de deux points diamétralement oppoſés, de manière qu'elle ne panche pas plus vers l'Orient que vers l'Occident ; les points oppoſés de l'horiſon où elle ſe termine, ſont, ſçavoir à la gauche de l'Orient, le Septentrion, & à la droite le Midi. Concevez une troiſieme ligne menée du lieu où vous êtes à la circonférence de l'Horiſon, préciſément entre le Septentrion & l'Orient, que nous venons d'appeller *Nord & Eſt*, le Point de l'Horiſon où cette ligne ſe termine, participe & du Nord & de l'Eſt ; vous l'appellerez *Nord-Eſt*. Un point pris entre le Nord & le Nord-Eſt, s'appellera *Nord-Nord-Eſt* : s'il eſt pris entre l'Eſt & le Nord-Eſt, il s'appellera *Eſt-Nord-Eſt*. Vous aurez entre le Nord & l'Oueſt, le *Nord-Oueſt*, le *Nord-Nord-Oueſt*, & l'*Oueſt-Nord-Oueſt* ; entre le Sud & l'Eſt, le *Sud-Eſt*, le *Sud-Sud-Eſt*, & l'*Eſt-Sud-Eſt* ; ainſi qu'entre le Sud & l'Oueſt, le *Sud-Oueſt*, le *Sud-Sud-Oueſt*, & l'*Oueſt-Sud-Oueſt*. Tous ces points ſont marqués dans la figure intitulée *Roſe des Vents*, & ainſi appellée parce qu'on déſigne ordinairement le lieu d'où le vent ſouffle, par les dénominations de Nord, de Sud, &c.

Du Zénith & du Nadir.

Le *Zénith* eſt un point du Ciel qui correſpond directement au centre de l'Horiſon ſenſible. Une ligne droite menée du Zénith au lieu du Spectateur ou centre de l'Horiſon ſenſible paſſe néceſſairement par le centre de la Terre & par un point de ſa ſurface diamétralement oppoſé à celui que le Spectateur occupe : prolongée de là juſques dans le Ciel, elle s'y termine à un point diamétralement oppoſé au Zénith, & qui rélativement au Spectateur en queſtion, eſt appellé le *Nadir*.

Des différentes apparences du Ciel qui réſultent des diverſes poſitions de la Sphère.

Toutes les parties du Ciel s'élevent ſucceſſivement au-deſſus de l'Horiſon des Peuples qui ont la Sphère droite ; enſorte que s'il étoit poſſible qu'ils euſſent une nuit de vingt-quatre heures, toutes les étoiles du Firmament s'offriroient à leur vûe tour-à-tour pendant la durée de cette nuit.

Il n'y a que certaines parties du Ciel qui ſe levent & ſe couchent pour ceux qui ont la Sphère oblique. Il y en a d'autres qui ne ceſſent jamais d'être au-deſſus de l'Horiſon, & d'autres qui ſont continuellement au-deſſous. Les conſtellations de Céphée & de Caſſiopée avec celle de la grande Ourſe & de la petite Ourſe, ne ſe couchent jamais par rapport à Paris, & ſont ſans ceſſe au-deſſus de l'Horiſon de cette Ville. Ceux qui ont pour Zénith le Nadir de Paris, & que nous appellerons *Anti-podes* de Paris, ne voyent jamais ces étoiles, mais ils en voyent d'autres que réciproquement on ne voit jamais à Paris.

Sous les Pôles on ne voit conſtamment, & en tout temps, que la même moitié du Ciel. Nous avons remarqué que c'eſt ici qu'on a la Sphère parallèle. Pourquoi eſt-elle dite parallèle ? C'eſt que les Horiſons ſenſibles des Pôles ſont parallèles à l'Equateur.

SYSTÊME DE PTOLÉMÉE.

CE qu'on appelle *Systême de Ptolémée*, n'a pas été imaginé tout entier par cet Astronome. *Aristote* avoit avant lui établi la distinction & l'ordre des élémens : il regardoit le Firmament comme une Sphère qui renfermoit tout le reste de l'Univers. Son principe étoit que tout ce qui est pésant tend vers le lieu le plus bas , c'est-à-dire vers le *centre* de la Sphère universelle ; & comme la Terre paroit le plus massif de tous les Corps de l'Univers , il l'a jugée plus propre que les autres à occuper ce centre. Il concevoit l'Univers comme divisé en deux parties , la *Région éthérée* , & la *Région élémentaire*. Les Élémens qu'il distinguoit , étoient au nombre de quatre , la *Terre* , l'*Eau*, l'*Air* & le *Feu*. Cet ordre est conforme à la progression de la pésanteur : l'eau moins pésante que la terre, doit occuper un lieu supérieur : l'air moins pésant que l'eau, doit se trouver placé au-dessus de cet élément. Le *feu*, substance encore plus légere que l'air , est placé immédiatement au-dessus de l'air : la *matiere Céleste* ou *Ether* , la plus légere & la plus fine de toutes les substances , s'étend depuis la région du feu , jusqu'aux dernieres limites de l'Univers : c'est dans le sein de cette matiere, que tous les Corps célestes accomplissent leurs révolutions autour de la terre.

Nous nous arrêterons à une remarque touchant l'eau. Il suit de la maniere dont Aristote dispose ses quatre élémens, que la région élémentaire se trouve divisée en quatre espèces de *couches* posées distinctement les unes sur les autres , ensorte que toute la masse de l'air est environnée de celle du feu , & environne celle de l'eau , & que celle-ci à son tour environne celle de la terre. Il y a lieu de penser , en effet , que si la terre étoit parfaitement ronde , l'eau s'en trouveroit séparée, & formeroit autour d'elle une couche telle que nous disons ; mais la terre est comme criblée à sa surface, d'un nombre infini de cavités vers lesquelles l'eau se porte d'elle-même à cause de sa pésanteur & les remplit : en se précipitant ainsi pour remplir ces cavités , elle laisse à découvert des grandes portions de surface terrestre qui servent d'habitations aux hommes & aux autres animaux qui ne peuvent vivre que sur la terre & dans l'air. Ce n'est pas la terre seule ; c'est l'ensemble de la terre & de l'eau qui forme ce que nous appellons le *Globe Terrestre* , autrement le *Globe Terraqué*.

Disons un mot du *Feu élémentaire*. Ce qu'on appelle ainsi, est un feu parfaitement pur & dégagé de toute matiere terrestre. *Aristote* & ses Sectateurs nommés *Péripatéticiens* , pensoient qu'un tel feu existoit nécessairement dans la nature : c'est sans doute parce qu'ils voyoient , que, quoique tous les Corps terrestres fussent impregnés d'air , il ne laisse pas d'y avoir un air pur & sans mélange : voyant ensuite que la matiere du feu se trouvoit , ainsi que l'air , répandue dans les mêmes Corps, ils se sont trouvés conduits à croire que cette matiere existoit quelque part séparément de ces corps, & sans aucun mélange de matiere étrangère. Aujourd'hui que les idées touchant l'arrangement de l'Univers sont différentes, on ne croit plus au feu élémentaire, qui même dans les tems où le *Péripatétisme* régnoit le plus despotiquement sur les esprits , a eu des contradicteurs, tels entr'autres que *Cardan* , qui affirmoit positivement que le monde sublunaire ne contenoit d'autre feu que celui qui se trouve renfermé dans le sein de la terre.

Je passe aux autres parties du systême. On voit qu'au-dessus de la région du feu, se trouve placé le *Ciel de la Lune*. Quelque supposition qu'on fasse par rapport au lieu de la terre dans l'Univers , on est toujours obligé de faire tourner la Lune autour d'elle , & de la regarder comme le corps céleste qui l'approche de plus près. Le *Ciel* ou *Sphère* de la planète de *Mercure* suit le Ciel de la Lune ; & au-dessus du Ciel de Mercure , est le *Ciel de Vénus* ; ensuite celui du *Soleil* : immédiatement après la Sphère du Soleil, se trouvent celles de *Mars* , de *Jupiter* & de *Saturne*, qui sont les planètes les plus éloignées de la terre. Au-dessus des Cieux des Planètes est le Firmament, ou *Ciel des étoiles fixes* , qui a divers mouvemens apparents que l'on explique dans cette hypothese, en admettant au-dessus de lui divers autres Cieux que l'on voit ici représentés.

SYSTÈMES DE COPERNIC, DE DESCARTES ET DE TYCHO-BRAHÉ.

On voit, quant à ceux de *Copernic* & de *Descartes*, que l'ordre des Corps célestes, est le même dans l'un & l'autre systême. Le Soleil occupe le centre de la Sphère universelle, & toutes les Planètes font leurs révolutions autour de lui. La Terre qui dans le systême de *Ptolémée*, & dans celui de *Tycho-Brahé*, demeure fixe au centre du Firmament, se trouve ici dans le rang des Planètes , & ne cesse d'être accompagnée de la Lune , son Satellite.

Il paroit par l'Histoire , que les anciens Égyptiens étoient dans la pensée que les Planètes de *Mercure* & de *Vénus* , tournoient autour du Soleil, *Gassendi*, dans la vie de Copernic, parle d'un nommé *Apollonius Pergeus*, qui avoit vécu à Alexandrie 240 ans avant J. C. Cet Apollonius, non-seulement faisoit tourner Mercure & Vénus autour du Soleil ; il prétendoit encore que les autres Planètes , Mars, Jupiter & Saturne , tournoient pareillement autour de cet astre ; & il vouloit de plus que le tout ensemble tournât autour de la terre. Il suffit de jetter les yeux sur la figure qui représente le systême de *Tycho-Brahé*, pour voir que ce systême ne diffère en rien de celui d'*Appollonius*.

Quoique *Copernic* préférât cet arrangement à celui de *Ptolémée* , il ne crut pas devoir l'adopter en tout : il acquiesça aux révolutions des Planètes autour du Soleil ; mais en même tems, il lui parut hors de vraisemblance, que le Soleil , accompagné de tant de Corps célestes , s'acquittât des révolutions annuelle & diurne qu'on lui faisoit faire autour de notre Globe. Il considéra que la terre n'étoit pas d'une nature différente des autres Planètes : en conséquence , il jugea qu'il étoit plus naturel de la comprendre dans le tourbillon de ces Planètes , que de la laisser à l'écart , & faire gratuitement en sa faveur une exception à la Loi générale.

La Terre tourne autour du Soleil : il ne faut cependant pas croire qu'elle ait un mouvement réel : disons-en autant des autres Planètes qui ne font que céder à l'activité du fluide qui les environne ; activité que ce fluide reçoit du Soleil même , qui seul est en mouvement.

Tycho-Brahé & tous ceux qui veulent que la Terre soit immobile, ne font pas attention qu'en la fixant dans un lieu de l'Univers, ils lui attribuent réellement plus de mouvement qu'elle n'en a dans l'hypothèse de Copernic. Pour rendre ceci sensible, supposons un homme au milieu d'un fleuve rapide : s'il se tient dans une immobilité parfaite, il sera nécessairement entraîné par le courant : il faudra , au contraire , qu'il s'agite extrêmement , s'il veut lui résister & se maintenir dans un lieu fixe.

DES PÉRIÆCIENS.

VOUS avez ici deux Parallèles terrestres. Considérez un point quelconque d'un de ces parallèles ; considérez ensuite le point oposé du même parallèle, & appellez *Périæciens*, les Habitans de ces deux points ou lieux opposés.

La position des *Périæciens* est telle que quand les uns ont midi, les autres ont minuit. Vous reconnoîtrez que cela est nécessairement ainsi, en faisant attention que l'Anti-Méridien des premiers, est le Méridien des seconds. Il est midi dans un lieu donné du Globe, lorsque le Soleil se trouve correspondre à un point du Méridien de ce lieu : il est parconséquent minuit au même lieu, lorsque le Soleil correspond à un point de son Anti-Méridien. Ce que je dis par rapport à l'heure de midi, a lieu par rapport à toutes les autres heures du jour. Quand un des *Périæciens* a dix heures du matin, l'autre à dix heures du soir.

La suite des points terrestres auxquels le Soleil correspond pendant la révolution d'un jour, forme autour de la terre une circonférence parallèle à celle de l'Équateur terrestre. Si le Soleil correspondoit tous les jours à une même suite de points, il n'y auroit pour tous les Peuples de la terre, qu'une seule saison. On éprouve dans toute l'étendue de la terre, des variétés de saisons : cela vient de ce que le Soleil pendant les trois cent soixante-cinq jours qui composent l'année, correspond à divers parallèles. La Suite de tous ces parallèles occupe sur le Globe une largeur de quarante-sept degrés. L'Équateur qui est l'un des parallèles en question, est dans le milieu de cette largeur, dont les deux Tropiques sont les extrémités. Le vingt-un Mars & le vingt-un Septembre, la révolution journalière du Soleil, se fait autour de l'Équateur : alors il se trouve pendant toute la journée, également distant des deux Pôles. Dans l'intervalle du vingt-un Mars, au vingt-un Juin, il s'approche continuellement du Pôle arctique. Cet intervalle s'appelle le Printemps, à l'égard de tous les Peuples qui habitent les Zônes Septentrionales, dites tempérées & glaciales. Il est l'Automne pour ceux qui habitent les Zônes opposées. Les premiers ont l'Été, & les autres l'Hyver, dans l'intervalle du vingt-un Juin, au vingt-un Septembre. Le Soleil alors s'éloigne du Pôle arctique : il va se retrouver à égales distances des deux pôles : ensuite il sera plus près du pôle antarctique, que de l'arctique. Automne dans les contrées situées vers ce dernier. Printemps pour celles qui sont situées vers l'autre. Celles-ci auront l'Été, & les autres l'Hyver, dans l'intervalle du vingt-un Décembre, au vingt-un Mars. Il est clair d'après ceci, que les Peuples qui se trouvent respectivement *Périæciens*, ont les mêmes Saisons dans les mêmes tems de l'année.

DES ANTÆCIENS.

Ils ont midi en même-tems, minuit en même-tems, & ainsi des autres heures du jour. Cela doit être, puisqu'ils ont le même Méridien. Quand l'un a l'Été, l'autre a l'Hyver. Cela doit être encore : ils sont tous deux à une même distance, l'un du Pôle arctique, & l'autre du Pôle antarctique. La position d'un lieu sur le Globe, est déterminée par l'intersection de son Méridien & de son parallèle : c'est l'intersection du même Méridien, & de l'anti-Parallèle, qui détermine le lieu de ses *Antæciens*.

POSITION RESPECTIVE des Peuples de la Terre.

PÉRIŒCIENS — Peuples qui ont mêmes Saisons, mais les heures contraires.

ANTŒCIENS — Peuples qui ont les Saisons opposées, et en même tems midi et minuit.

HÉTÉROSCIENS — Peuples qui ont toujours à midi l'ombre tournée vers le Pôle qui est élevé sur leur Horizon.

PÉRISCIENS — Autour desquels l'ombre tourne, pendant tout le tems que le Soleil luit sans se coucher.

ASCIENS — Peuples qui n'ont point d'ombre à midi ; & *AMPHISCIENS* dont l'ombre est tournée tantôt d'un côté, tantôt de l'autre.

DES HÉTÉROSCIENS.

Le Soleil ne s'approche jamais des Pôles arctique & antarctique plus près que de soixante-six degrés & demi. Les Peuples qui sont placés à une distance du Pôle arctique, moindre que de soixante-six degrés & demi, ont à midi leur ombre nécessairement tournée vers lui. Ceux qui sont à une distance du Pôle antarctique, moindre que de soixante-six degrés & demi, ont leur ombre méridienne toujours tournée vers ce pôle. C'est relativement à ces projections opposées de l'ombre méridienne, que les Peuples en question sont dits *Hétérosciens*, dénomination formée du Grec, ainsi que les précédentes, & celles qui suivent.

DES ASCIENS ET AMPHISCIENS.

Les Peuples placés à soixante-six degrés & demi du Pôle arctique, se trouvent sans ombre à midi le vingt-un Juin : ceux qui sont à soixante-six degrés & demi du Pôle antarctique, se trouvent dans le même cas, le vingt-un Décembre. Tous les autres Peuples placés entre ceux-ci, ont chacun deux jours dans l'année où ils sont pareillement sans ombre à midi. Le Soleil est entr'eux & le Pôle arctique pendant un certain tems de l'année : alors leur ombre méridienne se projette vers le pôle antarctique. Pendant le reste de l'année, le Soleil est entr'eux & le Pôle antarctique, & leur ombre méridienne se projette vers le Pôle arctique. Relativement au tems où ils sont sans ombre à midi, on les nomme *Asciens* ; & relativement à ce qu'ils ont leur ombre, [j'entends toujours l'ombre méridienne] tournée tantôt d'un côté, tantôt de l'autre, selon les divers tems de l'année, on les nomme *Amphisciens*.

Tous les Peuples qui habitent autour des Tropiques, sont simplement *Asciens* : ils ne le sont qu'une fois par an. Tous ceux qui habitent dans cet espace de quarante-sept degrés qui règne entre les deux Tropiques, sont *Asciens* & *Amphisciens* : ils sont *Asciens* deux fois par an. Les Peuples de l'Équateur sont *Asciens* le vingt-un Mars & le vingt-un Septembre. Pendant les six mois du vingt-un Mars au vingt-un Septembre, leur ombre méridienne est toujours tournée vers le Pôle arctique : pendant les six mois du vingt-un Septembre au vingt-un Mars, elle est dirigée vers le Pôle antarctique. Tous les *Amphisciens* ont les Saisons doubles. Le tems pendant lequel ils ont leur ombre tournée vers le Pôle arctique, se partage en Été, Automne, Hyver & Printems. Le tems pendant lequel ils ont leur ombre tournée vers le Pôle antarctique, se partage de la même manière. Les Peuples de l'Équateur étant autant éloignés d'un Tropique que de l'autre, ils ont les Saisons à peu près d'une durée égale. Il n'en est pas de ceux qui se trouvent inégalement distants des Tropiques : plus cette distance est inégale, plus leurs Saisons sont d'inégale durée.

DES PÉRISCIENS.

Les Peuples qui habitent autour du cercle polaire arctique, voyent le Soleil sans interruption pendant les vingt-quatre heures qui forment la journée du vingt-un Juin. Ceux du cercle polaire antarctique, le voyent pendant toute la journée du vingt-un Décembre. Les Peuples encore plus voisins des pôles, le voyent sans interruption pendant une suite de plusieurs jours, suite d'autant plus ou moins longue, qu'ils sont plus près ou plus loin des mêmes pôles. Sous les pôles, il est d'apparition continuelle pendant six mois de l'année. On conçoit que pendant tout le tems de cette apparition continuelle, l'ombre des Peuples en question, tournant autour d'eux : c'est relativement à cette circonstance, que le nom de *Périsciens* leur est donné.

DES ZÔNES.

Ayez une Boule qui vous représente le Globe terrestre : marquez y deux points diamétralement opposés qui représenteront le Pôle arctique & le Pôle antarctique. Tracez ensuite à différentes distances de ces deux pôles, quatre petits cercles que vous considérerez comme les deux Tropiques & les deux Cercles polaires. Votre boule se trouvera divisée en cinq parties qui représenteront les cinq espaces appellés Zônes, que l'on distingue à la surface du Globe terrestre.

Celle du milieu comprise entre les deux Tropiques, se trouve sous la ligne ou cercle que le Soleil semble décrire annuellement dans le Ciel : il ne la quitte donc jamais, & il n'est pas d'instant où il ne darde perpendiculairement ses rayons sur quelque partie de cette Zône, qui relativement à l'extrême chaleur qui s'y fait sentir, est appellée Zône torride.

Les Pays fort éloignés de la route apparente du Soleil, se ressentent de cet éloignement par la rigueur du froid qu'on y éprouve ; c'est pourquoi les espaces compris entre les cercles polaires & les pôles, se nomment Zônes glaciales.

Les Zônes tempérées sont ainsi nommées, parce que la température dont elles jouissent, est moyenne entre les chaleurs excessives de la Zône torride & les froids rigoureux de la Zône glaciale.

Il y a Zône tempérée Septentrionale, & Zône tempérée Méridionale, Zône glaciale Septentrionale, & Zône glaciale Méridionale. En général, toutes les parties du Globe plus près du Pôle arctique, que du Pôle antarctique, sont dites Septentrionales, & toutes celles qui sont plus près du Pôle antarctique, que du Pôle arctique, sont dites Méridionales. Toute une moitié du Globe est donc Septentrionale, l'autre moitié est Méridionale, & l'Equateur fait la séparation de ces deux moitiés ou Hémisphères.

DES CLIMATS.

On éprouve les longs jours d'autant plus longs, & les courts jours d'autant plus courts, qu'on avance davantage de l'Equateur vers les Pôles. Le plus long jour de l'année pour tous les Peuples de l'Hémisphère Septentrional, est le vingt-un Juin, & le plus court jour, le vingt-un Décembre.

On peut considérer deux positions quelconques dans le même Hémisphère, ayant chacune une distance donnée du pôle de cet Hémisphère : si la différence entre les deux distances, est telle, qu'il en résulte une différence de demi-heure dans la durée du plus long ou du plus court jour de l'année, en l'un & l'autre lieu ; alors cette différence s'appelle un Climat de demi-heure. Il y a vingt-quatre Climats de demi-heure qui ne sont pas tous d'une étendue uniforme ; ils vont en décroissant depuis l'Equateur, jusqu'à l'un ou l'autre des Cercles polaires où le plus long jour est de vingt-quatre heures.

On peut encore choisir deux positions dans l'une des Zônes glaciales : si la différence entre leurs distances du Pôle est telle que la durée du jour continu dans l'une & l'autre, diffère d'un mois, alors cette différence s'appelle un Climat de mois. Il y a six Climats de mois, dont l'étendue va en augmentant du Cercle polaire au pôle.

DES ANTIPODES en général.

Si la distance qui se trouve entre deux Peuples, est la moitié d'un grand cercle de la terre ; ces Peuples sont dits Antipodes, l'un au regard de l'autre. Quand les uns ont Plûe & les longs jours, les autres ont l'Hyver & les courts jours. Ceux-ci ont minuit, quand les premiers ont midi, & ainsi des autres heures.

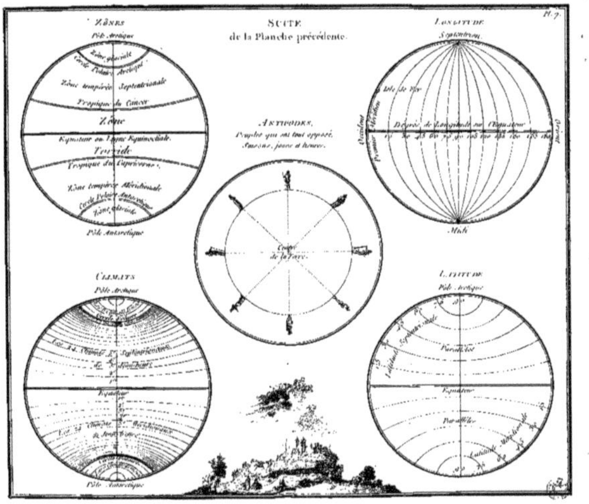

SUITE de la Planche précédente.

ZÔNES. — LONGITUDE. — ANTIPODES. — CLIMATS. — LATITUDE.

DES LONGITUDES & LATITUDES TERRESTRES.

Nous avons précédemment remarqué qu'on peut tracer autant de Méridiens sur la surface du Globe, qu'il y a de points dans la circonférence de l'Equateur. Supposez ce dernier cercle divisé en ses trois cent soixante dégrés, & par chaque point de division, faites passer un Méridien ; vous choisirez ensuite celui que vous voudrez pour le premier : ceux qui le suivront à l'Orient, seront second, troisième, quatrième, &c. Vous parcourerez ainsi tous les Méridiens autour de l'Equateur, & vous en trouverez trois cent soixante-un : celui que vous aurez appellé premier, sera en même-tems le trois cent soixante-unième.

C'est l'Arc de l'Equateur compris entre le premier Méridien, & le Méridien particulier d'un lieu qui s'appelle la Longitude particulière de ce lieu.

Ptolémée établit pour premier Méridien ; celui qui passe par une Ile de l'Afrique, nommée l'Ile de fer.

Le cercle que forment le Méridien & l'anti-Méridien d'un lieu, divise le Globe terrestre par rapport à ce lieu, en Hémisphère Oriental & Hémisphère Occidental. Nos Mappemondes nous représentent le Globe terrestre ainsi divisé par le cercle formé du Méridien & de l'anti-Méridien de l'Ile de fer : à droite est l'Hémisphère Oriental : à gauche est l'Hémisphère Occidental. (Voyez la Carte suivante.)

Tous les lieux particuliers de l'Hémisphère Oriental, ont une Longitude moindre que 180 dégrés. Remarquons ici que tous les lieux situés autour d'un même Cercle méridional ; (j'appelle ainsi tout cercle formé de deux Méridiens opposés) ne sont les uns par rapport aux autres ni Orientaux ni Occidentaux. S'il se trouve donc que les Longitudes particulières de deux positions, différent de 180 dégrés, ces deux positions ne sont ni Orientales ni Occidentales : celle qui a plus, ne le trouvera Orientale que dans le cas où la différence en question sera moindre que 180 dégrés : elle sera Occidentale, si cette différence surpasse 180 dégrés.

Un cercle mené parallèlement à l'Equateur, & qui passe par un lieu du Globe, est appellé le parallèle de ce lieu. Tous ceux qui habitent sous un même parallèle, ont même latitude.

L'intersection du Méridien & du parallèle d'un lieu, marque la position de ce lieu ; l'intersection de son anti-Méridien, & de son anti-Parallèle, marque la position de son Antipode. L'Antipode d'un lieu a toujours de longitude, 180 dégrés de plus, ou 180 dégrés de moins.

Considérons deux lieux particuliers situés sous un même cercle méridional, ils ne seront dits Septentrionaux ou Méridionaux, l'un par rapport à l'autre, que lorsque l'Arc qui exprimera leur distance, sera moindre que 180 dégrés ; alors le moins éloigné du Pôle arctique, sera le lieu Septentrional.

La situation respective de deux lieux Antipodes, ne peut être désignée par d'autre dénomination, que celle d'Antipodes. On ne peut pas dire, l'un est Septentrional ou Méridional, Oriental ou Occidental, par rapport à l'autre.

Deux positions placées sous un même cercle Méridional, distantes d'un arc moindre que 180 dégrés, & ayant le Pôle arctique entr'elles, sont toutes deux Septentrionales, l'une par rapport à l'autre. Chacune d'elles seroit Méridionale par rapport à l'autre, si au lieu du Pôle arctique, c'étoit le Pôle antarctique qui fut entr'elles. Si les Péninsules (Pays) sont Septentrionaux par rapport à lui ; il est réciproquement Septentrional par rapport à eux. Il y a des lieux de l'Equateur qui sont Septentrionaux par rapport à Paris. Les Peuples, relativement à une position quelconque prise sur l'Equateur, sont en même-tems Antipodes, ils ne sont par conséquent, ni Septentrionaux ni Méridionaux.

Les plus grandes étendues de terre environnées d'eau qui se trouvent à la superficie du Globe, se nomment Continents ou Terres-fermes.

Vous voyez deux Continents que l'on nomme les deux Continents connus. Celui où se trouvent écrits les noms d'Europe, Asie & Afrique, qui sont les trois grandes parties dans lesquelles on le divise, se nomme l'ancien Continent, parcequ'il a été connu de tout tems, du moins en très grande partie : l'autre continent connu se nomme Amérique ; on l'appelle Nouveau Continent, Nouveau Monde, parce que les Européens n'en ont connoissance que depuis environ trois cents ans : il est naturellement divisé en deux grandes presqu'Isles. Jettez les yeux sur l'ancien continent, vous verrez que les trois parties que nous avons nommées, sont autant de presqu'Isles qui en renferment d'autres de moindre étendue.

L'amas général des eaux de toutes les Mers, se nomme Océan ; mais on nomme plus particulièrement Océan, la Mer qui environne l'ancien continent. Les Navigateurs ont donné le nom de Mer du Nord, à la vaste étendue de Mer qui règne le long des Côtes Orientales des deux Amériques : par opposition, ils ont appelé Mer du Sud, celle qui règne le long des Côtes Occidentales.

On appelle Golfes les avances que la Mer fait dans les terres. Vous voyez divers Golfes autour, tant de l'ancien, que du nouveau continent. Remarquez celui nommé Mer Méditerranée, qui se rapporte à l'ancien continent, & est au Midi de l'Europe. Remarquez de même ceux nommés Baye de Baffins, & Baye d'Hudson, qui se rapportent au nouveau continent & sont au Nord de l'Amérique Septentrionale.

Jettez les yeux sur l'Océan Occidental, vous verrez au Nord, l'Isle d'Islande. En descendant vers le Sud, vous trouverez divers corps ou amas d'isles, savoir, les Isles Britanniques adjacentes à l'Europe, les Isles Canaries & les Isles du Cap Verd adjacentes à l'Afrique. Vous trouverez dans l'Océan Méridional, l'Isle Sainte Hélène. La partie de l'Océan, dite Mer des Indes, vous offre la grande Isle de Madagascar, & au Nord-Est, les Isles de la Sonde ; à l'Est de ces dernières, les Isles Philippines, & au Nord des Philippines, les Isles du Japon. Dans la Mer du Nord, vous remarquerez l'Isle de Terre-Neuve, & au Sud Est, les Isles Açores. A l'entrée d'un Golfe nommé le Golfe du Mexique, vous trouverez un grand nombre d'isles, dont les plus grandes sont l'Isle de Cuba, & l'Isle de Saint Domingue.

On voit au Nord & au Sud des deux continents connus, diverses terres qui ne sont connues qu'en parties, tels sont au Nord de l'Europe le Groenland, le Spitzberg & la Nouvelle Zemle ; au Sud-Est de l'Asie, la Nouvelle Hollande, & à l'Ouest de l'Amérique Méridionale, la Nouvelle Zélande, & la Terre du Saint Esprit. Les Terres qui bordent la Baye

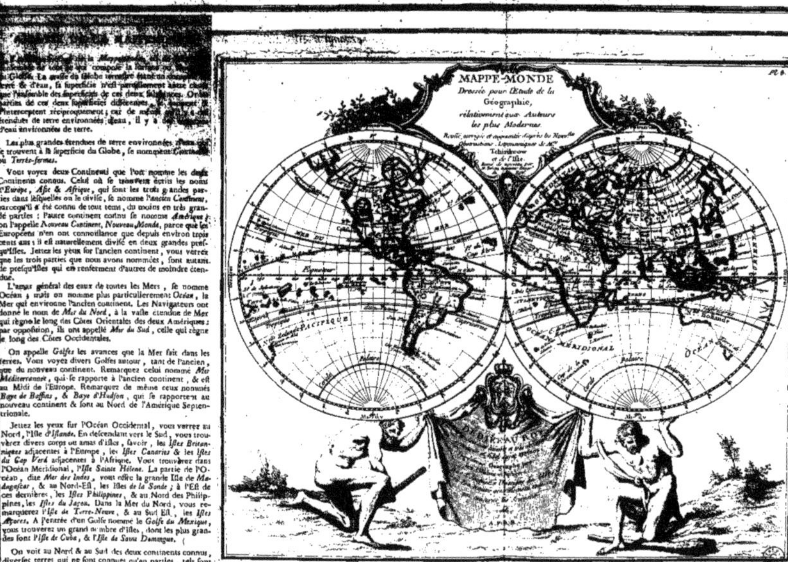

de Basson à l'Est, sont contigues au Groenland, dont les Navigateurs ont étendu le nom jusqu'à ces terres.

Vous remarquerez que les terres de l'Asie, ne se trouvent séparées de celles de l'Amérique Septentrionale, que par un détroit, dont la largeur est estimée d'environ cinquante lieues.

REMARQUES.

Il y a des endroits qui aujourd'hui se trouvent Mer, & qui autrefois ont été Terre. Il y en a réciproquement qui maintenant sont terre, & qui ont été anciennement Mer. Il y a plusieurs étendues de pays que l'on sait avoir été couverts autrefois par la Mer. L'Égypte, l'une des Contrées Orientales de l'Afrique, étoit dans les tems les plus reculés, couverte des eaux de la Méditerranée. On regarde comme probable que l'Isthme qui fait la communication de l'Afrique & de l'Asie étoit autrefois un détroit. La profondeur de la Mer en quelques détroits, commence, dit-on, à diminuer, & on trouve que l'eau y devient plus basse qu'elle n'a coutume de l'être, ce qui peut faire conjecturer que de tels détroits resteront à sec tôt ou tard. Les Habitants de l'Isle de Ceylan, dans la Mer des Indes, disent que cette Isle faisoit autrefois partie du Continent, & qu'elle en fut séparée : le détroit qui règne entr'elle & le Continent, étoit donc anciennement un espace de terre. L'Histoire & les Relations de Voyages, font mention de diverses terres qui ont été ainsi séparées du Continent par l'épanchement des eaux de la Mer, & sont devenues des Isles.

L'Océan se meut perpétuellement de l'Est à l'Ouest, ce qui se voit principalement dans l'étendue de la Zône torride, sur-tout dans la Mer du Sud. Le mouvement connu sous les noms de Flux & Reflux, n'est point essentiellement différent de ce mouvement de l'Est à l'Ouest. Que le Flux ou le Reflux se fasse, la Mer se meut toujours dans le même sens. En plein Océan dans la Zône torride, on n'apperçoit point d'autre mouvement que celui de l'Est à l'Ouest. Dans les détroits qui s'étendent directement en ce sens, la Mer monte en allant vers l'Ouest. Et en descendant, au lieu de refluer vers l'Est, elle continue d'aller vers l'Ouest. Quand en descendant elle reflue véritablement, c'est qu'elle trouve des Côtes qui font obstacle à son mouvement.

La Mer est le réceptacle de toutes les eaux qui coulent sur la surface de la terre. Celles des moindres ruisseaux s'y rendent par les Canaux des Fleuves & des Rivières. Les pluies, les rosées & les neiges qui y tombent, forment encore un surcroît considérable. Cependant la Mer demeure toujours renfermée dans les mêmes bornes & n'augmente jamais. Si elle reçoit beaucoup, elle perd beaucoup : le Soleil est à son égard une pompe qui agit continuellement, & en élève chaque jour une quantité de vapeurs, telle que ce qu'elle reçoit des Fleuves & des Rivières, n'est guères plus que le tiers de ce qu'elle perd ainsi : elle se dessécheroit donc plutôt que d'augmenter, si ces vapeurs n'y retournoient en partie sous la forme de pluies, de rosées, de neiges, &c.

M. Halley, savant Anglois, a trouvé d'après une expérience faite avec beaucoup de soin, qu'une étendue de Mer telle que la Méditerranée qui contient environ 80000 lieues quarrées, perd en un jour d'Été pendant l'espace de 12 heures, 5280000000 de tonneaux d'eau. Il a fait ensuite le calcul de la quantité d'eau que cette Mer reçoit tous les jours, de toutes les Rivières, tant grandes que moyennes & petites qui s'y rendent, & il a trouvé qu'elle montoit à 1827000000 de tonneaux.

ANALYSE
DE L'HÉMI-SPHÈRE OCCIDENTAL.

IL sera ici question du nouveau Continent. Nous avons déjà remarqué qu'il est naturellement divisé en *deux grandes presqu'Isles*. On voit que la communication de l'une à l'autre, se fait par le moyen d'un Isthme : on l'appelle l'*Isthme de Panama* ; c'est relativement à la Ville de même nom qui y est située. Tout ce qui est au Nord de cet Isthme, s'appelle *Amérique Septentrionale*. On appelle *Amérique Méridionale*, ce qui est au Sud. De part & d'autre de l'Isthme en question, se trouvent le Pays nommé *Nouvelle Espagne*, appartenant à l'Amérique Septentrionale, & le Pays, particulièrement appellé *Terre-ferme*, qui appartient à l'Amérique Méridionale.

L'AMÉRIQUE SEPTENTRIONALE. La Nouvelle Espagne avant d'être ainsi nommée par les Espagnols, s'appelloit le *Mexique*. Le Pays qui se trouve au Nord, se nomme le *Nouveau Mexique*, qui est suivi à l'Est de la *Louisiane*. Le Pays nommé *Floride*, au Sud-Est de la Louisiane, est une presqu'Isle, anciennement appellée presqu'Isle de *Tégeste*. Remarquez à l'Ouest, tant de la Nouvelle Espagne que du Nouveau Mexique, une autre presqu'Isle nommée *Californie*, qui est séparée de ces Pays par un bras de Mer ou Golfe appellé *Mer Vermeille*. Reprenez la Floride, & gagnez le Nord, vous trouvez la *Nouvelle Angleterre*, Pays beaucoup plus long que large, & qui s'étend le long de la Mer. Au Nord de la Nouvelle Angleterre, est l'*Acadie*. L'Isle nommée *Cap-Breton*, n'est pas éloignée de l'Acadie. Au Nord-Est de cette Isle, vous en trouvez une grande appellée *Terre-Neuve* ; c'est sur le Banc de Terre-Neuve, qui est à PÊN, que se fait la Pêche de morues : ce Banc occupe une étendue considérable du Septentrion au Midi. L'Isle de Terre-Neuve n'est pas éloignée de la partie du Continent qui se nomme *Terre de Labrador*, ou les *Esquimaux*. L'Acadie & la Terre de Labrador, bordent l'embouchure du plus considérable Fleuve de l'Amérique Septentrionale ; c'est le *Fleuve Saint Laurent* qui arrose tout le Pays nommé *Canada*, & traverse divers Lacs de grande étendue. On a conjecturé qu'au Nord de tous ces Pays, il pouvoit y avoir quelque communication entre la Mer du Nord & la Mer du Sud ; c'est en allant à la recherche de cette communication ou passage, que les Mers appellés *Baye d'Hudson* & *Baye de Baffins*, ainsi que les *Détroits d'Hudson* & *de Davis*, ont été découverts. Le nom de *Groenland* a été donné à la partie de Terre-ferme qui borne le Détroit de Davis, parce qu'elle se trouve contigue au Groenland, Pays dont nous avons déjà parlé. On trouve au Nord-Ouest une petite partie de la Russie Asiatique. Les Terres de l'Ancien & du Nouveau Continent, s'approchent ici d'assez près ; si elles ont quelque part de la contiguité, ce ne peut être que vers le Nord : nos Navigateurs n'ont encore pu s'assurer de cette contiguité. On appelle *Détroit du Nord*, le bras de Mer qui règne entre les parties les plus voisines des deux Continents.

Les extrémités de l'Amérique prises depuis le Nord de la Californie, jusqu'au delà du Détroit du Nord, sont représentées de deux manières, sur cette Carte : la couleur verte désigne ces mêmes extrémités, selon une Carte Russienne mise au jour par l'Académie de Petersbourg en 1754. On voit qu'elles sont fort différentes de celles que nos Cartes Françoises déterminent, & qui sont ici désignées par la couleur jaune. Entre les trente-cinquième & soixante-quatrième

degrés de Latitude, l'Amérique s'étend vers l'Occident, selon la Carte Russienne, beaucoup plus que selon la Carte Françoise : celle-ci achève au Nord de la Californie, un grand Golfe appellé *Mer de l'Ouest* ; la première ne représente point ce Golfe, & fait couler une Rivière dans l'espace que la Carte Françoise lui fait occuper.

L'AMÉRIQUE MÉRIDIONALE. Si l'on se rend immédiatement de l'Amérique Septentrionale dans la Méridionale, on entrera premièrement dans le Pays de *Terre-ferme*, qui est la première partie du Continent, dont les Européens ayent eu connoissance. On y distingue la *Terre-ferme*, proprement dite, autrement appellée *Castille d'or*, & la *Guyane*. La Terre-ferme proprement dite, est arrosée par le Fleuve de l'Orénoque. En tirant vers le Sud-Ouest, on trouve le *Pérou*, grand Pays qui s'étend le long de la Mer du Sud. Le vaste *Pays des Amazones*, est à l'Orient du Pérou, & au Midi de la Terre-ferme : le Fleuve qui le traverse & qu'on nomme le *Fleuve ou Rivière des Amazones*, est regardé comme le plus grand Fleuve de la Terre. Le *Paraguai*, autre grand Pays au Midi de celui-ci, tire sa dénomination d'un Fleuve considérable, par lequel il est traversé. *Buénosaires*, sa principale Ville est située vers l'embouchure de ce Fleuve, qui ne porte le nom de *Paraguai*, que depuis sa source jusques vers l'embouchure du *Parana*, qui s'y rend : dans le reste de son cours, il se nomme le *Plata*. Le Pays qui borne le Paraguai du côté de l'Orient, se nomme le *Brésil* : il s'étend depuis l'embouchure du Fleuve des Amazones, jusqu'à celle de la Plata. Remarquez au Sud du Pérou, le *Chili*, Pays moins grand que ceux dont on vient de parler. Un Portugais nommé Magellan, fit la découverte des Terres les plus méridionales, qui pour cette raison sont appellées *Terres Magellaniques*. Le Détroit qui les sépare au Midi, d'avec l'Isle nommée *Terre de Feu*, s'appelle le *Détroit de Magellan*.

On pourroit comparer l'étendue du Continent de l'Amérique, à celle de l'Europe & de l'Asie prises ensemble. Ceux qui veulent qu'il soit l'Isle Atlantique des anciens, le font aussi grand que l'Asie & l'Afrique prise ensemble ; ils entendent parler de l'Asie & de l'Afrique, telles que les anciens les connoissoient, & non pas telles que nous les connoissons aujourd'hui.

ISLES DE L'AMÉRIQUE, &c. Il a déjà été question de celles dites *Cap-Breton* & *Terre de Feu*, aussi que de l'Isle & du Banc de *Terre-Neuve*. Vous voyez à l'Est de la Nouvelle Angleterre, un corps d'Isles nommées les *Isles Açores* : elles sont en général plus près de l'ancien Continent, que du nouveau. Nous ne suivrons pas les Auteurs qui les rapportent à ce dernier : nous ne suivrons pas non plus ceux qui les rapportant à l'ancien Continent, les font du pais être de l'Afrique : elles sont plus près de l'Europe que de l'Afrique ; nous les rapporterons à l'Europe. Quant aux *Isles du Cap-Verd* qui sont au Midi des Açores, il convient de les rapporter aussi à l'ancien Continent, & de les mettre au nombre des Isles de l'Afrique. La Mer du Nord borne le long des Côtes de la Floride, de la Louisiane & de la Nouvelle Espagne, un grand Golfe appellé le *Golfe du Mexique*. On trouve vers l'entrée de ce Golfe, les *Mers Lucayes* & les *Isles Antilles* : l'Isle de *Cuba* & l'Isle de *Saint Domingue*, sont les plus grandes d'entre ces dernières. Toutes les Isles que vous voyez dans la Mer du Sud, ont été découvertes, tant par Magellan qui a le premier traversé cette Mer, que par tous ceux qui l'ont traversée après lui.

ANALYSE
DE L'HÉMI-SPHERE ORIENTAL.

NOUS n'avons à parler ici, que de l'ancien Continent qui se trouve presque tout entier renfermé dans cet Hémisphère.

I. L'EUROPE. Elle se présente avec plus de développement que dans la Carte précédente : il en est de même de l'Asie & de l'Afrique : chacune de ces trois parties renferme diverses régions que nous voyons être distinguées sur cette Carte par des Points & des couleurs. Considérons premierement celles de l'Europe, & commençons par les plus méridionales. Nous en voyons une du côté de l'Ouest, qui forme une presqu'Isle très-étendue, & renferme les deux Pays d'Espagne & de Portugal. A l'Est de l'Espagne, vous voyez l'Italie presqu'Isle qui avance en forme de Botte dans la Méditerranée. La Turquie est une autre presqu'Isle à l'Est de l'Italie, & qui avance pareillement dans la Méditerranée. La petite Tartarie est au Nord de la Turquie. Remarquez que l'étendue de Mer qui se trouve ici, & qui porte le nom de Mer-noire, fait partie de la Méditerranée : cette derniere borne entierement l'Europe du côté du midi. Les Isles de Corse, de Sardaigne, de Sicile, & de Candie, qui sont les plus considérables Isles de cette Mer, se rapportent en général à l'Europe : les trois premieres sont de l'Italie : la dernière est de la Turquie. Au Nord de l'Espagne vous voyez la France, avec les Villes de Paris, Lyon, Rouen, Bordeaux, Marseille, &c. qui en dépendent. L'Allemagne est au Nord de l'Italie, & à l'Est de la France. Vous voyez une Ville nommée Berne : le Pays qui la renferme & qui se trouve ainsi que l'Allemagne au Nord de l'Italie & à l'Est de la France, se nomme la Suisse. Au Nord-Est de Paris se trouve Amsterdam dans le Pays nommé Hollande. Vous sortez du Continent, & passez dans la plus grande des Isles Britanniques qui renferme deux Pays, l'Angleterre & l'Ecosse. A l'Est de l'Allemagne, vous trouvez la Pologne. La Hongrie est entre l'Allemagne, la Pologne & la Turquie. On voit la Mer en Pologne : c'est la Mer Baltique, Golfe de l'Océan Occidental. Vous voyez la même Mer en Allemagne & en Danemarck, Pays au Nord de l'Allemagne, qui est composé d'une presqu'Isle & de plusieurs Isles. Au-delà du détroit situé à l'Est de la plus grande des Isles du Danemarck, se trouve la Suede, l'un des plus grands Pays de l'Europe. A l'Ouest de la Suede ; c'est la Norwege. Il ne reste plus à voir que la Russie, Pays de la plus vaste étendue, & le seul de l'Europe qui soit contigu à l'Asie : il règne depuis les extrémités de la petite Tartarie jusqu'aux bords de la Mer blanche, Golfe formé par l'Océan Septentrional.

II. L'ASIE. La Russie dont nous venons de parler, forme un Empire, duquel dépend encore toute la partie Septentrionale de l'Asie, qui pour cette raison est appellée Tartarie Russienne. Vous voyez qu'outre cette Tartarie, il y en a encore deux autres, la Tartarie indépendante, & la Tartarie Chinoise. Cette dernière est ainsi nommée, parce qu'elle dépend de l'Empire de la Chine, vaste Pays situé au Midi : une muraille longue de cinq cent lieues, & communément appellée la grande muraille, fait la séparation des deux Pays. Au Midi de la Chine & de la Tartarie indépendante, vous trouvez les Indes, Pays arrosé de divers Fleuves, & entr'autres du Gange : vous voyez qu'il renferme deux grandes presqu'Isles, l'une Orientale, & l'autre Occidentale. Remarquons la Perse à l'Occident des Indes. Il y a une Turquie en Europe & une Turquie en Asie : cette dernière à l'Occident de la Perse, n'est séparée de la premiere, que par quelques détroits & petites parties de Mer de médiocre éten-

due. L'Arabie au Midi de la Turquie d'Asie, est une grande presqu'Isle : le Golfe Persique au Nord-Est, la sépare d'avec la Perse. Nous pourrions d'ici passer dans l'Afrique, en traversant, ou la Mer rouge, ou l'Isthme de Suez ; c'est ainsi que se nomme cet Isthme dont nous avons déjà parlé, & qui est le seul lieu de communication immédiate entre l'Afrique & l'Asie. Avant que d'analyser l'Afrique, nous jetterons un nouveau coup d'œil sur les principales Isles de l'Asie. Nous avons à remarquer celle de Chypre dans la Méditerranée. Les suivantes se trouvent dans la Mer des Indes : ce sont les Isles Maldives & l'Isle de Ceylan. Sumatra, Java & Borneo, sont les plus considérables des Isles de la Sonde. Célebes est la plus grande des Moluques. Les Isles Luçon & Mindanao, sont les plus grandes des Philippines, au Sud-Est, desquelles sont les Carolines ou Nouvelles Philippines, suivies au Nord des Isles Mariannes ou des Larrons : toutes ces Isles occupent, ainsi que celles du Japon, le reste de l'Océan Oriental.

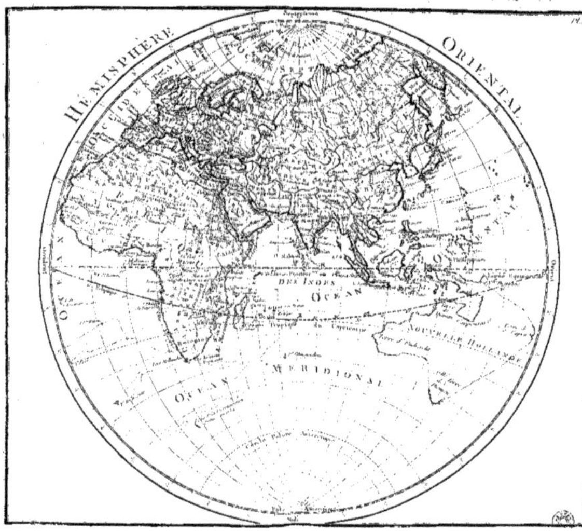

III. L'AFRIQUE. Vous voyez trois Pays qui se suivent le long de la Mer rouge, l'Egypte, la Nubie & l'Abyssinie : le premier s'étend encore le long de la Méditerranée, à l'opposite de la Turquie d'Asie. Vous voyez à l'opposite de l'Europe, une vaste étendue de Pays nommée la Barbarie. Le Biledulgerid, le Sara ou Désert, & la Nigritie, sont compris entre la Barbarie & la Guinée. La Guinée & le Congo, s'étendent le long de l'Océan méridional. Le Pays des Hottentots, & celui de Monomotapa, sont du nombre de ceux que l'on désigne sous le nom général de Cafrerie. Les Contrées maritimes de la Cafrerie, sont le Zanguebar & la Côte d'Ajan. L'Isle de Madagascar est à l'Est du Zanguebar & du Monomotapa. L'Isle Bourbon & l'Isle de France, à l'Est de Madagascar, sont au pouvoir des François. Nous avons déjà parlé des Isles Canaries adjacentes à la Côte d'Afrique.

REMARQUE.

Les Peuples modernes ont navigué dans la Mer rouge & dans la Mer des Indes, longtemps avant de connoître l'Océan méridional. On doit aux Portugais la connoissance de cette Mer, & la facilité dont on jouit aujourd'hui, d'aller dans toutes les Contrées de l'Orient, en gagnant la pointe méridionale de l'Afrique, nommée Cap de bonne Espérance. Ce ne fut qu'à diverses reprises & avec beaucoup de temps & de travaux, qu'ils parvinrent à reconnoître toute la Cote Occidentale de l'Afrique, à doubler le Cap en question, & à entrer dans la Mer des Indes, où ils découvrirent plusieurs des Isles que nous avons nommées. Diverses Nations de l'Europe suivirent leurs traces : les Découvertes dans la Mer des Indes, se multiplierent ; ensorte qu'on parvint à connoître toutes les Isles dont cette Mer est remplie, ainsi que celles qui se trouvent dans l'Océan méridional.

Les Anciens croyoient, ainsi qu'on le voit dans Ptolémée, qu'il n'étoit pas possible de faire le tour de l'Afrique, ni de passer sous la Ligne. Tous les jours nous allons aux Indes, à la Chine & au Japon : nous passons pour y aller, sous la Ligne, & nous faisons le tour de l'Afrique. Il est étonnant que Ptolémée né en Egypte, ait été lui-même dans cette pensée. Il ne devoit pas ignorer que 616 ans avant J. C. des Phéniciens, qui par l'ordre de Néchao, Roi d'Egypte, s'étoient embarqués sur la Mer Rouge, naviguerent cela jusqu'à l'entrée de la Méditerranée ou Détroit de Gibraltar, & continuerent leur Navigation jusqu'à ce qu'ils fussent rendus en Egypte. Les Flottes que le Roi Salomon faisait équipper dans les Ports d'Elath & d'Hetsiongaber, situés sur la Mer Rouge, pour aller à Tarsis, en Espagne, faisoient nécessairement la même route, & faisoient le tour de l'Afrique. Pline rapporte des circonstances qui donnent lieu de croire que quelques autres Nations ont fait le même tour.

ANALYSE.

De la Carte générale de l'Europe.

§. I.

De la France & des pays qui l'environnent.

NOUS voyons que la *France*, qui forme un des plus beaux Royaumes du Monde, est bornée par deux Mers, *l'Océan* & la *Méditerranée*. La partie de l'Océan dite la *Manche*, la sépare de l'Angleterre. Remarquez deux chaines de Montagnes, les *Alpes* du côté du Sud-Est, & les *Pyrenées* vers le Sud-Ouest : les premières servent de barrière entre la France & l'Italie : les secondes la séparent d'avec l'Espagne. Un Fleuve des plus considérables, je veux dire le *Rhin*, la sépare de l'Allemagne du côté de l'Est : les Pays-Bas sont au Nord de la France qui en possède une partie. *Paris* sur la Seine est la Ville capitale de ce Royaume. *Rouen* & *Troyes* sur la même Rivière, *Orléans* & *Tours* sur la Loire, *Toulouse* & *Bordeaux* sur la Garonne, *Lyon* sur le Rhône, *L'Isle*, *Nanci*, *Strasbourg*, *Dijon*, *Bourges*, *Rennes*, *Poitiers*, *Limoges*, *Grenoble*, *Aix*, & *Besançon* sont autant de capitales de Provinces.

Toute *l'Espagne* est sous la domination d'un seul Monarque, & forme un des plus vastes Royaumes de l'Europe. Celui de *Portugal* y est comme enclavé. Nous remarquerons entr'autres Fleuves, le *Tage* qui coule dans l'an & l'autre Royaume. *Madrid* capitale du premier n'est pas éloigné du Tage. *Lisbonne* capitale du second est à l'embouchure du Tage.

L'Italie est le partage de divers Souverains & Républiques, ses principaux Souverains sont le Pape, le Roi de Naples, le Roi de Sardaigne, le Grand-Duc de Toscane &c. Il y a deux Républiques puissantes, Venise & Gênes. *Rome* est la Capitale des Etats du Pape : *Naples* l'est du Royaume de même nom : vous voyez l'Isle de Sicile, qui est sous la domination du Roi de Naples, & a titre de Royaume. L'Isle de Malthe au Midi est possédée par l'Ordre de Malthe. La Ville de *Florence* est capitale du Grand Duché de Toscane. Les parties de l'Italie voisines de la France, sont sous la domination du Roi de Sardaigne. *Turin* est comme la capitale des Etats de ce Roi, qui consistent dans les pays en question, & dans l'Isle de Sardaigne. La Ville de *Gênes* sur le bord de la Mer est capitale de la République de même nom. *Venise* capitale de la plus considérable des Républiques de l'Italie, est bâtie dans la Mer. L'Italie n'a qu'un Fleuve considérable qui est le Pô : le Tibre qui passe à Rome est un Fleuve médiocre.

Le pays qu'on nomme en général la *Suisse*, renferme diverses Républiques. Il y en a treize, qui par leur alliance & confédération, forment une République générale, que l'on nomme la République générale des Cantons Suisses. *Berne* est la capitale d'une de ces Républiques particulières, qui est la plus étendue & la plus considérable de toutes. Le Rhône & le Rhin ont leurs sources dans la Suisse.

L'Allemagne est un pays occupé par un grand nombre de Souverains & de Républiques. Tous ces Souverains & Républiques relèvent de l'Empereur : ils sont confédérés entr'eux, & de cette confédération, résulte un grand Etat nommé le Corps Germanique, dont chaque Souverain & chaque République sont membres, & dont l'Empereur est le Chef. La *Bohême* & les pays qui s'y rapportent relèvent de l'Empereur, sans être du Corps Germanique. Le Roi

de Bohême est du nombre de ceux des Souverains de l'Empire, qui ont le droit d'élire l'Empereur : il y en a neuf, qu'on appelle les neufs Electeurs : vous trouverez sur le Rhin la Ville de *Mayence*, & sur une des rivières qui s'y rend, celle de *Trèves* : ces villes ont leurs Archevêques, tous deux Souverains, & tous deux Electeurs : au Nord de la Ville de Trèves, on trouve celle de *Cologne*, située sur le Rhin : l'Archevêque de Cologne est aussi Souverain & Electeur ; cependant la Ville de Cologne ne lui appartient point ; elle n'est sujette d'aucun Souverain, & se gouverne en forme de République relevante de l'Empereur : il en est de même d'un grand nombre d'autres Villes, qui pour cette raison sont appellées *Villes Imperiales*, telles que *Francfort*, *Nuremberg*, *Ratisbonne* : Cette dernière est sur le *Danube*, qui est le plus considérable Fleuve de l'Europe. Vous remarquerez sur le même Fleuve, la Ville de *Vienne* capitale d'un état nommé l'Archi-Duché d'Autriche.

Les *Pays-Bas* François, & les *Pays-Bas* dépendants du Corps Germanique, où l'on voit *Bruxelles* se suivent du Midi au Septentrion. On appelle en général *Pays-Bas Hollandois* ou *Provinces-Unies*, cette portion plus septentrionale où se trouvent *Amsterdam* & la *Haye* : elle est composée de plusieurs pays particuliers. Chacun d'eux forme un Etat Republicain ; toutes ces Républiques sont alliées & confédérées ; de là, la dénomination de *Provinces-Unies*.

L'Angleterre & *l'Ecosse* renfermées dans la plus grande des Isles Britanniques forment deux Royaumes, qui obéissent conjointement avec celui d'*Irlande*, à un même Roi : les Royaumes d'Angleterre & d'Ecosse sont comme réunis en un seul, que l'on désigne sous le nom général de Royaume *de la Grande Bretagne* : Le Royaume d'Irlande a ses Loix & son Gouvernement particulier ; *Londres*, *Edimbourg*, & *Dublin* sont les Villes capitales de ces trois Royaumes.

§. II.

Des autres Pays représentés sur la Carte Générale de l'Europe.

Ce sont 1°. Les Royaume de Hongrie, de Pologne, de Danemarck, de Norvége & de Suède. 2°. Les deux Empires de Russie & de Turquie.

Sous le nom général de Hongrie, on comprend la Hongrie proprement dite, & divers pays qui en dépendent, le tout forme le Royaume de Hongrie dont *Presbourg*, sur le Danube est la ville capitale.

On comprend de même sous le nom général de Pologne divers pays, & entr'autres la Pologne proprement dite, qui a titre de Royaume, dont *Varsovie* est la Ville capitale. Le Royaume de Prusse enclavé dans celui de Pologne a pour capitale *Konigsberg*.

Copenhague est la capitale des Etats de Danemarck, qui comprennent outre le Danemarck, la Norvége, une partie de la Laponie, &c.

Le Royaume de Suède dont *Stockolm* est la capitale, est le plus grand des Royaumes de l'Europe.

L'Empire de Russie s'étend en Europe & en Asie, *Petersbourg* est la capitale de tout ce vaste Empire.

Constantinople est la capitale de tout l'Empire Turc, dont la Turquie d'Europe n'est qu'une partie ; cet Empire s'étend encore en Asie & en Afrique. Le Danube finit son cours dans la Turquie d'Europe, & se perd dans la mer Noire.

ANALYSE.

De la Carte générale de France.

LE Royaume de France est composé d'environ soixante Provinces, desquelles sont formés cent vingt-huit Diocèses, trente-neuf Gouvernements Militaires immédiats, c'est-à-dire dont les Gouverneurs ne reçoivent les ordres immédiatement que du Roi, les ressorts de quatorze tant Parlements que Conseils Supérieurs, & trente-une Intendances. On peut la représenter selon ces différentes divisions, & en former quatre tableaux différents.

Ici nous voyons la France divisée par Gouvernements Militaires immédiats.

Quelques uns bornés en partie par la Mer, seront appellés Gouvernements Maritimes : tels sont les Gouvernements de Picardie, Normandie, Bretagne, Poitou, Aunis, Saintonge & Languedoc, qui ont pour Villes capitales *Amiens, Rouen, Rennes, Poitiers, la Rochelle, & Toulouse.*

D'autres bornés en partie par les Pays étrangers seront appellés Gouvernements Frontières. Les Gouvernements de Champagne, Lorraine, Alsace, Franche-Comté, Bourgogne, Dauphiné & Béarn, qui ont pour Villes capitales, *Troye, Nanci, Strasbourg, Besançon, Dijon, Grenoble, & Pau,* sont frontières.

Les Gouvernements de Guyenne, Roussillon, Provence & Flandre dont *Bordeaux, Perpignan, Aix* & *L'Isle* sont les Villes capitales, se trouvent bornés, en partie par la Mer, & en partie par le Pays étranger : nous les appellerons Gouvernements Maritimes & frontières.

A l'égard de ceux qui ne sont aucunement Maritimes ni frontières, nous les appellerons Gouvernements intérieurs. Raportons à cette classe les Gouvernements d'Artois, Isle-de-France, Maine & Perche, Orléanois, Nivernois, Anjou, Touraine, Berri, Marche, Bourbonnois, Limosin, Auvergne, & Lionnois : leurs Villes capitales sont *Arras, Soissons, Le Mans, Orléans, Nevers, Angers, Tours, Bourges, Guéres, Moulins, Limoges, Clermont, & Lion.*

Il convient de distinguer les Gouvernements par raport à leurs dénominations. Les trente-un qui viennent d'être nommés, ont des dénominations de Provinces : les huit qui restent à nommer, ont des dénominations de Villes.

La Ville de *Boulogne* en Picardie donne son nom à une certaine étendue de pays, qui se nomme le Boulonnois : c'est un des Gouvernements en question : il est Maritime. Disons-en autant du Gouvernement du *Havre* en Normandie.

Vous trouverez au Nord de la Champagne, le Gouvernement de *Sedan,* qui est frontière. *Metz* & *Verdun* dans la Lorraine, étoient autrefois deux Gouvernements distincts : maintenant, ils n'en forment qu'un qui est pareillement frontière. Le Gouvernement de *Foix,* au Midi de ceux de Guyenne & de Languedoc est aussi frontière.

Le Gouvernement de *Paris* enclavé dans celui de l'Isle de France, le Gouvernement de *Saumur* entre ceux d'Anjou, de Touraine & de Poitou, & le Gouvernement de Toul enclavé dans celui de Lorraine, sont tous trois intérieurs.

Recapitulons ; *neuf* Gouvernements Maritimes, *dix* Gouvernements frontières, *quatre* Gouvernements Maritimes & frontières, & *seize* Gouvernements intérieurs.

Des Ressorts des Parlemens, & Conseils Souverains.

Toute l'étendue de Pays soumise à la Jurisdiction d'un Parlement, ou d'un Conseil Souverain se nomme son ressort. Il y a en France douze Parlements ; celui de *Paris* est le plus ancien : nommons les autres selon l'ordre de leur création : ce sont *Toulouse, Grenoble, Bordeaux, Dijon, Rouen, Aix, Rennes, Pau, Metz, Besançon & Douai ;* il y a trois Conseils Souverains ; sçavoir, le Conseil Souverain de *Roussillon* séant à Perpignan, le Conseil Souverain d'*Alsace* séant à Colmar, & le Conseil Souverain *d'Artois* séant à Arras : ajoutons la Cour Souveraine de *Nanci* qui est pour la Lorraine.

Les Gouvernements d'Artois, du Boulonnois, de Picardie, Paris, Isle de France, Champagne, Orléanois, Maine & Perche, Anjou, Saumurois, Touraine, Berri, Nivernois, Bourbonnois, Lyonnois, Auvergne, Marche, Poitou, Aunis, partie du Gouvernement de Saintonge & Angoumois, sçavoir l'Angoumois, & la partie du Gouvernement de Lorraine appellée le Barrois mouvant en deçà de la Meuse, composent le ressort du Parlement de Paris.

Tout le Gouvernement de Languedoc & celui de Foix, avec les parties suivantes du Gouvernement de Guyenne, Sçavoir, le Rouergue, le Querci, l'Armagnac & ses dependances, le Cominge, le Couserans, & le Bigorre, composent le ressort du Parlement de Toulouse.

Le Parlement de Grenoble comprend le seul Gouvernement de *Dauphiné.*

Le Parlement de Bordeaux, comprend les parties suivantes du Gouvernement de Guyenne, le Bourdelois, les Landes les pays de Labour & de Soule qui font partie de celui des Basques, la Chalosse, le Condomois, le Bazadois, l'Agenois & le Périgord, auxquels il faut ajouter la Saintonge & le Limosin.

Le Parlement de Dijon s'étend sur le Gouvernement de Bourgogne & Bresse seulement.

Le Parlement de Rouen, comprend les deux Gouvernements de Normandie & du Havre.

Les Parlements d'Aix & de Rennes, sont l'un pour la Provence, & l'autre pour la Bretagne : leurs ressorts ont les mêmes limites, que les Gouvernements Militaires de ces deux Provinces.

Le Parlement de Pau a dans son ressort le Béarn & la basse-Navarre.

Le ressort du Parlement de Metz, comprend le Gouvernement de Metz & Verdun, celui de Toul, celui du Sedan, & les parties du Gouvernement de Lorraine arrosées par la Sare.

Le Parlement de Besançon, s'étend sur la Province & Gouvernement de Franche-Comté.

Celui de Douai est pour tous les pays qui composent le Gouvernement de Flandre.

Le Conseil souverain de Colmar s'étend sur toute l'Alsace ; ceux de Perpignan & d'Arras s'étendent sur les provinces dont ces Villes sont capitales. Il est à remarquer touchant le dernier, qu'il n'est Souverain que pour le Criminel : il est quant au Civil du ressort du Parlement de Paris.

Avertissement.

C'est la même Carte que nous allons revoir, pour prendre, premièrement une connoissance générale des Provinces Ecclésiastiques du Royaume ; & en second lieu, celle des principaux Fleuves & Rivieres qui en arrosent les différentes parties.

Les Cartes pour le détail de la France sont à la fin de cet Atlas.

SUITE DE L'ANALYSE
De la Carte générale de France.
§. I.
Des Provinces Ecclésiastiques.

LE Royaume est divisé par rapport au Gouvernement Ecclésiastique, en 118 Diocèses, comme il a été remarqué : ces Diocèses se distinguent en Archevêchés & Evêchés, qui prennent leurs dénominations des Villes où siégent les Archevêques & Evêques : chaque Archevêché & ses Evêchés qui en dépendent, occupent ensemble une certaine étendue ; c'est cette étendue que l'on appelle une province Ecclésiastique.

Les Diocèses de *Paris*, Chartres, Meaux, Orléans & Blois, forment la province Ecclésiastique de Paris. Dans cet article & les suivants, la première Ville nommée est la Metropolitaine.

2. *Rheims*, Châlons, Laon, Soissons, Noyon, Senlis, Beauvais, Amiens, Boulogne, forment la Province Ecclésiastique de Rheims, *au Nord* de celle de Paris.

3. *Sens*, Troyes, Auxerre, Nevers, *à l'Est.*

4. *Bourges*, Clermont, St. Flour, Limoges, Tulles, *au Sud.*

5. *Bordeaux*, Condom, Agen, Sarlat, Périgueux, Angoulême, Saintes, La Rochelle, Luçon, Poitiers, *au Sud.*

6. *Tours*, Le Mans, Angers, Nantes, Rennes, Dol, St. Brieu, St. Pol-de-Léon, Quimper, Vannes, *à l'Ouest.*

7. *Rouen*, Evreux, Séez, Lizieux, Bayeux, Coutances, Avranches, *à l'Ouest.*

8. *Cambrai*, Arras, St. Omer, *Tournai*, *Namur*, *au Nord de Rheins.* (j'entends la province Ecclésiastique.) Remarquez que Tournai & Namur sont hors du Royaume ; il en est de même de quelqu'autres Evêchés dont les noms sont ici en italique.

L'Allemagne voisine de la France a aussi ses provinces Ecclésiastiques ; celle de Trèves, dont les Evêchés de Metz, Verdun & Toul sont partie, est limitrophe de la province de Rheims : il y a encore en Allemagne la province Ecclésiastique de Mayence, dans laquelle se trouve comprise l'Evêché de Strasbourg.

9. *Lyon*, Mâcon, Saint Claude, Châlons-sur-Saône, Autun, Dijon & Langres, *à l'Est des provinces de Bourges & de Sens.*

10. *Albi*, Castres, Vabre, Mende, Rodez, Cahors, *au Midi de Bourges.*

11. *Auch*, Lectoure, Bazas, Bayonne, Dax, Aire, Lescar, Oleron, Tarbe, Cominge dont le siége est à St. Bertrand, & Couserans dont le siége est à St. Lizier, *au Midi de Bordeaux.*

12. *Toulouse*, Lavaur, St. Papoul, Mirepoix, Pamiers, Rieux, Lombez, Montauban, *à l'Orient d'Auch.*

13. *Narbonne*, Aleth, Carcassonne, St. Pons, Lodève, Albi, Uzès, Nimes, Montpellier, Agde, Béziers, *à l'Est de Toulouse.*

14. *Arles*, Marseille, Toulon, Orange, St. Paul-trois-Châteaux, *à l'Orient de Narbonne.*

15. *Aix*, Apt, Fréjus, Riez, Sisteron, Gap, *au Septentrion & à l'Orient d'Arles.*

16. *Embrun*, Digne, Senez, Glandève, Vence, Grace, Nice, *à l'Orient d'Aix.*

17. *Vienne*, Valence, Viviers, Die, Grenoble, *Genève*, St. Jean de Maurienne, *au Nord de Narbonne, Arles, Aix, & Embrun.*

18 *Besançon*, Belley, *Bâle*, *Lausanne*, *au Nord de Vienne.*

Avignon est un Archevêché, qui a sous lui les Evêchés de Cavaillon, Carpentras & Vaison ; ces quatre Diocèses

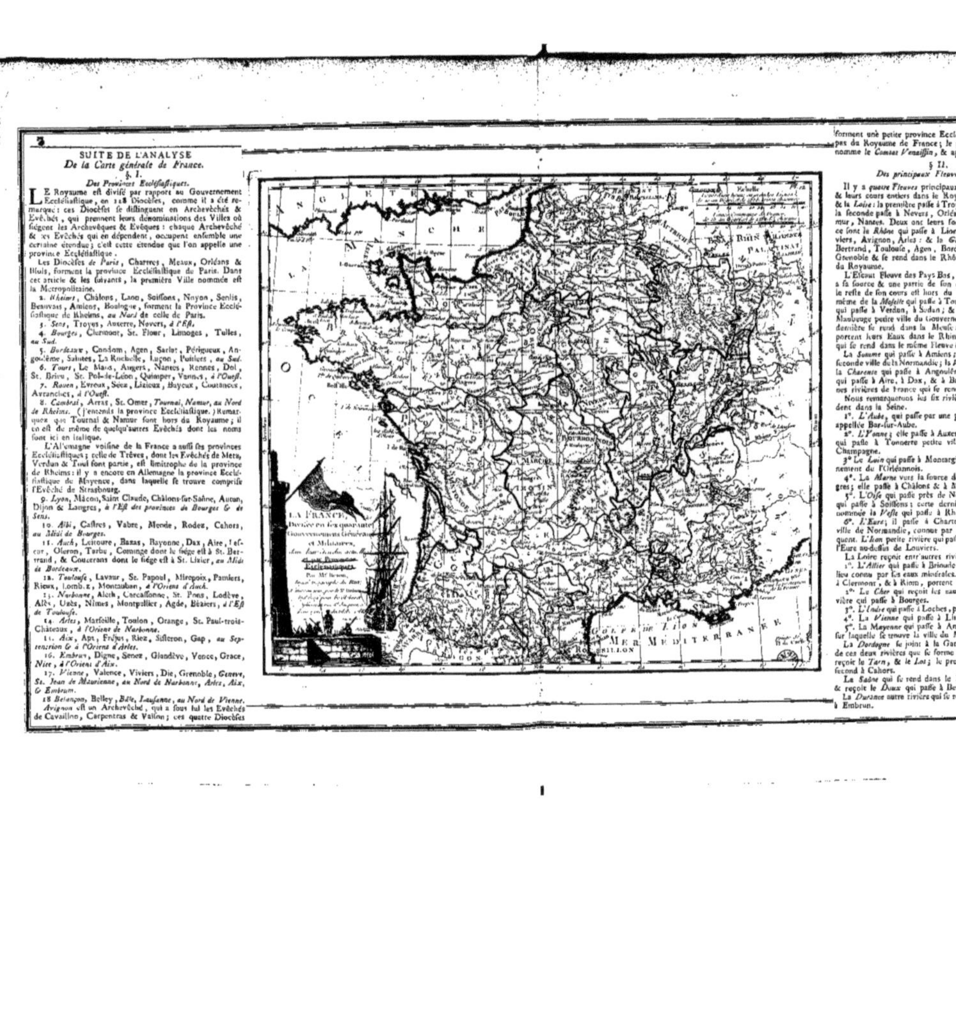

forment une petite province Ecclésiastique, qui ne dépend pas du Royaume de France ; le pays qui les renferme se nomme le *Comtat Venaissin*, & appartient au Pape.

§ II.
Des principaux Fleuves & Rivières.

Il y a *quatre Fleuves* principaux. Deux ont leurs sources & leurs cours entiers dans le Royaume ce sont la *Seine* & la *Loire* : la première passe à Troyes, à Paris, & à Rouen : la seconde passe à Nevers, Orléans, Blois, Tours, Saumur, Nantes. Deux ont leurs sources hors du Royaume ; ce sont le *Rhône* qui passe à Lion, Vienne, Valence, Viviers, Avignon, Arles : & la *Garonne* qui passe à Saint Bertrand, Toulouse, Agen, Bordeaux : *l'Isère* qui passe à Grenoble & se rend dans le Rhône, a aussi sa source hors du Royaume.

L'Escaut Fleuve des Pays-Bas, & qui passe à Cambrai a sa source & une partie de son cours dans le Royaume, le reste de son cours est hors du Royaume : il en est de même de la *Moselle* qui passe à Toul & à Metz ; de la *Meuse* qui passe à Verdun, à Sedan ; & de la *Sambre* qui passe à Maubeuge petite ville du Gouvernement de Flandre ; cette dernière se rend dans la Meuse : la Meuse & la Moselle portent leurs Eaux dans le Rhin. Remarquez l'*Ill* rivière qui se rend dans le même Fleuve & passe à Strasbourg.

La *Somme* qui passe à Amiens ; l'*Orne* qui passe à Caen seconde ville de la Normandie ; la *Vilaine* qui passe à Rennes ; la *Charente* qui passe à Angoulême, à Saintes ; & l'*Adour* qui passe à Aire, à Dax, & à Bayonne, sont les moyennes rivières de France qui se rendent dans la Mer.

Nous remarquerons les six rivières suivantes, qui se rendent dans la Seine.

1°. *L'Aube*, qui passe par une petite ville de Champagne appellée Bar-sur-Aube.

2°. *L'Yonne* ; elle passe à Auxerre, & reçoit *l'Armançon* qui passe à Tonnerre petite ville du Gouvernement de Champagne.

3° Le *Loin* qui passe à Montargis, petite ville du Gouvernement de l'Orléannois.

4°. La *Marne* vers la source de laquelle se trouve Langres ; elle passe à Châlons & à Meaux.

5°. L'*Oise* qui passe près de Noyon ; elle reçoit l'*Aine* qui passe à Soissons ; cette dernière en reçoit une petite nommée la *Vesle* qui passe à Rheims.

6°. *L'Eure* ; il passe à Chartres & à Louviers petite ville de Normandie, connue par les Draps qui s'y fabriquent. L'*Iton* petite rivière qui passe à Evreux, se rend dans l'Eure au-dessus de Louviers.

La Loire reçoit entr'autres rivières.

1°. L'*Allier* qui passe à Brioude en Auvergne, & à Vichi lieu connu par les eaux minérales. Les rivières qui passent à Clermont, & à Riom, portent leurs eaux dans l'Allier.

2°. Le *Cher* qui reçoit les eaux de l'*Auron*, petite rivière qui passe à Bourges.

3°. L'*Indre* qui passe à Loches, petite ville de la Touraine

4°. La *Vienne* qui passe à Limoges.

5°. La *Mayenne* qui passe à Angers, & reçoit la *Sarte* sur laquelle se trouve la ville du Mans.

La *Dordogne* se joint à la Garonne ; c'est du concours de ces deux rivières que se forme la Gironde : la Garonne reçoit le *Tarn*, & le *Lot* ; le premier passe à Albi, & le second à Cahors.

La *Saône* qui se rend dans le Rhône, passe à Mâcon, & reçoit le *Doux* qui passe à Besançon.

La *Durance* autre rivière qui se rend dans le Rhône, passe à Embrun.

INTRODUCTION
A L'Itinéraire de la France.

NOUS nous servirons encore de la Carte générale.

Les mesures qui servent à exprimer les distances respectives des différentes positions, se nomment des *lieues*. Ces lieues ne sont pas de la même étendue par toute la France : leur étendue se désigne par des toises. La *toise* est une mesure qui contient *six pieds*.

Les *plus grandes lieues* de France ont 3000 toises : elles sont particulièrement en usage dans la *Gascogne* & dans la *Provence*. Les plus petites lieues sont celles du *Gâtinois*, pays qui s'étend depuis la Seine, jusqu'à la Loire, & dans lequel vous voyés Fontainebleau, Montargis, &c. elles ont 1700 toises. Les lieues *d'autour de Paris* & celles de la Sologne, pays au midi de la Loire, & dont la petite ville de Romorentin est le chef-lieu, sont de 2000 toises. Les lieues de *Berri* & d'un grand nombre de Provinces, telles que la *Normandie*, la *Picardie*, &c. sont de 2200 toises. Celles de *Bretagne* & d'*Anjou*, sont de 2300 toises ; celles du *Lyonnois*, de 2450 toises ; & *celles* du Bourbonnois, de 2500 toises.

On appelle *lieues communes* de France, celles dont la longueur est moyenne relativement à toutes celles dont il vient d'être parlé ; elle est de 2282 toises.

Le chemin qu'un homme marchant d'un pas ordinaire, peut faire en une heure, est compté pour une lieue, & cette lieue est de 2853 toises.

Les petites distances s'estiment ordinairement en lieues du pays où elles sont prises ; mais pour les grandes distances, comme de Paris à Bordeaux, à Toulouse, à Marseille, &c. il est à propos de les mesurer par les lieues communes, ou par les lieues d'une heure.

Vous avés ici une échelle des lieues communes & une échelle des lieues d'une heure.

On doit distinguer deux sortes de distances, la *distance en ligne droite* & la *distance itinéraire* : cette dernière comprend tous les détours qu'on est souvent obligé de suivre pour aller d'une ville à une autre.

ROUTES DE PARIS A BORDEAUX,
Et autres Villes, par l'Orléanois, le Blaisois, la Touraine, le Poitou & la Saintonge.

La distance Itinéraire de Paris à Bordeaux, est composée des distances particulières de Paris à Etampes, d'Etampes à Orléans, d'Orléans à Blois, de Blois à Amboise, d'Amboise à Tours, de Tours à Chatelleraud, de Chatelleraud à Poitiers, de Poitiers à Saint Jean d'Angeli, de Saint Jean d'Angeli à Saintes, de Saintes à Blaye, & de Blaye à Bordeaux. On ira de Bordeaux à *Saint Jean-de-Luz* par Belin & Bayonne, autrement par Bazas, Mont-de-Marsan, & Dax d'où l'on peut aller à Bayonne pareau, & de là à Saint Jean-de-Luz. En suivant cette route jusqu'à Dax, & passant ensuite par Lescar, on ira à *Pau* en Béarn. On suit la route de Bordeaux jusqu'à Lusignan au-de-là de Poitiers, & de là prenant par Niort, on se rend à la *Rochelle* & à *Rochefort*.

ROUTE DE PARIS A TOULOUSE &c.
Par l'Orléanois, le Berry, la Marche, le Limosin & le Querci.

De Paris à Orléans, la route de Bordeaux & la route de Toulouse, ne font qu'une même route, c'est à Orléans qu'elle se partage, & que l'on distingue route de Bordeaux & route de Toulouse. Romorentin, Châteauroux, Limoges, Uzerche, Brive, Cahors & Montauban ; sont les lieux de cette dernière. On ira à *Rhodez* en suivant la route de Toulouse, jusqu'à Uzerche, & passant ensuite par Tulle. On suivra la même route jusqu'à Limoges, pour de-là se rendre à *Périgueux*. On la suivra jusqu'à Cahors, & de là on se rendra soit à Auch, soit à Albi. On passe par Toulouse & Saint Ber-

tend pour aller à *Barèges* lieu du Bigorre célèbre par ses eaux minérales ; par Toulouse & Pamiers pour aller à *Foix*, par Toulouse & Mirepoix, pour aller à *Mont-Louis* dans le Roussillon ; par Toulouse & Carcassonne, pour aller à *Perpignan*.

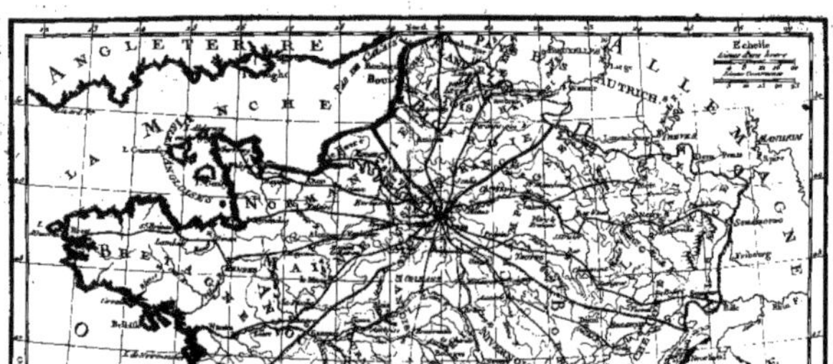

ROUTE DE PARIS A LYON &c.
Par le Gâtinois, le Nivernais, le Bourbonnais & le Forets autrement par le Gâtinois, la Champagne, la Bourgogne & le Beaujolois.

Lieux de la première route. Fontainebleau, Montargis, Briare, la Charité, Nevers, Moulins & Roane. Lieux de la seconde route. Fontainebleau, Sens, Joigni, Auxerre, Châlons sur Saône, Mâcon, & Ville-franche Capitale du Beaujolois ; c'est la route de la Diligence. En suivant la première jusqu'à Moulins, vous irès à *Riom*, & de suite à *Clermont* en Auvergne ; de-là passant par Issoire, vous irès au *Pay* ville capitale du Velai, & à *Mende* capitale du Gévaudan.

On passe par Auxerre, Dijon & Dôle, pour aller à *Besançon*. On suit la route entière de Lyon, & l'on continue le long du Rhône par Vienne, Valence & Montelimart, soit qu'on veuille aller à *Marseille* & à *Toulon*, soit qu'on veuille aller à *Montpellier* : dans le premier cas, on passe par Orange, Avignon & Aix : dans le second cas, on passe par le Pont Saint Esprit & Nîmes.

ROUTE DE PARIS A BASLE,
Ville de Suisse, par la Champagne & la Franche Comté.

Les trois routes précédentes, se dirigent à-peu-près au sud de Paris : nous les appellons *Routes Méridionales*. Celle dont il s'agit se dirige vers l'Orient ; appellons la, *Route Orientale*. Les principales Villes qui se trouvent sur cette route sont *Provins*, *Troyes*, *Bar-sur-Aube*, *Chaumont* & *Langres* en Champagne, *Vesoul* en Franche-Comté, & *Besort* dans le Sunt gaw.

ROUTE DE PARIS A STRASBOURG,
Par la Champagne & la Lorraine.

C'est encore une *Route Orientale*. Vous traversés la Champagne & la Lorraine ; & suivant le cours de la Marne, vous passés par Meaux, Château Thieri, Châlons, Vitri le François & Saint Disier : du-là, vous allés à Bar-le-duc, à Toul, à Nancy, à Lunéville & à Phalsbourg.
Même route jusqu'à Châlons pour aller à *Metz*. De Châlons à Sainte Menehould, de Sainte Menehould à Verdun & de Verdun à Metz.

ROUTES DE PARIS A VALENCIENNES,
Et à L'Isle en Flandre, par la Picardie.

Nous avons commencé par les routes Méridionales ; ensuite nous avons vû les routes Orientales. Il s'agit maintenant des *Routes Septentrionales* & en, nous finir ne par les routes *Occidentales* qui sont celles de Normandie & de Bretagne.

Les principales Villes qui se trouvent sur la route de Paris à *Valenciennes* capitale du Hainaut François, sont, Senlis, Peronne & Cambrai. Cette route est une de celles qui menent à L'Isle.

Autre route de Paris à *L'Isle*, par Saint Denis, Beauvais & Amiens ; & en même temps route de *Dunkerque*, de Calais &c.

ROUTES DE NORMANDIE ET DE BRETAGNE.

De Paris au Havre de Grace & à Dieppe, Saint Germain, Mante, Rouen.
De Paris à Cherbourg, Saint Germain, Mantes, Evreux, Lisieux, Caen, Bayeux & Valogne.
De Paris au Mont-Saint-Michel. Dreux, Falaise & Avranches.
De Paris à Brest. Dreux, Mortagne, Alençon, Mayenne, Rennes, Dinant, Lamballe & Saint Brieu.
De Paris à Nantes. Versailles, Chartres, Nogent le Rotrou, Le Mans, La Flèche & Angers.

ANALYSE
De la Carte de la SUISSE.

LEs Treize Cantons dont nous avons parlé plus haut, sont tous ici représentés. Plusieurs Etats voisins, Principautés & Républiques, leur sont alliés. C'est le Corps formé de cette alliance, que l'on nomme le *Corps Helvétique*. Les Pays occupés par le Corps Helvétique, sont bornés à l'Ouest par la France, & confinent aux Provinces d'Alsace & de Franche-Comté. Ils sont bornés par l'Allemagne du côté du Nord & de l'Est. C'est l'Italie Septentrionale qui les borne du côté du Sud.

De l'Alsace, on peut entrer immédiatement dans le Canton de *Basle*, & l'on trouve à une lieue de la Frontiere, la Ville de *Basle*, sa Capitale : cette Ville située sur le Rhin, est la plus considérable de toute la Suisse : elle est divisée en deux parties, le *grand Basle*, & le *petit Basle*, qui se communiquent par un Pont sur le Rhin, en partie de pierre, & en partie de bois : le grand Basle est en deça du Rhin : le petit Basle est de l'autre côté, dans une belle Plaine.

Au Midi du Canton de Basle, vous trouvez celui de *Soleure*. C'est dans la Ville de *Soleure*, située sur l'Aar, que les Ambassadeurs de France auprès des Cantons, font leur résidence : cette Ville recommandable par son ancienneté, est une des plus belles de la Suisse.

En remontant l'Aar, vous quittez le Canton de Soleure, & entrez dans celui de Berne, vous trouvez la Ville de *Berne*, que cette Rivière entoure de trois côtés. Continuez de remonter, vous parvenez aux montagnes qui séparent le Canton de Berne, d'avec le Valais, & vous y trouvez les sources de l'Aar. Ce qu'on appelle *Pays Allemand*, est toute la partie de ce Canton qui forme le cours de l'Aar. En tirant du côté de l'Occident, vous trouvez le Pays de *Vaud*, qui borde le Lac de Genève : vous y voyez entr'autres Villes, celle de *Lausanne*. Granson & Orbe sont Chef-lieux de Bailliages dont la Souveraineté est partagée entre le Canton de Berne, & le Canton de Fribourg.

Le Canton de Fribourg, est comme enclavé dans celui de Berne. Remarquons la Ville de *Fribourg*, située sur le penchant d'une Colline, & arrosée par la Rivière de Sana, qui se rend dans l'Aar : Tout le monde connoit les fromages de *Gruyeres*, qui se font dans la petite Ville de ce nom, située au Sud de Fribourg. Les Bailliages de *Morat* & de *Schwartzbourg*, l'un au Nord, & l'autre à l'Est de Fribourg, sont sous l'obéissance des deux Cantons de Fribourg & de Berne.

Les Cantons de Zurich, Zug, Lucerne, Underwald & Uri, bornent celui de Berne, & le suivent du Septentrion au Midi. Vous remarquerez dans le premier, la Ville de *Zurich*, à l'extrémité du Lac qui porte son nom, d'où sort la Rivière de Limat, qui la sépare en deux parties inégales : cette Ville est très-ancienne ; mais ce seroit sans doute hazarder un peu trop, que de dire avec quelques-uns qu'elle a été bâtie du temps d'Abraham. Vous voyez sur la Frontière Occidentale de ce Canton, les Villes de *Baden* & de *Bremgarten* ; la première est Capitale d'un Territoire nommé le Comté de Bade ; la seconde l'est d'un autre Territoire appellé les *Officez Libres* ; l'un & l'autre, Territoire appartenant en commun aux Cantons de Zurich & de Berne. La Rivière de Thur coule au Nord de Zurich, & le Pays qu'elle arrose, se nomme le *Thurgou : Frauenfeld*, en est la Ville Capitale. Zurich ne fait que partager la Souveraineté de ce Pays, avec sept des autres Cantons qui sont Schwitz, Uri, Underwald, Lucerne, Glaris, Zug & Berne. Remarquez sur le Lac de Zurich, *Rapersvil* : cette

Ville appartient en commun à Zurich & à Berne.

Nous ne remarquerons dans le Canton de Zug, que la Ville de Zug, située sur le Lac de même nom. Cette Ville est petite, mais bien bâtie.

Nous passons du Canton de Zug, dans celui de Lucerne. La Ville de Lucerne a d'un côté le Lac, sur lequel elle est située, & de l'autre, elle est défendue par de hautes Montagnes & par le fortes murailles flanquées de tours : on y voit un Pont couvert, de 500 pas de longueur qui traverse un bras du Lac : Il y a le long de ce Pont, quantité de Tableaux, où sont représentés les faits héroiques de la Nation.

Nous ne trouvons dans les Cantons d'Underwald, Uri, Schwitz, Glaris & Appenzel, que des Bourgs & des Villages.

Replacez-vous dans le Canton de Zurich. En suivant ici la ligne du Nord, vous trouvez le Canton de *Schafouse*, & sur le Rhin, la Ville même de *Schafouse*, à une demie lieue de laquelle, le Rhin forme une chute ou cataracte, dont le bruit s'entend d'extrêmement loin.

Vous remarquerez au Midi du Canton d'Uri, une étendue du Pays appellée en général les *Baillieges Italiens*. Tous les Cantons, excepté Appenzel, en possèdent en commun la Souveraineté.

Le *Rhimtal*, autre Pays à l'Est d'Appenzel, est possédé en commun par les neuf Cantons de Berne, Zurich, Zug, Lucerne, Underwald, Uri, Schwitz, Glaris & Appenzel.

Au Midi du Rhimtal, vous trouvez le Pays nommés *Comté de Sargans*. Les Cantons que nous venons de nommer, excepté Berne & Appenzel, le possèdent en commun.

Passons d'ici chez les *Grisons*. Ces Peuples forment un Corps fédératif particulier, qui est allié de celui des Suisses. Tout le Pays qu'ils occupent est partagé en trois ligues, dont la première est nommée *Ligue Grise*. La seconde est dite de la *Cadée ou Maison de Dieu*, à cause qu'elle renferme le Siège Episcopal de Coire, principale Ville de tout le Pays. La troisième Ligue est nommée *Ligue des dix Droitures*, parce qu'elle est partagée en autant de Districts, qui ont chacun leur Jurisdiction. Le Pays nommé *Val-Telline*, le Comté de *Bormio*, & le Comté de *Chiavenne*, appartiennent aux Grisons, & sont Sujets de leur République.

Au Nord d'Appenzel, se trouve la Ville libre de St. *Gal*. Il y a l'Abbaye de même nom, dont l'Abbé est Souverain du *Tockenbourg*. La Ville & l'Abbaye de Saint Gal ; sont Alliées des Suisses.

Il en est de même de la République du *Valais*. Le Rhône qui traverse les Terres de cette République, de l'Orient à l'Occident, passe par la Ville de *Sion*, qui en est la Capitale. On distingue Haut & Bas Valais : ce dernier comprend la partie Occidentale du Pays : vous y voyez entr'autres la petite Ville de *Saint Maurice*, près de laquelle, le Rhône est extrêmement resserré : il coule entre deux rochers joints par un Pont de pierre qui n'a qu'une seule arcade.

La Ville libre de *Genève* est Alliée des Suisses : le Rhône la divise en deux parties inégales qui communiquent l'une & l'autre à une Isle de ce Fleuve, dans laquelle on voit de très-belles Maisons, & un édifice fort ancien appellé la Tour de César. *Biel* sur le Lac de même nom, est aussi une Ville libre, alliée des Suisses : elle dépend néanmoins en quelque façon de l'Evêque de Basle qui a droit d'en nommer le Maire ou Prési dent du Conseil. Cherchez en Alsace la Ville de *Mulhausen*, qui est pareillement libre & alliée des Suisses.

L'Evêque de Basle est Souverain d'une grande étendue de Pays, & réside à *Porentrui*, la Ville Capitale ; il est dans la confédération du Corps Germanique, & Allié des Suisses. Le Roi de Prusse possède la Principauté de *Neuf-Châtel*, composée des deux Comtés de Neuf-Châtel & Vallangin : il est aussi dans l'Alliance des Cantons Suisses.

ANALYSE
De la Carte Générale de l'Italie.

SUPPOSÉ que l'on parte d'Antibe, qui est la dernière Ville Maritime de France, du côté de l'Italie, & que delà on continue en faisant le tour de cette presqu'Isle, on trouvera premièrement l'entrée du *Var*, Rivière qui coule entre le Piémont & la Provence.

Ensuite.

Extrémité des Alpes. Toute la partie de cette chaîne de Montagnes, comprise entre la France & l'Italie, se nomme *Alpes Maritimes*.

Ville & Comté de *Nice*.

Ville & Principauté de *Monaco*, enclavée dans le Comté de Nice.

Côte de Gênes. Sa partie Occidentale se nomme Rivière du Ponant. Nous y voyons *Vintimille*; la Ville appartient aux Génois, mais ses environs forment un Comté appartenant à la Maison de Vintimille. *Oneille* est une Principauté qui appartient au Roi de Sardaigne. *Savone* est après Gênes, la plus importante Ville de la République. L'autre partie de cette Côte se nomme Rivière du Levant: on y voit *Gênes*, appellée par les Italiens *la Superba*.

Ville & Principauté de *Massa*, dépendante de l'Etat de Modène.

Ville & République de *Lucques*.

Côte du Grand Duché de Toscane. Embouchure de l'Arno. *Pise*, à cette embouchure, étoit autrefois beaucoup plus considérable qu'elle n'est aujourd'hui. Nous remontons l'Arno, & voyons *Florence*, que les Italiens nomment *la Bella*. *Livourne*, sur la Mer, est une Ville considérable. Beaucoup d'Etrangers se rendent à *Sienne* dans l'intérieur de la Toscane: c'est là, que se parle l'Italien le plus pur. Plusieurs Isles sont adjacentes à la Côte de Toscane, & s'y rapportent, principalement l'Isle d'Elbe.

Côte de l'Etat Ecclésiastique. On voit *Civitta Vecchia*, le meilleur Port de Mer de cet Etat. Pénétrons dans l'intérieur. Nous voyons *Viterbe*, Capitale du Pays appellé particulièrement le Patrimoine de Saint Pierre. Embouchure du *Tibre*: *Ostie*, près de cette Embouchure: remontons-le, nous voyons cette Ville fameuse qui a donné des Loix dans presque toute la Terre connue des Anciens, & qui aujourd'hui étend son empire spirituel jusques dans les Pays les plus éloignés: Il est question de *Rome*, qui malgré qu'elle ne soit plus ce qu'elle étoit anciennement, ne laisse pas d'être encore une des plus grandes & des plus belles Villes de l'Europe. Le Tibre reçoit le *Téverone*, sur lequel on voit *Tivoli*, qui offre aux regards curieux du Voyageur, quantité de beaux Jardins, de magnifiques Palais, & de belles Fontaines. Nous remontons plus avant, & entrons dans diverses Rivières que le Tibre reçoit pour voir les Villes de *Rieti*, *Orvière*, *Spolète* & *Pérouse*. C'est aux environs d'Orvière, que se trouve l'*Orviétan*, antidote connu. Revenus à l'Embouchure du Tibre, nous voyons la *Campagne de Rome*, qui s'étend jusqu'à la Côte du Royaume de Naples.

Ce sont les Côtes de ce Royaume que maintenant nous suivons. *Gaëte* est une des plus fortes Places, & le meilleur Port de tout le Pays. Entrée du *Volturne*. Nous voyons en le remontant, la Ville de *Capoue*, à deux lieues de laquelle étoit l'ancienne Ville de ce nom. Le Volturne, nous mène encore à *Bénévent*, Duché appartenant au Pape. *Naples* au fond du Golfe de même nom, & la Capitale de tout le Royaume, est une des plus grandes, des plus belles, & peut-être la plus forte Ville de toute l'Italie; elle se glorifie de

porter sur toutes celles de ce Pays par la multitude du Peuple qu'elle contient, & par sa situation avantageuse. Le *Mont de Somme*, anciennement appellé *Mont-Vésuve*, n'est qu'à trois lieues de Naples. En continuant de cotoyer, nous voyons les Villes d'*Amalfi*, de *Salerne*, de *Policastro*, &c. Il faut passer le Détroit qui sépare l'Italie d'avec la Sicile, pour voir *Regio*. En continuant, on rencontre le Golfe de Squilace, qui reçoit son nom de la Ville de *Squilace*, peu distante de la Mer: celles de *Catanzaro* & *S. Severina*, sont pareillement peu distantes de la Mer. Les Villes de *Rossano* & *Tarente*, sont sur le Golfe de Tarente A l'entrée du Golfe de Venise, est celle d'*Otrante*. *Lecce* au Nord, est une des meilleures Villes du Royaume. On trouve de suite celles de *Brindisi*, *Bari*, *Trani*, *Manfredonia*, &c, *Lanciano* & *Chieti*, sont peu éloignées de la Mer: le Pays qui renferme ces deux dernières, se nomme l'*Abruzze*.

La Rivière de *Tronto*, coule vers les Confins de cette Province & de celle nommée *Marche d'Ancone*, appartenante à l'Etat Ecclésiastique: ici se voit la Ville d'*Ancone*, qui est riche, de grande étendue & fort Marchande. *Notre-Dame de Lorette*, plus au Midi, est une petite Ville à une demi-lieue de la Côte, qui n'est rien moins que jolie: on y compte environ trois cents Habitants, qui sont tous, ou Tailleurs ou Cordonniers, ou Marchands de Chapelets. Suit le Duché d'*Urbin*, dans lequel est enclavée la petite République de *Saint Marin*. A la suite du Duché d'Urbin, est la Province nommée *Romagne*, dont *Ravenne* est la principale Ville. Remarquons dans l'intérieur de l'Etat Ecclésiastique; *Ferrare*, Capitale du Ferrarois, & *Bologne*, Capitale du Bolonois; cette dernière est une des plus grandes & des plus belles Villes de l'Italie: celle de Ferrare est grande, mais si mal peuplée, qu'on dit communément qu'il y a à Ferrare plus de Maisons que d'Habitants.

Des Pays qui s'étendent le long du Pô & de l'Adige.

Le *Pô* étoit connu des Anciens, sous le nom d'*Eridan*: il se partage en divers Bras vers son Embouchure. En remontant le Bras principal, on voit le Ferrarois, le Duché de Mantoue, l'Etat de Parme, le Duché de Milan, & les Etats de Sardaigne: ici est la Source du Pô, dans le Pays appellé Marquisat de Saluces.

Au Nord de l'Embouchure du Pô, se trouve celle de l'*Adige*, qui traverse l'Etat de Venise.

Les principales Villes à remarquer dans les Etats qui viennent d'être nommés, sont,

Etats de Sardaigne. *Chamberri*, *Moutier*, *Saint Jean*, dans la Savoye, où l'on voit de plus *Genève*, République qui y est enclavée. *Turin*, *Saluces*, *Suze*, *Yvrée* & *Verceil* dans le Piémont. *Casal*, sur le Pô, est Capitale d'un Pays nommé le *Mont-Ferrat*. Le Roi de Sardaigne possède une partie du Milanès ou Duché de Milan: vous y voyez *Tortone*, *Alexandrie*, *Novare*, &c.

Le Duché de Milan, en plus grande partie, & le Duché de Mantoue, appartiennent actuellement à l'Impératrice Reine de Hongrie & de Bohème. Vous y voyez *Milan*, *Côme*, *Pavie*, *Crémone* & *Mantoue*.

Parme, *Plaisance* & *Guastalla*, sont de l'Etat de Parme. *Modène*, *Regio*, *Mirandola*, &c. sont de l'Etat de Modène. *Venise*, *Padoue*, *Trévise*, *Vicence*, *Vérone*, *Udine*, &c. sont de l'Etat de Venise, qui possède encore l'*Istrie* en plus grande partie, une portion de la Côte de Dalmatie, & les Isles adjacentes.

Vous revoyez ici les Isles de *Corse*, de *Sardaigne*, de *Sicile*, &c. Nous avons remarqué que la Sicile étoit un Royaume plutôt à côté de Naples. Ces deux Royaumes relèvent de l'Etat Ecclésiastique. *Messine* est la plus considérable Ville de Sicile, après *Palerme*, qui en est la Capitale.

ANALYSE
De la première Carte pour le détail de l'Italie.
§. I.
ETATS DE SARDAIGNE.

1. DUCHÉ DE SAVOYE : il comprend les Pays suivants.

La Savoye proprement dite, où l'on voit *Chamberi*, qui en est la Capitale, avec la Ville & Château de *Montmélian*.

Le *Genévois*. Ce Pays reçoit son nom de la Ville de Genève, qui a autrefois dépendu des Ducs de Savoye. Depuis que cette Ville a cessé d'être de la Religion Romaine, son Evêque qui est suffragant de Lyon, réside à *Annoci*, petite Ville située au Nord du Lac de même nom.

Le *Faucigni*, arrosé de la Rivière d'Arve sur laquelle on trouve le Bourg de *Chamuni*, avec les Villes de *Cluse* & *Bonneville*. La *Montagne maudite* est extrêmement haute, & continuellement couverte de neiges : on l'appelle communément les *Glacieres* : les Voyageurs curieux ne vont pas dans ce Pays sans la voir.

Le *Chablais*, près du Lac de Genève. Il n'a que quelques petites Villes. *Tonon* est la principale.

La *Tarentaise*, où l'Isere a sa Source & une partie de son cours. Il n'a de Ville remarquable que *Moutier*, Siége d'un Archevêque.

Le Comté de *Morienne*, dont Saint Jean de *Morienne* est la Capitale. Le *Mont-Cenis* est une haute Montagne que l'on passe pour aller de la Savoye dans le Piémont. *Lans-le-Bourg*, plus communément appellé *Lanebourg*, au pied du Mont-Cénis, est le lieu où s'arrêtent les Voyageurs avant de passer cette Montagne.

2. PRINCIPAUTÉ DE PIÉMONT. Nous venons de dire qu'il faut passer le Mont-Cénis, pour entrer dans le Piémont. On va du Mont-Cénis à *Suze*, & delà en suivant le cours de la Rivière de Doria, on se rend à *Turin*, qui est situé dans une vaste Plaine : c'est ici que le Roi de Sardaigne tient sa Cour. Il y a autour de Turin beaucoup de Maisons & de Châteaux de Plaisance. La Cour passe assez souvent l'Eté dans celui de la *Venerie*. L'Archevêque de Turin a plusieurs Suffragants, entr'autres les Evêques d'*Yvrée*, de *Fossano* & de *Mondovi*. *Carignan* au Midi de Turin, est une jolie Ville, dont les environs produisent beaucoup de Mûriers. Les Villes de *Démont*, *Coni*, *Pignerol*, *Fenestrelle*, *Exille*, &c. sont à connoître pour ce qui regarde l'intelligence des Guerres faites en ce Pays. On passe le *Mont-Genèvre* pour aller du Dauphiné dans le Piémont. Remarquez le *Mont-Viso*, où le Pô a sa Source. On appelle *Mont du grand Saint Bernard*, cette portion des Alpes qui regne entre le Piémont & le Valais : il y a là une riche Abbaye de l'Ordre de Saint Bernard, où les Voyageurs reçoivent l'Hospitalité pendant trois jours. Le *petit Saint Bernard* est entre le Piémont & la Tarentaise.

J'ai parlé plus haut du Comté de Nice. La Ville de *Nice*, bâtie par les anciens Marseillois, passe pour belle & bien peuplée. *Villefranche* est une Ville avec un Port défendu par le Château & le Fort de Montalban.

Massirano & son Territoire, forment une Principauté qui relève de l'Etat de l'Eglise.

3. LE MONT-FERRAT. J'ai déja remarqué que *Casal*, sur le Pô, est sa Ville Capitale : son Evêque, celui d'*Alba*, & celui d'*Aqui*, sont Suffragants de Milan.

Tout le Pays compris entre Alba & *Ceva*, Ville du Piémont, se nomme le *Langhes*.

4. LE MILANÉS SAVOYARD. Ici vous voyez *Alexandrie*, surnommée de la Paille, *Tortone*, *Novare*, & *Vigevano*. Il y a eu des Rois Lombards qui ont résidé à *Laumella*. Les

Territoires où ces Villes sont situées, en reçoivent leurs dénominations. Alexandrie donne son nom à l'*Alexandrin* ; Tortone au Tortonèse, Novare au Novarois, Vigevano au Vigevanasc, & *Laumella à la Laumelline*, c'est cependant *Valence*, qui est la principale Ville de ce dernier Pays. *Orta* sur le Lac du même nom dépend du Novarois : l'Evêque de Novarre est Souverain d'*Orta*, & en cette qualité, il porte l'épée lorsqu'il monte à cheval.

REMARQUES. L'air est froid dans la Savoye, à cause des hautes montagnes dont ce Pays est couvert. Il n'y a pas plus d'abondance qu'il ne faut pour faire vivre ses Habitans. Les châtaignes & les raves, sont ce que le Terroir produit en plus grande quantité. Celui du Piémont est plus fertile : il y a sur-tout considérablement de truffes : il y a aussi abondance de mûriers qui servent à nourrir beaucoup de vers à soye. Le Mont-Ferrat est un des meilleurs Pays de l'Italie, par la fertilité de ses Prairies, & l'abondance de ses Vignobles.

§. II.
ETAT DE MILAN.

Nous appellons *Etat de Milan*, cette partie du Milanès qui est sous la domination de l'Impératrice Reine. La Ville de *Milan* est celle qu'on y doit principalement remarquer : elle passe pour une des plus grandes & des plus considérables Villes de l'Italie : elle a été successivement sous la domination des Gaulois, ses Fondateurs, des Romains, des Goths, des Huns, des Lombards, des Empereurs d'Allemagne, &c. *Pavie* est après Milan, la plus considérable Ville de cet Etat : les Lombards qui s'en rendirent maitres sous leur Roi Alboin, en firent la Capitale de leur Royaume. L'Evêque de cette Ville est Suffragant de Milan : Il en faut dire autant de ceux de *Lodi* & de *Crémone*. Tout le Terroir du Milanès est de la plus grande fertilité ; il produit des bleds, des vins & toutes sortes de fruits. La plûpart des chemins sont alignés & bordés de canaux d'eau vive qui servent au transport des marchandises qu'on tire des Etats voisins : un grand nombre de ces canaux aboutissent à la Ville de Milan.

§. III.
ETAT DE PARME.

Les Duchés de Parme, de Plaisance & de Guastalla, obéissent à un même Souverain, & composent l'Etat de Parme. La Ville de *Parme* sur la petite Rivière de Parma, est divisée en trois parties, qui sont jointes l'une à l'autre par autant de Ponts. Celle de *Plaisance*, ainsi nommée, soit à cause de la beauté de ses Edifices, soit à cause de son agréable situation au milieu d'une plaine des plus fertiles, n'est qu'à cent pas du Pô : elle est plus peuplée que Parme.

§. IV.
ETAT DE GENES.

Cet Etat est séparé de ceux de Sardaigne & de Parme, par le Mont Apeonin. Ses principales Villes sont sur le bord de la Mer. Il a été question de *Génes*, *Savone* & *Vintimille*. Entre ces deux dernieres, on trouve *S. Remo*, dont les environs fournissent de belles oranges & de beaux citrons, & la Ville d'*Albenga*, fort ancienne & bien peuplée, mais dont l'air est mal sain ; celle de *Sinal*, que les Génois ont achetée des Espagnols en 1713, & enfin celle de *Noli*.

La Ville de Génes est bâtie en forme d'Amphithéâtre, sur la pente d'une montagne. Ce n'est point du tout par ses rues étroites & obscures qu'elle mérite d'être appellé la *Superba*, elle doit cette épithete à la somptuosité de ses Edifices publics & particuliers.

La République de Génes change de Chef tous les deux ans. Ce Chef qui porte le titre de *Doge*, n'est jamais que le premier sujet de la République, tant que sa dignité dure.

ANALYSE
De la seconde Carte pour le détail de l'Italie.

TOUT l'État de Venise est ici représenté, à l'exception de quelques parties dont nous parlerons en discourant sur la Carte de la Turquie Européenne. Il comprend, comme on le voit, une partie de l'Italie Septentrionale, & la plus grande partie de l'Istrie qui est à l'Orient. La première de ces possessions est la plus considérable & la plus étendue : elle renferme treize Pays ou Provinces qui sont le Bergamasc, le Cremasc, le Brescian, le Veronez, la Polésine, le Padouan, le Dogado, le Trévisan, le Vicentin, le Feltrin, le Bellunèse, le Cadorin & le Frioul : celles de ces Provinces qui sont situées le long de la Mer, sont le Dogado, autrement le Duché, le Trévisan ou Marche Trévisane, & le Frioul, à quoi l'on peut ajouter l'Istrie, dite Vénitienne.

L'*Adige* qui traverse l'État de Venise, arrose particuliérement le Veronez & la Polésine.

Toutes ces Provinces, excepté le Dogado, le Frioul & la Polésine, tirent leurs dénominations de leurs principales Villes qui sont *Bergame, Crema, Brescia, Vérone, Vicence, Feltre, Belluno, Cadore, & Trévise. Rovigo* est la principale Ville de la Polésine. *Udine,* l'est du Frioul. *Venise,* Capitale de tout l'État de Venise, l'est particuliérement du Dogado.

Voyage de Paris à Venise.

Pour faire ce voyage, on suit la route de Lyon, & l'on traverse de suite le Dauphiné, la Savoye, le Piémont & le Milanès. Chambéri, Turin & Milan, sont les principales Villes par où l'on passe. Au sortir du Milanès, on trouve les Terres de l'État de Venise : c'est premiérement le Bergamasc : le Cremasc est laissé sur la droite. Les Villes de Bergame & Crema, ne sont qu'à sept lieues l'une de l'autre. Le Voyageur passe entre ces deux Villes, & peut sans beaucoup s'écarter, se procurer le plaisir de les voir.

La Ville de Bergame, avec ses Fauxbourgs, comprend une assez grande étendue ; elle est bâtie sur le haut d'une montagne, ce qui rend sa situation agréable. Crema est située dans une plaine qui est belle & abondante : il y a autour de cette Ville quantité de petits courants d'eau toujours fournis des meilleurs poissons : on ne la considère pas tant par son étendue, que par la beauté de ses Bâtiments.

A *Palazzuolo,* on passe la Rivière nommée Oglio, & delà on va à *Brescia* qui n'est pas si peuplée que Bergame, mais que sa situation avantageuse, & les ornements particuliers qu'elle renferme, font considérer. On voit que le Lac de Garde sépare son Territoire de celui de Verone.

On va de Brescia à *Peschiera,* petite Ville du Veronez : delà on se rend à Verone, Ville très-peuplée, & que l'Adige sépare en deux parties : on a vu à Brescia des rues nettes & droites : Vérone n'offre pas la même chose ; elle est néanmoins une des plus belles Villes de l'Italie, eu égard à la somptuosité de ses Édifices publics & particuliers : cette Ville a tenu un rang distingué entre les Villes de l'Empire Romain : elle a comme presque toutes les autres Villes de cet Empire, beaucoup souffert des irruptions des Barbares, & ne laisse pas de conserver encore des vestiges de son ancienne magnificence. Les Curieux doivent sur-tout y voir les restes considérables d'un vaste Amphithéâtre où tout l'Art de l'Architecture sembloit avoir été épuisé.

On continue la route, & l'on se rend à *Vicence* : cette Ville est située dans une Plaine fertile entre deux Rivières & deux Montagnes. Le *Vicentin,* à cause de l'excellence de son Terroir, est appelé le Jardin de Venise.

On voit encore avant d'arriver à Venise, la Ville de *Padoue,* qui malgré sa haute antiquité bien antérieure à celle de Rome, n'est pas des plus peuplées : elle a une Université fameuse

Au sortir du Padouan, l'on entre dans le Dogado, où l'on ne fait qu'un court trajet : bientôt on est sur le bord de la Mer qui offre pour perspective, la Ville de *Venise* bâtie à une lieue & demie de la Terre-Ferme, sur soixante-douze petites Isles. On ne peut manquer en entrant dans cette Ville, d'être frappé de la splendeur & de l'opulence qui y régnent. La magnifique Place & l'Église de Saint Marc, le Palais du Dôge, & environ cent cinquante autres Palais, l'Arsenal & le Pont de Rialto, sont autant d'objets dignes de l'attention du Voyageur. La Ville est par tout entre-coupée de canaux & de Ponts. Il y a le grand Canal qui la divise en deux parties comprenant chacune trois Quartiers ; c'est le Pont de Rialto qui fait la communication de ces deux parties ; il est de marbre blanc, & n'a qu'une seule arcade de vingt-quatre pieds de haut. Il y a encore environ cinq cents autres Ponts, par le moyen desquels on peut parcourir toute la Ville à pied. Ceux qui veulent aller autrement, ont la commodité des Gondoles qui sont des sortes de Barques dont il y a un très-grand nombre ; ce sont-là les voitures de Venise. Cette Ville retire de sa situation, les plus grands avantages : la Mer lui sert de tous côtés de remparts & de murailles; & les canaux qui en baignent toutes les différentes parties, sont un moyen d'y maintenir continuellement la propreté ; ils facilitent de plus le transport des marchandises : mais elle éprouve un inconvénient bien considérable, qui est la privation d'eau douce ; on ne peut en avoir qu'en la faisant venir de fort loin dans des tonneaux. Dans le cas d'incendie, il n'y a d'autre parti à prendre, que de faire sauter la maison embrasée, par le moyen de la poudre.

Il y a à quelque distance de Venise, seize petites Isles, d'où les Habitants de cette Ville, tirent leurs herbes potagères & toutes sortes de jardinages : on les nomme *Isles des Lagunes,* & elles forment comme les environs de Venise. Celle de *Chiozza* est d'un revenu considérable pour la République, à cause de la grande quantité de sel qu'on y fait.

La Ville de Venise est à proprement parler la Souveraine de toutes les autres Villes de l'État, dont le Gouvernement est entre les mains de la seule Noblesse de cette Ville : c'est dans le corps assemblé de cette Noblesse, que réside le pouvoir de faire les Loix, & de nommer à toutes les grandes Magistratures. Il y a cependant un Chef qui porte le titre de *Dôge* ; mais il n'est ainsi que celui de *Gênes,* que le premier sujet de la République. L'Assemblée générale des Nobles, se nomme le *Grand Conseil,* outre lequel il y en a deux autres, le Collège ou Conseil du Dôge, & le Sénat.

Le Conseil *des Dix* n'est qu'un Tribunal particulier qui juge des crimes d'État. Les trois Inquisiteurs d'État, dont deux sont tirés de ce Conseil, & un de celui du Dôge, ont un pouvoir si formidable, qu'ils peuvent faire noyer ou étrangler le Dôge même, étant tous trois du même avis.

DUCHÉ DE MANTOUE.

Le Mincio, Rivière qui sort du Lac de Garde, pour se rendre dans le Pô, forme un second Lac dans une Isle duquel est bâtie la Ville de *Mantoue,* l'une des plus fortes Places de l'Europe, & la Capitale de tout le Duché. Sa Fondation, selon quelques-uns, précède celle de Rome de 430 ans. Après la chute de l'Empire Romain, elle fut assujettie aux Lombards, & passa de cette domination, sous celle de Charlemagne : elle eut ensuite, ainsi que la plupart des autres Villes de l'Italie, des Seigneurs particuliers, dont le Gouvernement dégénéra en tyrannie. Louis de Gonzague la délivra de ce joug en 1328 : il eut d'abord le titre de Capitaine, & ensuite la Seigneurie lui fut déférée. L'Empereur Sigismond érigea la Seigneurie de Mantoue, en Marquisat. Ce fut en 1530, que l'Empereur Charle-Quint en fit un Duché, dont en 1708, l'Empereur Joseph s'empara : maintenant il est possédé par l'Impératrice-Reine, comme nous l'avons remarqué.

ANALYSE
De la troisieme Carte pour le détail de l'Italie.
§. I.
Etats de l'Eglise.

L'ETAT Ecclésiastique confine à l'Etat de Venise & au Duché de Mantoue, par la Province du Ferrarez, dont *Ferrare*, grande Ville qui a, dit-on, plus de maisons que d'habitans, est la Capitale.

Le Bolognez, autre Province du même Etat, a pour Capitale *Bologne*. Vous voyez que cette Province confine à l'Etat de Modene & à la Toscane.

La Romagne, le Duché d'Urbin, le Perugin, autrement le Peroufin, l'Orviétan & le Duché de Castro, confinent pareillement à la Toscane. *Ravenne, Urbin, Perouse, Orviète & Castro*, sont les Capitales de ces différentes Provinces.

L'Etat Ecclésiastique confine encore au Royaume de Naples : c'est par les Provinces nommées Campagne de Rome, Terre de Sabine, Ombrie & Marche de Fermo. Vous voyez *Rome, Magliano, Spolete & Fermo*, qui en sont les Villes Capitales.

Le Patrimoine de Saint Pierre, & la Marche d'Ancone, qui nous restent à nommer, sont les deux seules Provinces non-frontieres : l'une à *Viterbe*, pour Capitale, & l'autre *Ancone* : elles sont toutes deux Maritimes. Toutes les autres le sont aussi, excepté l'Ombrie, l'Orviétan, le Peroufin & le Bolognez.

Voyage de Paris à Rome.

On fait le voyage de Paris à Rome, en suivant les routes de Paris à Lyon, de Lyon à Turin, & de Turin à Plaisance. De Plaisance on va à Parme, à Reggio, à Modene, au Fort Urbin, à Bologne, Imola, Faenza, Forli, Forlimpopoli, Cesena, Rimini, Pesaro, Fano, Sinigaglia, Lorette, Recanati, Macerata, Tolentino, Foligno, Spolete, Terni, Narni, & Civita Castellana.

Le Voyageur s'arrêtera avec plaisir dans la Ville de *Bologne*, qui est une des plus grandes & des plus belles Villes de l'Italie : elle est habitée par un grand nombre de Citoyens distingués & riches, & dont les maisons, pour leur beauté, sont autant de Palais. On voit au centre de la Ville, une Tour appellée la *Garifenda*, qui panche comme si elle étoit prête à tomber. La Riviere de Reno, qui coule près de cette Ville, fait tourner quatre cents moulins où l'on fabrique quantité d'étoffes de soye. La cire, le savon, le tabac en poudre, les jambons, les saucissons, même les chiens de Bologne, sont estimés.

Ravenne qui n'est qu'à six lieues de Faenza, est une Ville à voir. Son Commerce qui étoit très-florissant, a beaucoup souffert de ce que la Mer s'est retirée, & a laissé plus d'une demie lieue de terrain à sec.

On se détournera encore d'environ trois lieues, lorsqu'on sera à Rimini, pour voir la République de *Saint Marin*, qui consiste en une petite Ville située sur une roche, avec six ou sept Villages au bas, & quelques Châteaux. Delà à la Ville d'Urbin, où il y a un magnifique Château à voir, & dont les maisons sont bien bâties, il y a près de six lieues.

On reprend la route à Pesaro, que l'on continue par Fano, & Sinigaglia. On passe fort près d'Ancone, belle Ville, d'une grande étendue, & fort marchande : son Port est un des meilleurs de l'Italie.

En continuant la route par les lieux que nous avons indiqués, on arrive à la Ville de *Spolete*, au Nord, & à huit lieues de laquelle est celle d'*Assise*. De Spolete à Terni, l'on peut compter six lieues. Près delà, le Vélino se rend dans la Néra : la Cataracte qui se trouve au lieu de sa chûte, est

connue : les eaux, dit-on, s'y précipitent avec un bruit capable d'épouvanter ceux qui n'y sont pas habitués.

En traversant le Patrimoine de Saint Pierre, on passe près d'*Isola*, Bourg à remarquer : là, étoit l'ancienne Ville de Véies, l'une de celles qui ont le plus résisté à Rome, dans les premiers temps de sa fondation. On n'est ici qu'à trois lieues de Rome. La partie de cette Ville qu'on trouve en-deçà du Tibre, se nomme Trastevere. On passe le Tibre pour se rendre dans l'autre partie, qui a presque six fois autant d'étendue. Le Voyageur ne manquera pas de voir la célébre Eglise de Saint Pierre, à côté de laquelle est le Vatican, l'un des Palais du Pape. L'Eglise de Saint Jean de Latran, est particuliérement la Cathédrale de Rome. Celle de Sainte Marie la Ronde, est le reste d'un Temple que les Anciens Romains appelloient Panthéon, parce qu'il étoit dédié à toutes leurs divinités. Près du Tibre est la Citadelle appellée Château Saint-Ange. Il n'y a guerer qu'un tiers de l'étendue comprise dans les murs de Rome, qui soit habité aujourd'hui : les deux autres tiers du côté de l'Est & du côté du Sud, ne sont que des jardinages & des ruines.

§. II.
Etat & Grand Duché de Toscane.

Il comprend le Florentin, le Pisan & le Siennois. Le Florentin tire sa dénomination de la Ville de *Florence*, qui en est la Capitale, ainsi que de toute la Toscane : cette Ville surnommée la *Belle*, parce qu'en effet, elle est une des plus belles de l'Italie, est divisée par l'Arno, en deux parties inégales qui communiquent par quatre Ponts de pierre. La Ville de *Pise*, Capitale du *Pisan*, n'a pas à beaucoup près autant d'Habitans qu'elle en pourroit contenir; aussi, croît-il de l'herbe dans les plus grandes rues. Celle de *Livourne* à quelque distance de Pise, est un Port franc : son grand commerce en marchandises du Levant, la met en relation avec les Hollandois, qui deux fois par an y envoyent des Vaisseaux. Le Siennois a la Ville de *Sienne* pour Capitale. Les Espagnols qui en 1554, le céderent à la Maison de Médicis, alors régnante en Toscane, se réservérent quelques Forteresses près de la Mer; c'est ce que l'on connoit sous le nom d'Etat de Présidii qui appartient maintenant au Roi de Naples, & dont le principal endroit est *Orbitello*, *Porto-Ferraio* dans l'Isle d'Elbe, appartient au Grand Duc, & *Portologone*, au Roi de Naples : le reste de l'Isle dépend de la Principauté de *Piombino*, enclavée dans la Toscane.

§. III.
République de Luques.

Cette République n'a d'autre Ville que celle de *Luques*, avec un assez grand nombre de Bourgs & de Villages. On compte dans cette Ville environ quarante mille Habitans : ses Manufactures de Soye & de Laine, sont les plus estimées de toute l'Italie. On remarquera *Viareggio*, qui est comme l'entrepôt de tout le commerce qui se fait à Luques : cet endroit est très-peu distant de la Mer : il y a près de-là une Rade où les Vaisseaux s'arrêtent : on la nomme Port de *Viareggio*; c'est l'unique que la République possede.

§. IV.
Etat de Modéne.

Les Villes de *Modéne, Regio, Correggio, Mirandola & Novellara*, sont Capitales des Duchés de mêmes noms, qui avec la Principauté de *Missa*, composent l'Etat du Duc de Modéne.

La Ville de Modéne est une des principales de l'Italie, par son étendue, sa population & les embellissemens qui s'y trouvent; elle est ornée de quantité de Portiques, de belles Fontaines, &c. son Eglise Cathédrale & autres méritent l'attention des Voyageurs.

Regio, seconde Ville de l'Etat de Modéne, renferme environ vingt-deux mille Habitans : il s'y fait un grand trafic de soye.

ANALYSE
De la quatrieme Carte pour le détail de l'Italie.

LE Royaume de Naples est divisé en douze Provinces, qu'il est très-facile de distinguer sur cette Carte. C'est l'extrême fertilité de celle où est Naples, qui lui a fait donner le nom de *Campagne heureuse* ou *Terre de Labour*.

Supposé que l'on parte des Confins de la Campagne de Rome & de la Terre de Labour, on voit premiérement *Gaëta*, & de suite l'Embouchure du Garigliano. En le remontant, & remontant ensuite une petite Rivière qui s'y rend, on arrive au pied du Mont-Cassin, où il y a une Abbaye célèbre fondée par Saint Benoît, qui y mourut en 543. *Aquino*, à l'Ouest du Mont-Cassin, est la Patrie de Saint *Thomas d'Aquin*, connu dans la Légende & dans les Ecoles.

Embouchure du Volturno. On voit en le remontant la Ville de *Capoue*, à deux lieues de laquelle étoit l'ancienne Ville de ce nom, qui du temps de la République Romaine, étoit après Rome la plus considérable Ville de l'Italie. Le Volturno reçoit plusieurs Rivières; l'une de ces Rivières nous-mène à *Bénévent* dans la Principauté ultérieure : comme cette Ville & son Territoire appartiennent au Pape, ainsi que nous l'avons remarqué, c'est *Monte-Fuscolo* qui est réputé Capitale de la Province.

On entre dans le Golfe de Naples, à l'entrée duquel se voit la petite Ville de *Pouzzol*. Entre Pouzzol & Naples, il y a une montagne très-haute, que les Anciens appelloient le *Mont-Pausylipe*, & qui s'étend fort avant dans la Mer. Pour faciliter la communication entre ces deux Villes, les Romains ont creusé cette montagne, & y ont pratiqué un chemin souterrain de douze pieds de large. *Seneque* l'appelle une longue & obscure prison, parce que de son temps, il n'y avoit aucun jour. *Alphonse*, Roi d'Arragon & de Naples, l'a fait élargir : il y a en même-temps fait pratiquer deux ouvertures qui fournissent une clarté suffisante pour les Voyageurs. Depuis ce temps, l'on a encore travaillé à le rendre plus commode.

Nous avons dit de *Naples* que c'étoit une des plus grandes & des plus belles Villes de l'Italie. Le *Mont-Vésuve*, à trois lieues de cette Ville, est connu par les éruptions violentes auxquelles il est sujet. M. *Edouard Berklei*, Anglois, qui observa en 1717, toutes les circonstances d'une de ces éruptions, rapporte que quoiqu'il fut au sommet de la montagne, les pierres enflammées, qui sortoient du goufre par où se faisoit l'éruption, s'élançoient quelquefois à mille pieds, & jamais moins qu'à trois cents pieds au-dessus de la tête. En parlant du bruit effrayant qui accompagne ces éruptions, « On ne sauroit, dit-il, s'en former une idée plus juste, » quand il est dans sa force, qu'en imaginant un son conti- » nuel composé du bruit impétueux des plus grands vents, » du mugissement d'une Mer irritée, du roulement du ton- » nerre, & de l'éclat d'une artillerie complette. Lorsque ces éruptions cessent, le penchant de la montagne est de tous côtés couvert de cendres sulphureuses que la pluie & les rosées humectent : les vignobles qu'on y plante ensuite, produisent un vin muscat des plus exquis.

C'est entre Naples & le Mont-Vésuve, que se trouve le Village de *Portici*, devenu fameux par la découverte qu'on y a faite en ces derniers temps, d'une Ville souterraine que l'on assure être l'ancienne *Herculea*, qui selon les Historiens avoit été considérablement endommagée par un tremblement de terre arrivé le 7 Février de l'année 63, & fut totalement engloutie dix-sept ans après par une éruption du Vésuve.

Sorrente, à l'opposite de Naples, étoit du temps des Romains, une de leurs plus considérables Colonies, tant par

son étendue, que par le nombre de ses Habitants : il s'en faut qu'elle soit aujourd'hui au même dégré.

C'est dans la Ville d'*Amalfi*, que le corps de l'Apôtre Saint *André*, est inhumé. *Jean de Goya*, à qui l'on attribue l'invention de la Boussole, étoit natif de cette Ville. Celle de *Salerne*, Capitale de la Principauté Citérieure, est située dans une petite plaine, environnée de collines les plus fertiles & les plus agréables du Pays : les Rois y faisoient ci-devant leur résidence, tant à cause de sa situation, qu'à cause de l'air sain qu'on y respire, & le Prince Héréditaire portoit, le titre de *Prince de Salerne*.

On voit diverses autres Villes en continuant de suivre les Côtes, tant de la Principauté Citérieure, que de la Basilicate & des deux Calabres. *Regio*, au-delà du Fare de Messine, est une Ville remarquable de la Calabre ultérieure. Vous voyez au Nord *Catanzaro*; c'est-là que réside le Gouverneur de la Province. Remarquez le Cap de *Colonne*. La Ville de Crotone, aujourd'hui appelée *Cotrone*, n'en est pas fort éloignée : là étoit l'Ecole de Pythagore, d'où il est, dit-on, sorti plus de Philosophes qu'il n'est sorti de Guerriers du cheval de Troyes.

On fait le tour du Golfe de Tarente, en cotoyant la Calabre citérieure, la Basilicate & la Terre de Lecce ou d'Otrante; c'est dans ce dernier pays que se trouve l'insecte connu sous le nom du *Tarentule*. Remarquez *Cosenza* & *Rossano*, principales Villes de la Calabre citérieure. *Matera* & *Acerenza*, le sont de la Basilicate. Dans la Terre de Lecce ou d'Otrante, se trouvent, *Lecce*, *Otrante*, *Tarente* & *Brindisi*.

La Terre de *Trani*, au Nord de celle de Lecce renferme *Trani* & *Bari*. *Barо* au Sud de Trani, doit être remarqué : à quelque distance delà, se voyent les ruines de la petite Ville de *Cannes*, que la défaite des Romains par les Carthaginois a rendu fameuse.

En cotoyant la *Capitanate*, dont *Lucera* est la Capitale, on voit la Ville de *Manfredonia*. Celle du *Mont-Saint-Ange*, au Nord, prétend ne le céder en Sainteté qu'à la Terre-Sainte & à Notre-Dame de Lorette : le Séraphique Saint François en faisoit son lieu de délices. Près de Lucera étoient les *Fourches Caudines*, où les Romains furent défaits par les Samnites, & passèrent honteusement sous le joug.

Le *Comtat de Molise*, l'*Abruzze citérieure* & l'*Abruzze ultérieure*, suivent la Capitanate. Il y a des Villes, mais de peu d'importance, dans le Comtat de Molise : *Chieti* & *Lanzano*, sont les deux plus considérables Villes de l'Abruzze citérieure : l'Abruzze ultérieure a pour Capitale *Aquila*.

De la Sicile.

Elle est, comme on le voit, divisée en trois parties : c'est dans la plus Occidentale, nommée Val-de-Mazara, qu'est située la Ville de *Palerme*, l'une des plus considérables & des plus belles de l'Europe. Vous y remarquerez encore *Montreale*, *Mazara* & *Gugenti*. Près de cette derniere, sont les ruines de l'ancienne Ville d'Agrigente. On voit dans le Val-de-Noto, une Ville autrefois des plus fameuses; c'est celle de *Syracuse*, que maintenant on nomme *Saragosa* : elle étoit la Capitale d'une puissante République, & tenoit le premier rang entre les Villes de la Sicile. Le *Mont-Etna* ou *Gibel*, dont nous avons déjà parlé, est dans le Val-Demone : c'est un des plus terribles Volcans que l'on connoisse. Ceux qui naviguent dans la Méditerranée, apperçoivent de fort loin les éruptions de flamme & de fumée. Il y en eut une en 1669, qui causa la destruction de douze, tant Villes que Villages. Une partie de la Ville de *Catania*, fut en 1693, réduite en cendres par les flammes de ce Volcan. Un Auteur déjà ancien nommé Forcile, a donné une Relation historique des Eruptions de l'Etna : le fond de cette montagne a, selon lui, cent lieues de tour.

ANALYSE

De la cinquieme Carte pour le détail de l'Italie.

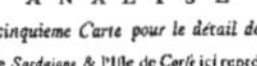

L'I s l e de *Sardaigne* & l'Isle de *Corse* ici repréſentées, ſont du nombre des plus grandes Iſles de la Méditerranée. On les rapporte particuliérement à l'Italie, parceque c'eſt la partie du Continent dont elles ſe trouvent le plus près.

De l'Isle de Sardaigne.

Elle a obéi ſucceſſivement aux Carthaginois, aux Romains & aux Sarraſins; ces derniers en furent chaſſés. Les Piſans & les Génois la poſſederent enſuite: elle paſſa de leur domination ſous celle des Rois d'Arragon, à peu-près dans le même-temps que ceux-ci eurent la Sicile. Les Rois d'Eſpagne, réuniſſant les droits des Rois d'Arragon & de Caſtille, ont été maîtres de la Sardaigne. Après la mort de Charles II, elle ſe ſoumit à Philippe V. ſon ſucceſſeur; fut conquiſe par l'Empereur Charles VI. qui étoit en concurrence avec Philippe V. pour la poſſeſſion des Etats d'Eſpagne; revint au pouvoir de Philippe V. & paſſa en 1718, ſous la domination des Ducs de Savoye, qui dès-lors ont été qualifiés Rois de Sardaigne, titre qu'ils continuent de porter.

La Ville Capitale de ce Royaume eſt *Cagliari*; elle eſt ſituée, ſur une coline au fond d'un Golfe qui en reçoit la dénomination, dans la partie nommée Cap-Cagliari: elle eſt médiocrement grande, & diviſée en haute & baſſe Ville, cette derniere, plus voiſine de la Mer, eſt toujours fort ſale, ſur-tout en Hyver, & mal ſaine.

Oriſtagni ou *Arborea*, dans la partie nommée Cap-Arborea, eſt une Ville mal peuplée, à cauſe de ſon mauvais air.

Saſſari, au Nord de l'Iſle, dans la partie nommée Cap-Lugodori, eſt une Ville plus peuplée que les deux précédentes. On ne compte que vingt-deux mille Habitants dans Cagliari: Saſſarien a trente mille.

On voit dans la partie nommée Cap-Galhira, la petite Ville de *Terranova*, qui a ceſſé d'être Epiſcopale depuis la Tranſlation de ſon Siege à *Caſtro Aragoneze*.

Autant le Terroir de l'Iſle de Sardaigne eſt fécond & abondant, autant l'air qu'on y reſpire eſt mal ſain. Ses Habitants ſont aujourd'hui fort différents de ce qu'ils étoient anciennement: c'étoient des demi-barbares.

Il n'y a, dit-on, point de bêtes venimeuſes dans cette Iſle, ſi ce n'eſt une eſpèce d'araignée qui ſe trouve dans les Mines, & dont les piquûres ſont mortelles: ces araignées ſe nomment *Soli-fuges*.

On trouve autour de la Sardaigne, diverſes petites Iſles. Celle d'*Aſinara*, au Nord, eſt la plus riche & la plus habitée.

L'Iſle *Saint Pierre* & l'Iſle *Antioco*, ſont au Midi: cette derniere abonde en Mines de plomb.

De l'Isle de Corse.

Cette Iſle, anciennement poſſédée par les Etruſques ou Toſcans, a paſſé de leur domination ſous celle des Carthaginois: ceux-ci ont été obligés de l'abandonner aux Romains. Les Sarrazins s'en ſont emparés dans le ſeptieme Siecle, & y ont fondé un Royaume qui a eu une durée de cent ſoixante-ſix ans. Les Piſans y ont été maîtres en même-temps qu'ils l'étoient de l'Iſle de Sardaigne: toujours troublés par les Génois, ils renoncerent à la poſſeſſion de ces deux Iſles, & les remirent au Pape: le Pape les donna aux Rois d'Arragon, qui ſe trouvant à leur tour dans le cas de lutter contre les Génois, ne purent conſerver que l'Iſle de Sardaigne: celle de Corſe leur échapa, & paſſa au pouvoir de leurs ennemis. Il ſeroit trop long d'entrer dans le détail des troubles dont

cette Iſle a preſque ſans ceſſe été agitée, & qui ſont l'effet de la haine que ſes Habitants ont pour le Gouvernement Génois.

Ce que l'Iſle de Corſe produit de meilleur, ſont les vins, les huiles, les figues, les châtaignes, & quelques autres fruits. Il y a quelques Cantons aſſez fertiles en bleds; mais en général, l'Iſle en produit peu. Il y a ſuffiſamment de beſtiaux. Le gibier y abonde avec d'autant plus de raiſon, que les Corſes peu adonnés à la chaſſe, ne le détruiſent point. Le bois y eſt auſſi fort commun, à cauſe du grand nombre de Forêts dont l'Iſle eſt couverte.

Elle eſt diviſée en cent ſoixante-huit *Pièves* ou *Diſtricts Eccléſiaſtiques*. C'eſt dans la partie nommée en-deçà des Monts, ou *Pièves* en-deçà des Monts, que ſe trouve *La Baſtie*, la Ville Capitale, qui eſt grande & fort peuplée: elle eſt près de la Mer, & a un Evêque Suffragant de Gênes. *Calvi* & *Sanſorenzo*, autres Villes Epiſcopales dans la même Contrée, ſont à remarquer. Les Villes d'*Aléria* & *Mariana*, auſſi dans la même Contrée, ne ſubſiſtent plus que dans leurs ruines: leurs Evêques, Suffragants de Gênes, réſident à la Baſtie. La partie nommée au-delà des Monts, renferme l'Evêché d'*Ajaccio*, & l'Evêché de *Sagona*, tous deux Suffragants de Piſe. La Ville de Sagona étant ruinée, ſon Evêque réſide à Ajaccio. *Bonifacio* eſt une Ville aſſez conſidérable qui donne ſon nom au Détroit ou Canal qui regne entre l'Iſle de Corſe & l'Iſle de Sardaigne. *Porto-Vecchio* eſt un des meilleurs Ports du pays.

Eclaircissemens Historiques.

Les Romains qui ont fondé le plus puiſſant empire qui ait exiſté, ont long-temps été renfermés dans des limites très-étroites: leur Gouvernement d'abord Monarchique, devint Républicain: ce fut alors que leur puiſſance parvint au plus haut degré d'accroiſſement. Les Carthaginois formoient une République puiſſante qui dominoit ſur preſque toute la Côte du Pays, aujourd'hui nommée Barbarie, où elle avoit pris naiſſance. Ces deux Républiques aſpiroient à la domination univerſelle: les guerres les plus ſanglantes furent l'effet de leur rivalité. L'une des deux devoit néceſſairement ſubir le joug de l'autre. La fortune favoriſa Rome: Carthage fut anéantie & toutes ſes poſſeſſions qui comprenoient entr'autres l'Eſpagne, la Sicile, l'Iſle de Sardaigne, & l'Iſle de Corſe, paſſerent au pouvoir de ſes ennemis.

La Puiſſance Romaine tomba en décadence. Des déluges de Peuples barbares ſortis de diverſes Contrées de l'Europe & de l'Aſie, fondirent ſur les Pays de ſa domination, & s'en emparerent. On vit diverſes Monarchies ſe former des débris de l'Empire. Les Goths en avoient fondé une dans l'Eſpagne, qui ſubſiſta, juſqu'à ce que les Arabes ou Sarraſins le ſuſſent rendus maîtres de preſque tout ce Pays:

Cependant un petit nombre de Goths raſſemblés, autour des montagnes des Aſturies: fondent une nouvelle Monarchie, ſous le titre de Royaume des Aſturies: ce Royaume s'étend & ſe perpétue; il eſt dans la ſuite appellé Royaume de Léon.

Un autre Royaume ſe forme au pied des Pyrenées; c'eſt celui de Navarre. Bientôt le Royaume de Léon, la Caſtille, l'Arragon, &c. ſe trouvent ſous la domination des Rois de Navarre. De ces vaſtes Etats, partagés entre les Deſcendants de Sanche le Grand, ſe forment les deux Royaumes de Caſtille & d'Arragon qui paſſent, l'un, dans la Famille des Princes de la Maiſon de Bourgogne, & l'autre dans celle des Comtes de Barcelone. Ce ſont ces derniers Rois d'Arragon qui ont poſſédé la Sicile & les Iſles de Sardaigne & de Corſe. Les Thrônes d'Eſpagne & des deux Siciles ſont maintenant occupés par une branche de la Maiſon de Bourbon: elle a ſuccédé à la Maiſon d'Autriche, en qui les droits des deux Maiſons de Caſtille & d'Arragon avoient été réunis.

ANALYSE

De la Carte générale de l'Espagne & du Portugal.

LEs Pyrénées regnent depuis l'Océan jusqu'à la Méditerranée, & forment une longueur de plus de cent vingt lieues : il y a à chaque extrémité de cette chaine de montagnes, un passage suffisant pour une armée entiere : ailleurs, il n'y en a point de praticable, où ils sont si étroits, qu'à peine un mulet pourroit y passer. Le grand passage du côté de la Méditerranée, va jusqu'à Perpignan : il est gardé par des Soldats, connus sous le nom de Miquelets.

En sortant de la France, soit par le Roussillon, soit par le Comté de Foix, & traversant les Pyrénées, on trouve la Catalogne, grande Province, dont *Barcelone* est la Ville Capitale. On remarquera outre cette Ville, celles de *Tarragone*, *Tortose*, *Lerida*, *Urgel*, *Solsone*, *Vic*, & *Girone*. La Catalogne est un Pays de montagnes, dans lesquelles on trouve du marbre, de l'albâtre, du jaspe, de l'or, de l'argent, de l'étain, du plomb, du fer, de l'alun, du vitriol, &c. Ses Côtes fournissent du corail.

De la Gascogne & du Béarn, on passe dans l'Arragon, Province que l'Ebre traverse par le milieu : ici l'on voit *Saragoce*, Capitale de cette Province, & l'une des plus belles Villes de l'Espagne. *Calataiud*, au Sud-Ouest, est une des plus considérables du Pays par la population, & le grand nombre d'Artisans qui s'y trouvent. L'Arragon est un Pays peu fertile à cause des terreins pierreux & sablonneux qui s'y trouvent en grand nombre.

La Basse Navarre, en France, est opposée à la Haute-Navarre qui est en Espagne. Ici l'on voit *Pampelune*, qui en est la Capitale. La Navarre est un des meilleurs pays de l'Espagne : les Habitans tiennent plus de la Nation Françoise que de l'Espagnole : les femmes se piquent de beauté, & prétendent l'emporter sur celles de l'Arragon, & des autres pays voisins.

Bayonne, en France, est dans le pays de Labour, dont la Cote est contiguë à celle du Guipuscoa qui fait partie de la Biscaye, Province dont *Bilbao*, Ville de commerce, est la Capitale. La Biscaye produit beaucoup de bois propre à la construction des vaisseaux : il y a des mines de plomb, & considérablement de mines de fer.

Les Asturies à la suite de la Biscaye, se divisent en Asturies de *Santillana* & Asturies d'*Oviedo*, relativement aux deux Villes de mêmes noms que l'on y voit. Les chevaux de cette Province, sont des plus estimés pour la force & la célérité.

Des Asturies, on passera dans la Galice. *Compostelle*, Capitale de cette Province, est un lieu de Pélerinages : on y vient de tous les Pays visiter le Tombeau de Saint Jacques le Mineur.

La Province de Léon au Midi des Asturies, & à l'Orient de la Galice, est traversée par le Douro. *Léon*, quoique la Capitale de cette Province, n'en est pas la plus considérable Ville. Remarquez au Midi celle de *Salamanque* célebre par son Université. *Toro* & *Medina-del-Campo*, sont renommés, l'un pour les belles femmes, & l'autre pour l'excellent vin.

Il nous faut passer dans la vieille Castille. *Burgos*, ancienne résidence des Comtes & Rois de Castille, est la Capitale de ce Pays. *Valladolid*, une des plus belles Villes & des plus peuplées de l'Espagne, a été la résidence des Rois jusqu'au temps de Charles-Quint, à qui un Médecin persuada que l'air de Madrid étoit plus sain. *Ségovie* est une Ville renommée par ses laines. On remarquera vers les Sources du Douro, la Ville de *Soria*, près de laquelle sont les ruines d'une ancienne & fameuse Ville appellée *Numance*.

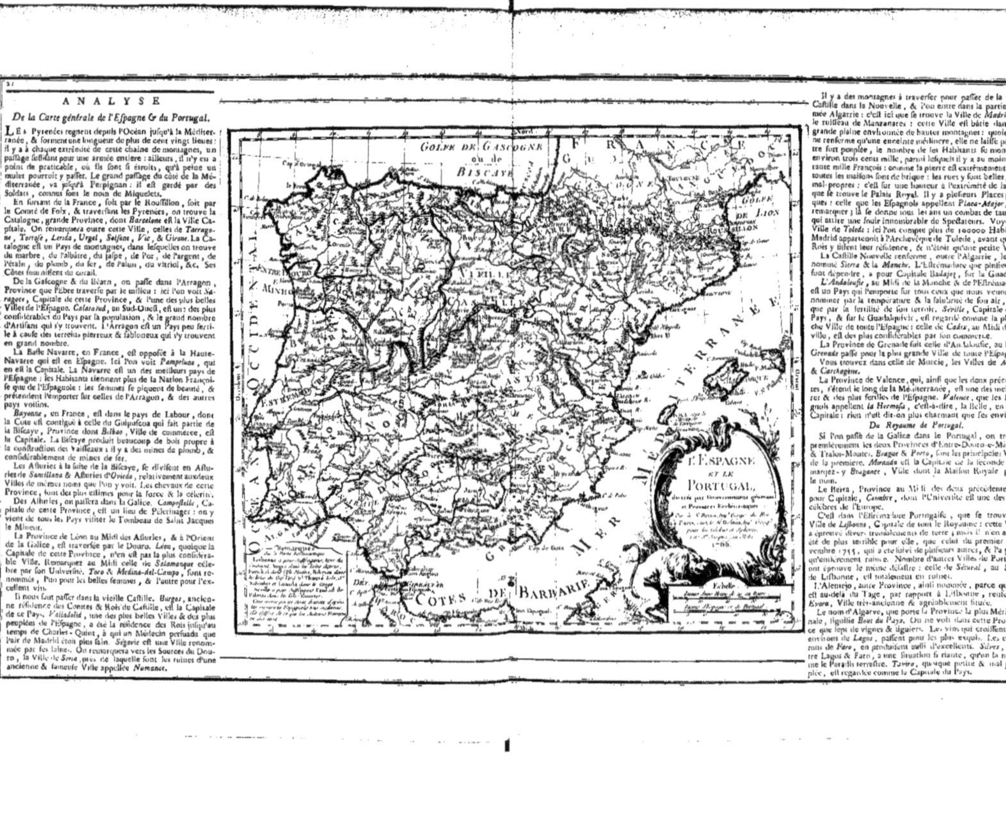

Il y a des montagnes à traverser pour passer de la vieille Castille dans la Nouvelle, & l'on entre dans la partie nommée Algarrie : c'est ici que se trouve la Ville de *Madrid*, sur le ruisseau de Manzanares : cette Ville est bâtie dans une grande plaine environnée de hautes montagnes : quoiqu'elle ne renferme qu'une enceinte médiocre, elle ne laisse pas d'être fort peuplée, le nombre de ses Habitans se montant à environ trois cens mille, parmi lesquels il y a au moins quarante mille François : comme la pierre est extrêmement rare, toutes les maisons sont de brique : les rues y sont belles, mais mal-propres : c'est sur une hauteur à l'extrémité de la Ville que se trouve le Palais Royal. Il y a plusieurs Places publiques : celle que les Espagnols appellent *Placa-Major*, est à remarquer ; là se donne tous les ans un combat de taureaux qui attire une foule innombrable de Spéctateurs. Voyons la Ville de *Tolede* : ici l'on compte plus de 100000 Habitans. Madrid appartenoit à l'Archevêque de Tolede, avant que les Rois y fissent leur résidence, & n'étoit qu'une petite Ville.

La Castille Nouvelle renferme, outre l'Algarrie, le Pays nommé *Sierra* & la *Manche*. L'Estrémadure que plusieurs en font dépendre, a pour Capitale *Badajez*, sur la Guadiana.

L'*Andaloufie*, au Midi de la Manche & de l'Estrémadure, est un Pays qui l'emporte sur tous ceux que nous venons de nommer par la température & la salubrité de son air, ainsi que par la fertilité de son terroir. *Séville*, Capitale de ce Pays, & sur le Guadalquivir, est regardé comme la plus riche Ville de toute l'Espagne : celle de *Cadix*, au Midi de Séville, est des plus considérables par son commerce.

La Province de Grenade suit celle d'Andaloufie, au Midi. *Grenade* passe pour la plus grande Ville de toute l'Espagne.

Vous trouvez dans celle de Murcie, les Villes de *Murcie* & *Carthagène*.

La Province de Valence, qui, ainsi que les deux précédentes, s'étend le long de la Méditerranée, est une des meilleures & des plus fertiles de l'Espagne. *Valence*, que les Espagnols appellent *la Hermosa*, c'est-à-dire, la Belle, en est la Capitale : rien n'est dit-on plus charmant que ses environs.

Du Royaume de Portugal.

Si l'on passe de la Galice dans le Portugal, on trouve premiérement les deux Provinces d'Entre-Douro-e-Minho, & Tralos-Montes. *Brague* & *Porto*, sont les principales Villes de la premiere. *Miranda* est la Capitale de la seconde : remarquez-y *Bragance*, Ville dont la Maison Royale porte le nom.

Le Beira, Province au Midi des deux précédentes, a pour Capitale, *Combre*, dont l'Université est une des plus célebres de l'Europe.

C'est dans l'Estrémadure Portugaise, que se trouve la Ville de *Lisbonne*, Capitale de tout le Royaume : cette Ville a éprouvé divers tremblemens de terre ; mais il n'en a pas été de plus terrible pour elle, que celui du premier Novembre 1755, qui a été suivi de plusieurs autres, & l'a presqu'entiérement ruinée. Nombre d'autres Villes de Portugal ont éprouvé le même désastre : celle de *Sétural*, au Midi de Lisbonne, est totalement en ruines.

L'Alentejo, autre Province, ainsi nommée, parce qu'elle est au-delà du Tage, par rapport à Lisbonne, renferme *Evora*, Ville très-ancienne & agréablement située.

Le nom d'Algarve, que porte la Province la plus Méridionale, signifie *Bout du Pays*. On ne voit dans cette Province que sept de vignes & figuiers. Les vins qui croissent aux environs de *Lagos*, passent pour les plus exquis. Les environs de *Faro*, en produisent aussi d'excellents. *Silves*, entre Lagos & Faro, a une situation si riante, qu'on la nomme le Paradis terrestre. *Tavira*, quoique petite & mal peuplée, est regardée comme la Capitale du Pays.

ANALYSE
De la Carte Générale des Isles Britanniques.

CES Isles qui composent l'Etat du Roi de la Grande Bretagne, consistent en deux grandes & plusieurs petites. La plus grande désignée sous le nom général de Grande Bretagne, renferme comme nous l'avons déjà remarqué, l'Angleterre & l'Ecosse: celle-ci au Nord de l'Angleterre, est divisée en deux parties, Ecosse Méridionale, Ecosse Septentrionale. L'Angleterre est pareillement divisée en deux parties, l'Angleterre proprement dite, & le Pays ou Principauté de Galles, qui est à l'Occident.

L'Irlande est divisée en quatre parties, le Leinster ou la Lagenie, l'Ulster ou l'Ultonie, le Connaught ou la Connacie, & le Munster ou la Mommonie. C'est relativement à leur situation du côté de l'Orient, du Septentrion, de l'Occident & du Midi, qu'elles sont ainsi appellées.

Le Détroit appellé Pas de Calais, est le passage le plus ordinaire pour aller de France en Angleterre. On va de Paris à Calais par Amiens, Abbeville & Boulogne, Villes qui sont ici marquées : c'est à Calais qu'on passe le Détroit en question, pour delà se rendre à *Douvres*, Ville d'Angleterre. On va de Douvres à *Londres*, en passant par *Canterbury*, autrement Cantorberi & *Rochester*.

La Ville de Londres située sur la Tamise, passe pour être autant peuplée que Paris, & occupe une étendue à peu-près égale. Il y a deux des trois parties qu'elle renferme, qui sont au Nord de la Tamise, le vieux Londres où demeurent tous les Marchands & Artisans, & à l'Occident le Quartier de West-Munster qui est le séjour de la Noblesse. La Troisieme au Sud de la Tamise, n'est habitée que par des Matelots. Cette Ville s'étend plus que Paris en longueur; mais elle a moins de largeur. Presque toutes ses rues sont fort larges & bordées de parapets. Ses maisons, toutes bien bâties, sont moins hautes que celles de Paris : les uns en comptent à-peu-près 100000 : d'autres en font monter le nombre à 130000, & prétendent en même-temps que celui des Habitants surpasse un million.

Vous voyez *Windsor* à l'Ouest de Londres, & pareillement sur la Tamise. Le Roi d'Angleterre a ici un Château richement meublé où il réside quelquefois dans la belle saison, avec toute sa Cour. *Reding*, au-dessus de Windsor, & près de la Tamise, est une Ville peuplée & Commerçante. Remarquez au-dessus de cette Ville les deux Riviere de *Tame* & *Ise*; c'est de leur concours que la Tamise est formée. *Oxfort*, sur l'Ise, est une des plus considérables Villes de l'Angleterre. Voyez à l'Occident celle de *Glocester*, sur le Severn, autrement la Saverne. *Bristol*, au Midi de Glocester, est la Ville la plus riche & la plus commerçante de l'Angleterre, après Londres.

Cherchez de nouveau cette derniere Ville, & suivez à-peu-près la ligne du Nord, vous trouverez les Villes de *Cambridge*, *Boston*, *Lincoln* & *Yorck*. Vous voyez le Golfe de Boston, & au Nord, l'Embouchure de l'Humber, Riviere formée du concours de plusieurs autres : celle d'Youre arrose la Ville d'Yorck, qui est après Londres la plus grande Ville de l'Angleterre.

Au Nord d'Yorck, vous trouvés la petite Ville de *Durham*. Cherchez à l'Ouest de celle-ci, vous trouvez *Carliste*, Ville riche & commerçante.

Vous êtes près de l'Ecosse Méridionale. Ici se trouve *Edinbourg*, Capitale de toute l'Ecosse : *Glascow*, à l'Ouest, en est regardé comme la seconde Ville. La plus commerçante des Villes de l'Ecosse, est *Aberdeen*, dans l'Ecosse Septentrionale : on l'appelle nouvel Aberdeen pour la distinguer du vieux

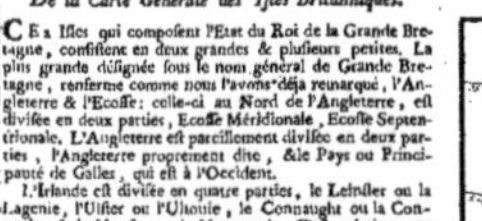

Aberdeen, Ville autrefois considérable, & qui ne l'est plus.

Voyons l'Irlande. Le Leinster renferme premiérement *Dublin*, que nous avons dit être la Capitale de toute l'Isle. *Kildare*, *Kilkenni*, & *Vexford*, sont ensuite les plus considérables Villes de cette partie. Vous remarquerez *Londonderri*, dans l'Uhonie, *Gallowai*, dans la Connacie, & *Limerick*, dans la Momonie.

Remarques Historiques & Politiques.

I. Les Anglois en s'établissant dans la Grande Bretagne, ne purent se rendre maitres que de l'Angleterre proprement dite. Ils la partagerent d'abord en sept Royaumes qui, vers l'an 818, furent réunis en un seul.

Le pays nommé Principauté de Galles, n'a commencé qu'en 1151, à dépendre des Rois d'Angleterre.

L'Irlande a eu ses Rois particuliers jusques vers la fin du douzieme Siecle : elle a passé ensuite sous la dépendance des Rois d'Angleterre, qui l'ont possédée à titre de Duché jusqu'au regne d'Henri VIII, qui le premier se qualifia Roi d'Angleterre & d'Irlande.

L'Ecosse a eu aussi ses Rois particuliers, qui au commencement du dernier Siecle, ont monté sur le Thrône d'Angleterre, & se sont ainsi trouvés Rois d'Angleterre, d'Ecosse & d'Irlande. C'est en 1714, que la Maison, actuellement régnante, est venu occuper le Thrône.

II. Dans chacun des Royaumes d'Angleterre, d'Ecosse & d'Irlande, la Souveraineté est partagée entre le Roi & le Corps de la Nation.

Il y a une différence entre le Gouvernement des Isles Britanniques & celui de France. Dans le premier, chaque Citoyen est Sujet : le Corps des Citoyens ne l'est pas. En France, non seulement chaque Citoyen est Sujet, le Corps des Citoyens l'est aussi. Le Gouvernement François est purement Monarchique. Le Gouvernement Anglois est Monarchique & Républicain.

C'est dans l'Assemblée des Grands, & des simples Nobles, & des Députés des Villes, tant de l'Angleterre que de l'Ecosse, assemblée qui représente le Corps des deux Nations & qu'on appelle le Parlement de la Grande Bretagne, que résident le pouvoir Legislatif & le droit d'imposer les Subsides. Le Parlement d'Irlande distinct de celui de la Grande Bretagne, est Souverain aux mêmes egards.

Les Grands, c'est-à-dire, le Haut Clergé & la Haute Noblesse, assemblés particuliérement & forment ce qu'on appelle la Chambre Haute ou des Pairs. Les autres Membres du Parlement s'assemblent aussi particuliérement, & forment la Chambre Basse ou des Communes. La Chambre des Pairs a des droits & des prérogatives que n'a pas la Chambre des Communes. La Chambre des Communes a d'autres droits & prérogatives dont elle jouit privativement, & à l'exclusion de celle des Pairs. Ce qui produit dans le Gouvernement général, un mélange d'Aristocratie & de Démocratie. Le premier de ces termes est relatif à la portion d'autorité dont jouissent les Pairs : le second l'est à celle qui appartient aux Communes. En général, tout Gouvernement où l'autorité Souveraine est entre les mains des principaux de la Société, est un Gouvernement Aristocratique. Celui où elle réside dans tout le Corps de la Société est un Gouvernement Démocratique ; lorsqu'elle se trouve distribuée de maniere que les principaux en ont certaines parties, & que le Peuple en a aussi certaines parties ; le Gouvernement est Aristo-Démocratique. Celui des Isles Britanniques est Monarchique en plus grande partie ; & relativement à la portion d'autorité qui appartient au Corps de la Nation, il est Aristo-Démocratique.

ANALYSE
De la Carte de l'Angleterre.

L'Angleterre en général est divisée en cinquante-deux Comtés. Il y en a quarante dans l'Angleterre proprement dite, & douze dans la Principauté de Galles : ces derniers font appellés Comtés de l'Ouest. Les autres font distingués en Comtés de l'Est, Comtés du Sud, Comtés du milieu, & Comtés du Nord.

Comtés de l'Est, au nombre de six.

Ils font au Nord de la Tamise. Les deux Comtés d'Essex & Midlesex, s'étendent le long de ce Fleuve. Au Nord du Comté d'Essex est celui de Suffolck, suivi pareillement au Nord de celui de Norfolk. Au Nord du Comté de Midlesex, se trouve le Comté d'Hertford, & au Nord de celui-ci, le Comté de Cambridge. Les trois premiers font Maritimes.

Londres est particulièrement la Capitale du Comté de Midlesex. Les Capitales des autres Comtés font, *Colchester*, *Ipswiche*, *Norwiche*, *Hertford* & *Cambridge*.

Nous avons parlé des Villes d'Yorck & de Bristol, l'une seconde, & l'autre troisieme Ville d'Angleterre ; c'est Norwiche qui est regardé comme la quatrieme : celle de *Cambridge* ne passe pas pour belle ; mais elle est fameuse par son Université. Vous remarquerez *Yarmouth* dans le Comté de Norfolk ; cette Ville est connue par son Port où l'on pêche beaucoup de harangs.

Comtés du Sud, au nombre de dix.

Canterburi, dont il a déja été parlé, est Capitale de l'un de ces Comtés nommé le Comté de Kent, qui est maritime. Vous trouvez de fuite à l'Occident, les Comtés de Suffex, Hamp ou Southampton, Dorfet, Devon, Cornval & Somerfet, qui font auffi Maritimes, & ont pour Villes Capitales, *Chichester*, *Winchester*, *Dorft*, *Exeter*, *Launceston* & *Wels*. Les trois Comtés de Surrey, Berk, & Wilth qui restent à nommer, ont pour Villes Capitales *Guilford*, *Reding* & *Salisbury* : ils ne font point Maritimes.

Nous avons parlé de *Douvres* & de *Rochester*, que vous voyez appartenir au Comté de Kent. *Chatam*, près de Rochester, n'est qu'un Village : là on construit & radoube les plus grands Vaisseaux, tant de Guerre, qu'autres. Remarquez *Tunbridge*, au Sud-Ouest de Rochester : c'est un Bourg fort renommé à cause de ses eaux minérales. C'est entre Douvres & l'Isle de Thanet, au Nord, que se trouve cette fameuse Rade appellée les *Dunes* où s'assemblent toutes les Flottes de la Grande Bretagne. *Sandwich*, *Ramsey* & *Hith*, que vous trouvez sur la Côte de Kent, font ainsi que *Rye* & *Haftings*, sur celle de Suffex, des Ports de Mer à remarquer. Celui de *Ports-Mouth*, sur la Côte de Southampton, est un des meilleurs & des plus spacieux de l'Angleterre. L'Isle de Wight, où vous voyez *Newport* & *Yarmouth*, dépend du Comté de Southampton. Il y a entre cette Isle & la Terre-ferme, la Rade de Spithead, qui est le rendez-vous ordinaire des Vaisseaux destinés à faire voile pour les Indes, ou qui en reviennent. A l'Ouest de cette Isle, se trouve celle de Portland, dépendante du Comté de Dorset ; elle renferme les meilleures carrières de tout le Royaume. *Plymouth* sur la Côte de Devon, est un Port des plus renommés de l'Angleterre : le Chevalier Drack, l'un des Navigateurs qui ont fait le tour de la terre d'Occident en Orient, s'est embarqué à Plymouth pour cette entreprise en 1577. Sur la Côte de Cornwal, vous trouvez *Falmouth*, autre

Port confidérable. Les Isles *Sorlingues* ou *Silley*, qui se rapportent à ce Comté, font au nombre de 145 : il n'y en a que trente ou quarante qui foyent de quelqu'importance : la principale est *Sainte-Marie*, où il y a un Port & un Château

Comtés de l'Ouest, au nombre de douze.

Ce font ces douze Comtés qui forment la Principauté de Galles, comme nous l'avons remarqué. On distingue la partie du Sud qui se nomme Sout-Walles, & la partie du Nord qui se nomme Nort-Walles. Il y a six Comtés dans chacune de ces deux parties. Remarquons premiérement ceux de la partie Méridionale. Glamorgan est le seul qui ne tire point la dénomination de fa Ville Capitale : cette Ville qui est située près de la Mer, se nomme *Cardif*. Les cinq autres Comtés *Breknok*, *Carmarchen*, *Pembrock*, *Cardigan* & *Radnor*, tirent leurs dénominations de leurs Villes Capitales.

Des six Comtés du Nort-Walles, il n'y a que ceux de *Montgomeri*, *Denbigh*, *Flint* & *Carnarvan*, qui tirent leurs dénominations de leurs Villes Capitales. Celui de Marioneth, a pour Capitale *Harleg*. *Beaumaris* est la Capitale de l'Isle & Comté d'Anglefey.

Les seuls Comtés de Breknok, Radner & Mongomeri, ne font point Maritimes : tous les autres le font.

Comtés du Nord, au nombre de six.

Tous font Maritimes. Le plus grand de ces Comtés est celui d'Yorck. Vous voyez, tant au Nord qu'à l'Ouest de ce Comté, ceux de *Durham*, *Cumberland*, *West-Morland* & *Lancaster*. Celui de Northumberland est au Nord de Durham. *Newcastle* est la Capitale du Comté de Northumberland : *Carlisle* l'est du Comté de Cumberland, *Applebi*, quoique beaucoup moins confidérable que *Kendall*, est regardé comme la Capitale du West-Morland.

Comtés du milieu, au nombre de dix-huit.

Au Nord des Comtés de Somerfet & Welt, vous trouvez le Comté de *Glocefter*, suivi à l'Orient du celui d'*Oxford*. Vous voyez de suite les Comtés de *Bukingham*, *Bedford*, *Huntingten*, *Northampton* & *Lincoln*, qui confinent aux Comtés de l'Est. Bukingham & Lincoln, confinent encore, l'un aux Comtés du Sud, & l'autre aux Comtés du Nord. A l'Ouest de Lincoln, se trouvent de suite *Notingham*, *Derbi* & *Chester*, qui confinent aux Comtés du Nord. Chester qui confine de plus aux Comtés de l'Ouest, est suivi au Nord des Comtés de Shrops, *Hereford* & *Monmouth*, qui y confinent pareillement. *Stafford*, *Worcester*, *Warvick*, *Leicester* & *Rutland*, font environnés de tous ceux qui viennent d'être nommés. Les seuls Comtés de Lincoln, Chester & Monmouth, font maritimes. Il n'y a que des Bourgs dans le Comté de Rutland : la terre de ce Pays est rouge ; c'est relativement à cela qu'on lui donne le nom de Rutland, qui signifie Pays rouge ; *Oukam*, en est le principal Bourg. Les dix-sept autres Comtés, ont tous des Villes, & ils tirent leurs dénominations de leurs Villes Capitales, excepté celui de Shrops, dont la Capitale se nomme *Shrewfburi*.

Remarque Historique.

Ce fut vers la fin de l'an 893, que l'Angleterre fut divisée en Comtés. Alfred le Grand, sixieme Roi d'Angleterre, voulant remédier aux vols & aux brigandages qui se commettoient dans ses Etats, établit cette division : Il ne fit d'abord que trente-deux Comtés, auxquels Guillaume I. vingt-unieme Roi d'Angleterre, en ajouta quatre : ce nombre fut dans la fuite augmenté de trois, ce qui fit trente-neuf Comtés. En 1536. Le Roi Henri VIII. divisa la Principauté de Galles en treize Comtés : il jugea, dans la fuite, à propos d'en distraire le Comté de Monmouth, pour le joindre à l'Angleterre.

ANALYSE
De la Carte de l'Ecosse.

L'Ecosse Méridionale, & l'Ecosse Septentrionale, sont composées chacune de plusieurs Provinces que l'on trouve ici distinguées. Il y a de plus un grand nombre d'Isles qui se rapportent à l'une & à l'autre.

Provinces & Isles de l'Ecosse Méridionale.

Nous considérerons premièrement, celles de *Marche* ou *Merr* & de *Tiviot-Dale* qui confinent à l'Angleterre. Il n'y a que des Bourgs dans ces deux Provinces : nous remarquerons ceux de *Caldingam, Jedburg* & l'*Hermitage* : ce dernier est dans le *Lidis-Dale*, Comté dépendant du *Tiviot-Dale*.

Dumfries & *Gallowal*, sont deux Provinces qui s'étendent le long du Golfe de Solval. La première comprend les Vallées de *Nith*, d'*Anan* & d'*Esk*, arrosées par les Rivieres de mêmes noms, dont elles reçoivent leurs dénominations : c'est pourquoi on les appelle *Nithis-Dale*, *Anan-Dale* & *Eske-Dale*. Le mot *Dale* signifie Vallée. *Dumfries* dans le *Nithis-Dale*, & *Anan* dans l'*Anan-Dale*, sont deux petites Villes. *Reburne* dans l'*Eske-Dale*, est un Village de peu d'étendue, mais fort peuplé. La Province de *Gallowal*, renferme les deux Comtés de *Kirkubrigt* & *Wigthoun*.

La Province d'*Air*, composée des Comtés de *Carrik* & de *Kyle*; & la Province de *Cuningham*, composée du propre Pays de *Cuningham*, & de celui de *Rhenfrew*, se suivent du Midi au Septentrion, & confinent du côté de l'Orient à la Province de *Clyds-Dale*. Ces trois Provinces ne nous offrent d'autre Ville à remarquer, que celle de *Glascow*, que nous avons dit être la seconde Ville de l'Ecosse, & qui est en particulier la Capitale du *Clyds-Dale*. *Air, Irvin* & *Rhenfrew*, sont des petites Villes, selon quelques Auteurs : selon d'autres, ce ne sont que des Bourgs. *Bargeny*, dans le Comté de *Carrik*, est un Bourg.

La Province de *Tive-Dale*, à l'Orient de celle de *Clyds-Dale*, est traversée par la Riviere de *Twede*. *Peebles*, petite Ville située sur cette Riviere, a trois Eglises, trois Ponts, trois Portes & trois rues.

Vous voyez au Nord la Province de *Lothian*, la plus belle, la plus fertile & la plus peuplée de toute l'Ecosse. C'est ici que se trouve *Edimbourg*, Capitale du Royaume: cette Ville située sur une hauteur, est ornée de beaux Edifices, tant publics, que particuliers : son Université & ses autres Etablissemens la rendent recommandable.

A l'opposite, vous voyez la Province de *Fife* ; cette Province, & les Comtés de *Strathern* & *Mentheith*, parties de la Province de *Perth*, & la Province de *Lennox*, & la Province de *Lorn*, confinent à l'Ecosse Septentrionale. Dans la première, on trouve *Saint André*, autrefois Ville considérable, & maintenant Ville médiocre. *Abernethy*, dont on peut dire la même chose, est dans le Comté de *Strathern*. Remarquez dans les trois autres, *Dumblain, Dumbarian* & *Dunstafag*.

Entre *Mentheit* & *Lennox*, vous trouvez la Province de *Sterling*, dont *Sterling*, la Ville Capitale, est située sur la pente d'un rocher, au pied duquel coule la Riviere de *Forth*. Le Château bâti sur la cime de ce rocher, sert à défendre la Ville, & est regardé comme une des clefs du Royaume.

La Province d'*Argyle*, Pays plein de montagnes, de bois & de lacs, comprend les deux Seigneuries de *Kapna-Dale* & de *Cowal*, vous voyez la petite Ville d'*Inverari*, & le Bourg de *Kilmore*, qui en sont les lieux les plus considérables.

La Province de *Cantyre*, au Midi, forme une presqu'Isle beaucoup plus longue que large. On n'y trouve que des Bourgs. *Cambeltown*, le plus considérable de ces Bourgs, a un bon Port.

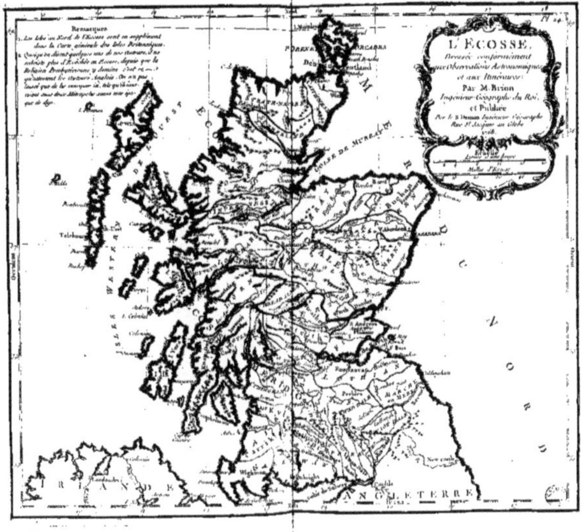

Considérons les Isles. L'Isle de *Mull*, renferme un assez grand nombre de Bourgs, de Villages, & de Hameaux : il y a aussi plusieurs Châteaux. L'Isle d'*Yura*, est beaucoup fréquentée, à cause de ses eaux minérales, & de son air salubre : il y a pareillement des eaux minérales dans l'Isle d'*Yla*, & riches Mines de plomb. L'Isle de *Bute*, & l'Isle d'*Aron*, forment ensemble le Comté de Bute : la Mer autour de ces deux Isles, est extrêmement poissonneuse : elle abonde sur-tout en harengs.

Provinces & Isles de l'Ecosse Septentrionale.

Le *Lochaber* & le Canton de *Morvern*, ne forment qu'une seule Province, dont *Innerloca* est regardé comme le Chef-lieu. La Province d'*Athol*, à l'Est, n'a que des Bourgs.

Le *Brèadalben*, au Midi d'*Athol*, a pour Chef-lieu *Kellenon*. Le *Tay*, Fleuve, qui traverse l'Ecosse, d'Occident en Orient, a sa Source dans cette Province, d'où il passe dans celle d'*Athol*, & delà dans celle de *Perth*. On voit qu'à son embouchure, il sépare la Province de *Fife*, d'avec cette derniere, & celle d'*Angus*. La Ville de *Perth*, autrefois l'une des plus considérables de l'Ecosse, ayant été submergée, celle qui subsiste aujourd'hui sous ce nom, a été bâtie à une petite distance : quoiqu'elle ne vaille pas l'ancienne, elle ne laisse pas d'être une des meilleures Villes de l'Ecosse Septentrionale : la Marée qui porte les Vaisseaux jusqu'auprès de cette Ville, en favorise le Commerce, & lui procure les avantages dont elle jouit. *Dundée*, dans la Province d'*Angus*, a une Forteresse considérable, & un très-bon Port. La Province de *Mernis*, au Nord d'*Angus*, a pour Chef-lieu *Dunnotyr*.

Nous avons parlé des Villes du *Vieux Aberdeen*, & du *Nouvel Aberdeen*, (voyez la Carte générale) toutes deux dans le Comté de *Marr*, & peu distantes l'une de l'autre. Tous les avantages dont jouissoit la premiere, sont passés à la seconde, qui est bâtie sur trois rochers, & passe pour la plus belle, la plus grande & la plus riche Ville de l'Ecosse Septentrionale. Le Comté de *Marr*, le Comté de *Buchan*, dont *Fraserbourg*, est le Chef-lieu, & le Comté de *Banf*, composent la Province d'*Aberdeen*.

A l'Occident, vous voyez la Province de *Murrai*: l'air qu'on y respire, est meilleur que dans la plûpart des autres Provinces de l'Ecosse Septentrionale. Le Pays de *Badenock*, au Midi, qui est hérissé de montagnes, & n'est guere habité que par des Bergers, fait partie de cette Province, dont la petite Ville d'*Elgin*, est le Chef-lieu.

La Province d'*Inverness* & celle de *Rass*, sont l'une & l'autre comprises entre deux Mers : leurs principaux lieux, sont la petite Ville d'*Inverness*, & le Bourg de *Chanrie*, tous deux sur le Golfe de Murrai.

Nous remarquerons *Dornock, Tung* & *Wick*, Chefs-lieux des Provinces de *Sutherland*, *Strathnavern* & *Caithness*, qui occupent l'extrémité la plus Septentrionale de l'Ecosse.

Le Détroit de *Pentland*, sépare les Isles *Orkney* ou *Orcades*, de la Province de *Caithness*. Ces Isles sont au nombre de 67, mais il n'y en a que 28 d'habitées. La plus grande nommée *Mauiland* ou *Pomona*, a pour Chef-lieu, le Bourg de *Kirkwal*, qui n'a qu'une seule rue.

L'Isle *Skye*, adjacente aux Provinces de *Ross* & d'*Inverness*, est du nombre des Isles *Vesterner* ou de l'Ouest, & la plus voisine du Continent. L'on y trouve un grand nombre de montagnes & de rochers qui servent de retraite aux aigles & aux faucons.

L'Isle de *Lewis*, la plus grande des Isles de l'Ouest, renferme cinq Paroisses.

ANALYSE
De la Carte de l'Irlande.

L'IRLANDE est à-peu-près de la même étendue que l'Ecosse, & cette étendue n'est guere que la moitié de celle de l'Angleterre. Comme cette derniere, elle est divisée en Comtés, qui sont au nombre de trente-deux. Le Gouvernement général de ce Royaume, est entre les mains d'un Vice Roi, autrement appellé Lord-Lieutenant, qui est assisté d'un Conseil composé du Chancelier, ou Trésorier du Royaume, & de quelques Comtes, Evêques, Barons, & Juges. Lorsqu'on l'installe dans sa Charge, on lit d'abord en Public les Lettres-Patentes qu'il a obtenues du Roi: ensuite il prête serment entre les mains du Chancelier, selon un formulaire prescrit: cette cérémonie faite, on lui remet l'épée royale, & il va s'asseoir dans un fauteuil de parade: autour de lui se placent le Chancelier, les Membres du Conseil, les Seigneurs & Pairs du Royaume, un Roi d'armes, un Sergent d'armes, & autres Officiers. C'est lui qui convoque les Assemblées du Parlement, & qui les dissout suivant son plaisir du Roi. Il distribue toutes les Charges & tous les Emplois, à l'exception d'un fort petit nombre. Son pouvoir est si grand, qu'il peut faire la guerre ou la paix, accorder l'abolition de toutes sortes de crimes, excepté de ceux de Léze Majesté. L'Auteur de l'Etat de la Grande Bretagne, remarque « qu'il n'y a point de Vice-Roi en Europe, « qui approche tant que celui-ci de la Majesté Royale, soit « que l'on ait égard à son pouvoir, à son train, ou à ses « revenus.

Nous avons précédemment fait mention de la division de l'Irlande en quatre Provinces. Chacune de ces Provinces renferme un certain nombre de Comtés. Dans l'énumeration que nous en allons faire, nous distinguerons les Comtés de la Lagénie, de la Momonie, de la Connacie, & de l'Ultonie.

Comtés de la Lagénie, au nombre de onze.

De ces onze Comtés, il y en a *quatre* qui sont maritimes, & *sept* qui ne le sont pas.

Les quatre Comtés maritimes sont, *East-Meath*, *Dublin*, *Wicklow* & *Vexford*: ils se trouvent à-peu-près à l'opposite des Comtés maritimes de la Principauté de Galles.

Les Comtés de *Langford*, de *West-Meath*, de *Kings*, autrement *Kings County*, ce qui signifie Comté du Roi, de *Queens* ou Queens-Counti, ce qui signifie *Comté de la Reine* & de *Kilkenni*, qui confinent aux Provinces d'Ultonie, Connacie & Momonie, sont avec les Comtés de *Caterlagh* ou *Carlow* & de *Kildare*, situés dans l'intérieur de la Lagénie, les sept que nous avons dit n'être pas maritimes.

Les principales Villes de la Lagénie, sont *Dublin*, *Vexford* & *Kilkenni*, Capitales des Comtés de mêmes noms.

Dublin est aussi la Capitale de toute l'Irlande, comme nous l'avons déjà remarqué. Cette Ville est la plus grande des Isles Britanniques, après Londres: elle a des Fauxbourgs fort vastes, des Places publiques très-belles; & ses maisons qu'on dit être au nombre de dix mille, sont la plûpart bien bâties. On voit du côté de la Mer, un vieux Château flanqué de Tours, & entouré de fossés, dans lequel réside le Vice-Roi d'Irlande, avec les Conseillers d'Etat. L'Arsenal, la Maison du Parlement, & celle des Invalides, sont des Edifices à voir: le Port est très-spacieux; mais il ne peut recevoir de grands Vaisseaux, à cause d'un banc de sable qui en occupe l'entrée.

Les Comtés de *Wicklow*, Carlow, Kildare & Longford, reçoivent, ainsi que les précédens, leurs dénominations de leurs Villes Capitales.

La Ville de *Trim*, fleurissante par le Commerce, est la Capitale du Comté d'East-Meath. Celui de West-Meath, a pour Capitale *Mullinger*. *Philipstown* & *Mariborough*, petites Villes de peu d'importance, sont les Capitales du Kings-County & du Queens-County.

Comtés de la Momonie, au nombre de six.

Le seul Comté de Typerari, n'est point maritime. Le Comté de *Waterford*, le Comté de *Corck*, le Comté de *Kerry*, le Comté de *Limerick*, & le Comté de *Clare* ou *Thomond*, sont tous maritimes; & tous reçoivent leurs dénominations de leurs Villes Capitales, excepté le Comté de Kerri, dont la Capitale se nomme *Ardsert*.

Les Villes de *Limerick*, *Waterford* & *Corke*, sont les plus considérables de la Momonie. Limerick est regardé comme la seconde, & Waterford, comme la troisieme Ville de l'Irlande.

Cashill est la Capitale du Comté de Typerary.

Comtés de la Connacie, au nombre de cinq.

Ce sont le Comté de *Gallouay* qui occupe toute la partie méridionale de cette Province, le Comté de *Mayo*, le Comté de *Slego*, le Comté de *Letrim*, & le Comté de *Roscomon*. Les quatre premiers sont maritimes, & reçoivent leurs dénominations de leurs Villes Capitales.

Il n'y a dans la Connacie, aucune Ville considérable. Les plus remarquables, sont *Gallouai*, & *Athlone* Capitale du Comté de Roscomon.

Comtés de l'Ultonie, au nombre de dix.

Le Comté de *Louth*, le Comté de *Down*, le Comté d'*Antrim*, le Comté de *Londenderri*, & le Comté de *Tyronel* ou *Dunagal*, sont maritimes.

Les Comtés de *Tyrone*, *Fermanagh*, *Cavan*, *Monaghan* & *Armagh*, sont intérieurs.

Les Villes de *Drogeda* & *Dundalk*, sont les plus considérables du Comté de Louth.

Down-Patrick, dans le Comté de Down, est une des plus anciennes Villes du Royaume; elle a un très-bon Port, & est très-marchande.

Le Comté d'Antrim à *Carikfergus*, qui par sa situation favorable pour le Commerce, est la meilleure Ville de ce Comté.

Londonderri & *Dunagal* dans les Comtés de mêmes noms, en sont les Capitales. Remarquez environ à deux lieues de Dunagal, le Lac de Reigles: c'est dans une Isle de ce Lac, qu'étoit l'antre fameux, connu sous le nom de Purgatoire de Saint Patrice.

Toutes les Villes que nous venons de nommer, quoique peu considérables, le sont cependant beaucoup plus que *Dungannon*, *Eniskilling*, *Cavan*, *Monagan* & *Armagh*, Capitales des Comtés intérieurs.

Des principales Rivieres de l'Irlande.

La plus grande de ces Rivieres se nomme le *Shannon*. Vous trouvez son embouchure au fond d'une Baye longue & étroite qui sépare les Comtés de Limerick & de Clare. La Ville de Limerick retire de sa situation à cette embouchure, les plus grands avantages pour le Commerce. C'est dans le Comté de Letrim que le Shannon a sa Source: il traverse divers Lacs, & reçoit à droite & à gauche différentes Rivieres qui ont leurs cours dans la Lagénie, la Connacie & la Momonie. Remarquez que dans une partie de son Cours, il sert à-peu près de limites entre les deux premieres de ces Provinces.

Le *Barrow* & la *Boyne*, ont leurs cours entiers dans la Lagénie, & portent leurs eaux à la Mer.

Le *Baun* qui coule dans l'Ultonie, porte pareillement ses eaux à la Mer.

Il en est de même du *Blackwater*, qui coule dans la Momonie.

ANALYSE
De la Carte des Pays-Bas.

§. I.
Pays-Bas François.

CE qu'on appelle Pays-Bas François, est composé de l'Artois, d'une partie de la Flandre, d'une partie du Hainaut & du Cambresis. L'Isle est la plus considérable Ville des Pays-Bas François: c'est en particulier la Capitale de la Flandre Françoise: elle est située sur une petite Rivière nommée la Deule, qui se rend dans la Lys, Rivière qui a son cours dans l'Artois, & dans la Flandre. Arras & Douai, sont sur la Scarpe, autre Rivière qui a son cours dans les mêmes Pays. Cambrai, Capitale du Cambresis, & Valenciennes, Capitale du Hainaut François, sont tous deux sur l'Escaut, qui a la plus grande partie de son cours dans la Flandre. Nous n'étendrons pas davantage cet article, parceque nous donnons ailleurs une Analyse particuliere des Pays-Bas François. Voyez la quatrieme Carte du détail de la France.

§. II.
Pays-Bas Autrichiens.

1. Commençons par ce qu'on appelle la Flandre Autrichienne. Vous voyez Gand, la Ville Capitale, qui est située au confluent de la Lys & de l'Escaut. Cette Ville qui n'est point peuplée à proportion de son étendue, est coupée par plusieurs Canaux qui la partagent en vingt-six Isles: pour faciliter la communication de Porte à Porte, on a construit trois cents Ponts sur ces différents Canaux. On y voit le vieux Palais, appellé le Berceau de l'Empereur, parceque l'Empereur Charles-Quint y naquit en 1500. La Ville de Gand communique aux Villes de Bruges & Ostende, par un Canal qui va jusqu'à la Mer. Bruges étoit autrefois une Ville beaucoup plus peuplée qu'elle ne l'est aujourd'hui: elle ne laisse cependant pas d'être encore une des plus grandes & des plus riches Villes Marchandes des Pays-Bas Autrichiens; ses environs se nomment le France de Bruges, qui est composé de trente-sept Villages, dont les Habitants ont des Privileges très-étendus. La Ville d'Ostende est remarquable par la bonté & la beauté de son Port: les Hollandois qui en étoient maitres au commencement du dernier Siecle, y furent assiégés par les Espagnols: ce Siege commence en 1601, ne finit qu'en 1604, & fut poussé avec une telle fureur, que le bruit de l'Artillerie, dit-on, s'entendit à Londres. Nieuport est une petite Ville située à quelque cent lieues de la Mer au Sud-Ouest d'Ostende, Furne est au Midi de Nieuport. On ne trouve pas dans tous les Pays-Bas Autrichiens, de meilleur beure ni le meilleur fromage qu'aux environs de Dixmude, petite Ville fort agréable. On fabrique à Ypres, quantité de draps & de serges: cette Ville est connue par le fameux Corneille Jansenius, qui en étoit Evêque dans le dernier Siècle. Dixmude & Nieuport sont sur l'Iperle, petite Rivière qui se rend dans la Mer. La Knoque, forteresse considérable, est située au confluent de l'Iperle & de l'Iser. Menin & Courtrai, sont deux Villes sur la Lys. Tournai sur l'Escaut, est une grande Ville très-marchande. Vous voyez encore sur l'Escaut, Oudenarde & Dendermonde. Alost est sur une Rivière nommée la Dendre, qui se rend dans l'Escaut.

2. Remontons l'Escaut, Rivière qui se rend dans l'Escaut au-dessous de Valenciennes, nous parvenons à Mons, Capitale du Hainaut Autrichien, qui est une jolie Ville. La Dendre, dont nous trouvons ici la source, passe à Ath. Au Nord-Est de cette Ville, vous trouvez celle de Hall, où l'on voit une Image de la Vierge, à laquelle tous les Habitants de ce Pays ont beaucoup de dévotion.

3. Le Brabant est contigu au Hainaut Autrichien. Bruxelles, sur la Senne, est la Capitale de ce Pays, & de tous les Pays-Bas Autrichiens, à cause de la résidence qu'y fait le Gouverneur & Capitaine Général de ces Pays; on y compte 80000 ames: le Canal qui va de Bruxelles à Anvers, & le Cours planté d'arbres qui regne des deux côtés de ce Canal, offrent à l'œil une des plus belles perspectives qu'il y a dans Europe. La Ville de Louvain, à l'Est de Bruxelles, est célèbre par son Université qui fut fondée en 1425, par Jean IV, Duc de Brabant: les Etudiants ont de grands privilèges dans cette Ville. Les deux Villes de Malines & Anvers, sont au Nord de Bruxelles. Il y a environ un Siecle & demi qu'Anvers pouvoit être regardée comme une des plus considérables Villes marchandes du monde: Il n'étoit pas extraordinaire de voir deux mille Vaisseaux à l'ancre dans son Port: on disoit alors que si le monde étoit une bague, Anvers en seroit le diamant; mais les guerres sanglantes dont les Pays-Bas furent agités vers la fin du seizieme Siecle, plongerent cette Ville dans une décadence totale, dont les Hollandois furent tirer le plus grand parti, ensorte que le Commerce d'Amsterdam s'est formé des débris de celui d'Anvers. La Ville de Malines est connue par les belles dentelles qu'on y fabrique: elle est petite, mais si jolie, qu'on l'appelle Malines la belle; Bruxelles est appellée la Noble, & Louvain la Savante: Anvers étoit avec juste raison appellée la Riche. La petite Ville d'Arschot, à l'Est de Malines, est des mieux bâties, & très-bien fortifiée: elle appartient à un Prince d'Allemagne nommé le Duc d'Aremberg, qui a sa résidence à Bruxelles.

4. Au Midi du Brabant, vous trouvez le Comté de Namur. La Ville de Namur, l'une des plus fortes Places de l'Europe, est située au confluent de la Meuse & de la Sambre. Charleroi, sur cette dernière Rivière, tire son nom de Charles II, Roi d'Espagne, qui le fit bâtir en 1666.

5. Il faut passer les Terres de Liège, pour aller du Comté de Namur, dans le Duché de Luxembourg, qui se divise en deux parties à-peu-près égales, le Pays Wallon & le Pays Allemand: le premier à l'Occident, est contigu aux Terres de Liège: c'est dans le second que se trouve la Ville de Luxembourg, qui a toujours passé pour la plus forte Place des Pays-Bas, tant à cause de son assiette, que par ses Fortifications. Arlon, au Nord-Ouest de Luxembourg, est sur une montagne: c'est un Marquisat, dont le Roi de Prusse porte le titre. La Rivière de Semoi, qui coule au bas d'Arlon, porte les eaux dans la Meuse. Chini, sur cette Rivière est le Chef-lieu d'un Comté qui a dans sa dépendance treize autres petites Villes. Plusieurs Villes du Luxembourg, telles entr'autres que Thionville & Montmedi, dans la partie la plus Méridionale, sont au pouvoir de la France.

6. Au Nord du Duché de Luxembourg, vous trouvez celui de Limbourg, qui en est séparé par les Terres de Liège. On voit la Meuse qui coule à l'Ouest, & lui sert de bornes par rapport aux Etats de Liège, dont nous traiterons en discourant sur l'Allemagne. La partie Septentrionale du Duché de Limbourg, appartenante aux Hollandois, donne lieu à la division de ce Duché en Limbourg Autrichien, & Limbourg Hollandois. C'est dans le Limbourg Autrichien, qu'on trouve la Ville de Limbourg, Capitale du Duché.

7. Nous devons encore parler du Duché de Gueldre. Cherchez Maestricht. Ici vous descendrez la Meuse qui coule du Sud au Nord, vous trouverez sur votre chemin la Ville de Stephansweert, & là vous serez dans la Gueldre: cette Ville est au pouvoir des Hollandois. Quelques lieues au-dessous, vous trouverez Ruremonde au confluent de la Meuse & du Roer: c'est ici la Gueldre Autrichienne, dont Ruremonde est la Ville Capitale. Au Nord-Est de Ruremonde, vous trouvez sur le Niers, petite Rivière qui se rend dans la Meuse, la Ville de Gueldre, appartenante au Roi de Prusse.

SUITE DE L'ANALYSE
De la Carte des Pays-Bas.
§. III.
Pays-Bas Hollandois.

NOus diſtinguons ici, Provinces Unies, & Pays de la Généralité. Le tout ensemble forme ce qu'on appelle les Pays-Bas Hollandois, ainſi nommés, parceque la Hollande eſt le plus conſidérable de tous ces Pays.

Provinces-Unies.

Les embouchures de l'Eſcaut & de la Meuſe, ſont occupées par pluſieurs Iſles, qui toutes ensemble forment le Comté de Zélande. Celle où ſe trouvent *Middelbourg & Fleſſingue*, ſe nomme l'Iſle Walkre. Middelbourg eſt la Ville Capitale de toute la Zélande. L'Iſle Bévéland, où ſe trouve *Goes* eſt plus grande que l'Iſle Walkre. Au Nord de ces deux Iſles, ſe trouve celle de Schowen où eſt *Ziriczé* : on compte huit des Iſles en queſtion : les trois qui viennent d'être nommées, ſont les plus conſidérables. Il y en a encore çà & là quelques autres, mais de très-peu d'importance. Le Comté de Zélande eſt la plus méridionale des Provinces-Unies, qui ſont au nombre de ſept.

La Hollande ou Comté de Hollande, eſt au Norde de la Zélande; elle ſe diviſe en Hollande Méridionale, & Hollande Septentrionale, autrement Sud-Hollande, & Nord-Hollande. Vous voyez dans la premiere, les Villes d'Amſterdam, Harlem, Leyde, Roterdam, &c.

Amſterdam n'étoit en 1205, qu'un petit Château ſitué ſur le bord de la Riviere d'Amſtel, & qu'un nommé Giſelberg, Seigneur du Pays, venoit de faire fortifier. Pluſieurs Pêcheurs qui n'avoient que des Cabanes de chaume, bâtirent quelques maiſons à l'abri de ce Château, de maniere qu'il s'y forma un Village, qui en peu de temps devint un gros Bourg, & obtint des priviléges. Le nombre des Habitans augmentant de plus en plus, le nom de Bourg fut changé en celui de Ville. En 1482, cette Ville fut entourée de murailles de briques : on commença de l'agrandir en 1593; la porte dite de Harlem, fut reculée cent pas en dehors; les autres quartiers de la Ville le furent de même. En 1601, elle fut encore agrandie. En 1612, le Magiſtrat voyant que la Ville ne pouvoit plus contenir la multitude de peuple qui s'y réfugioit des Provinces de Flandre & des autres endroits que la guerre affligeoit, réſolut de l'élargir encore, & cet élargiſſement fut continué pendant les années ſuivantes. L'an 1675, eſt l'époque de ſon plus grand accroiſſement. Ce fut en 1648, que l'on commença à jetter les fondemens de ce ſuperbe Hôtel de Ville, dont la beauté & la richeſſe faiſiſſent d'étonnement tous les Etrangers : l'Auteur des Voyages Hiſtoriques de l'Europe, dit que la ſeule Maiſon de Ville d'Amſterdam mérite qu'on aille en Hollande pour la voir : la grande Salle eſt toute pavée de marbre : on voit ſur le plancher, une Mappe-monde gravée, dans laquelle les divers Empires, Royaumes & Républiques de la Terre, ſont diſtingués & ſéparés les uns des autres par des petites lames de cuivre.

Leide paſſe pour être après Amſterdam, la plus grande & la plus belle Ville de la Hollande : on y fabrique les meilleurs draps & les meilleures étoffes de tout le Pays; ſon Univerſité fondée en 1575, eſt des plus célebres.

Roterdam, ſitué ſur un des bras de la Meuſe, eſt une Ville des plus peuplées, & des plus conſidérables par ſon commerce, qui ſe fait particuliérement avec les Anglois & les Ecoſſois.

Au Nord-Oueſt de Roterdam, vous voyez la Ville de *Delft*, moins remarquable par ſon étendue, que par la beauté dont elle eſt.

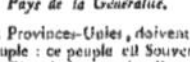

C'eſt à *la Haye*, que ſe tient l'aſſemblée des Députés des Provinces-Unies, & où les Miniſtres des Provinces Etrangeres, font leur réſidence : cette Ville paſſe pour une des plus magnifiques & des plus agréables qu'il y ait en Europe.

La Ville de *Harlem*, peu diſtante de la Mer, eſt grande, riche, & très-marchande. On y fabrique de fines toiles, de belles étoffes de ſoie, & l'on y fait un grand trafic en toutes ſortes de fleurs & de plantes rares.

Tout ce qui eſt au Nord de Harlem & d'Amſterdam, forme la Nord-Hollande, qui ſe diviſe en trois parties : la plus Septentrionale qui renferme les Villes d'*Horn & Medenblick* s'appelle Weſt-Frieſland ou Weſt-Friſe. Les noms des deux autres, ne ſont point ici marquez : ce ſont le Kennemerland, où vous voyez la Ville d'*Alkmaer*, l'une des plus belles de la Hollande, & le Waterland où ſe trouve celle d'*Edam*.

Les Iſles de *Texel, Wiering & Ulieland*, à l'entrée du Zuider-Sée, ou Mer du Sud, ſe rapportent à la Nord-Hollande : la premiere eſt célebre par le grand nombre de Vaiſſeaux qui s'y trouvent raſſemblés; c'eſt-là que ſe font les plus grands embarquemens pour toutes les Contrées de la terre, où les Hollandois ont de la correſpondance.

Vous trouvez autour du Zuiderſée, ſix des Provinces-Unies, ſavoir; 1°. la Hollande, dont il vient d'être parlé. 2°. La Seigneurie d'*Utrecht*, ainſi nommée de ſa Ville Capitale, célebre à pluſieurs égards, & particuliérement par le Traité de Paix qui y a été conclu en 1713. 3°. La Gueldre Hollandoiſe, qui avec le Comté de Zutphen, ne forme qu'une ſeule Province. *Nimégue & Arnheim*, ſont les principales Villes de la premiere. *Zutphen*, eſt la Capitale du Comté de même nom. 4°. La Seigneurie d'*Over-Iſſel*, c'eſt-à-dire au-delà de l'Iſſel, branche du Rhin. *Deventer*, ſur l'Iſſel, en eſt la Capitale. 5°. La Seigneurie de Friſe, dont *Lewarde* eſt la Ville Capitale.

Il ne nous reſte à faire remarquer, que la Seigneurie de Groningue : ſa Ville Capitale, auſſi nommée *Groningue*, eſt une des plus conſidérables Villes des Provinces-Unies. Le Territoire de cette Ville eſt diſtingué du reſte de la Seigneurie qui s'appelle Omeland ou Omelandes, c'eſt-à-dire Pays qui environne.

Pays de la Généralité.

Les peuples des Provinces-Unies, doivent être conſidérés comme un ſeul peuple : ce peuple eſt Souverain; & il l'eſt particuliérement à l'égard de ceux des Pays dont il s'agit. Les premiers ſont Membres de la République générale des Provinces-Unies : ceux-ci ſont Sujets de cette République, & n'ont aucune part au Gouvernement.

Partie de la Flandre, partie du Brabant, partie de la haute Gueldre, & partie du Limbourgeois ou Duché de Limbourg; voila ce qui compoſe le Pays de la Généralité.

Dans la Flandre Hollandoiſe, qui eſt au Midi de la Zélande, vous trouverez d'Occident en Orient, les Villes de l'*Ecluſe, Le Sas, Axel & Hulſt*.

Vous voyez dans le Brabant Hollandois, *Bergopzoom, Breda, Baſte-Duc, Grave*, &c.

On diſtingue Haute & Baſſe Gueldre : cette derniere ſe rapporte toute entiere aux Provinces-Unies; nous l'avons appellée Gueldre Hollandoiſe. Les deux parties de la Haute Gueldre, où vous trouvez *Venlo & Stephanſvert*, ſe rapportent au Pays de la Généralité.

La Ville de *Maſtricht*, ſur la Meuſe, eſt ſujette des Hollandois & de l'Evêque de Liége. *Wick*, dans le Limbourg Hollandois, eſt à l'oppoſite de Maſtricht, & ſituée pareillement ſur la Meuſe. Ces deux Villes ont de la communication par le moyen d'un Pont.

ANALYSE
De la Carte Générale de l'Allemagne.

§. I.
Remarques Préliminaires.

L'EMPIRE d'Allemagne est composé de tous les Etats & Terres qui relèvent immédiatement de l'Empereur.

L'Empereur est comme le Seigneur Suzerain de toute l'Allemagne, d'une partie de l'Italie, & d'une partie des Pays-Bas. Cette qualité toutefois ne lui attribue de propriété sur aucun Territoire. Sa Seigneurie n'est que directe & non utile. Il est Chef Souverain de la confédération de ceux des Etats de l'Empire qui se sont unis pour ne former qu'un seul corps; & a sur l'assemblée de ces Etats une Jurisdiction, qui encore qu'elle n'embrasse pas toutes les parties de la Souveraineté, ne laisse pas d'être souveraine & absolue dans ce qu'elle renferme.

Le nom de *Corps Germanique*, est donné au Corps formé de l'union des Etats en question. On lui donne aussi particuliérement celui d'Empire, relativement à ce que l'Empereur en est le Chef.

Le mot d'Empire a donc deux acceptions, étant appliqué à deux choses différentes : Il a dans le premier sens beaucoup plus d'étendue que dans le second.

Les possesseurs des Terres simples qui relèvent immédiatement de l'Empereur, s'appellent *Nobles immédiats* de l'Empire; ils ne reconnoissent d'autre dépendance, que la dépendance féodale où ils sont à l'égard de l'Empereur : ils jouissent d'ailleurs sur leurs Terres, de tous les droits & prérogatives attribués à la Souveraineté. Tous ces Nobles sont, ainsi que les Etats, unis entr'eux par les liens d'un intérêt commun; & de leur confédération, résulte ce qu'on appelle le *Corps de la Noblesse immédiate*.

Les Etats dont est composé le Corps Germanique, & les Terres qui appartiennent à la Noblesse immédiate, sont renfermés dans l'Allemagne, proprement dite, & ont pour bornes au Nord, le Danemarck & la Mer Baltique, à l'Orient, les Etats de Bohême que l'on joint assez ordinairement à l'Allemagne, le Royaume de Pologne, & le Royaume de Hongrie; au Midi le Golfe de Venise, l'Italie & la Suisse; & à l'Occident, la France & les Pays-Bas.

§. II.
Des Cercles de l'Empire.

Les Etats sont distribués par Cercles. La Noblesse immédiate est distribuée par Cantons. Les Cercles sont au nombre de neuf, & disposés comme il suit.

A l'Orient des Pays-Bas que vous renvoyez sur cette Carte, se trouve le *Cercle de Westphalie*. Vous trouverez de suite en tirant du côté du Midi, le *Cercle du Bas Rhin*, & le *Cercle de Souabe*. En allant d'ici vers l'Orient, vous trouverez le *Cercle de Baviere*, & le *Cercle d'Autriche*. Sortez de ce dernier, en suivant la ligne du Nord, vous trouverez le Bohême, le *Cercle de Haute-Saxe*, & le *Cercle de Basse-Saxe*. Au Midi du Cercle de Haute-Saxe, est le *Cercle de Franconie*. Au Midi, tant du Cercle de Haute-Saxe, que du Cercle de Basse-Saxe, est le *Cercle du Haut-Rhin*.

§. III.
Des Electeurs.

Entre les Souverains de l'Allemagne, il y en a neuf que l'on appelle, les neuf Electeurs, relativement au droit exclusif qu'ils ont d'élire l'Empereur.

Dans le Cercle du Bas-Rhin, vous trouverez les Villes de *Mayence* & *Bonn* : l'une est la Capitale de l'Electorat de

Mayence, l'autre est la Capitale de l'Electorat de Cologne. La Ville de *Trèves*, est Capitale de l'Electorat de Trèves. Ce sont les Archevêques mêmes de Trèves, de Cologne & de Mayence, qui sont Souverains & Electeurs : on les appelle Electeurs Ecclésiastiques. Il y a dans le même Cercle, un quatrième Electorat; dont *Manheim* est la Ville Capitale : son Souverain s'appelle l'Electeur Palatin; & le Pays qui lui obéit, le Palatinat.

Cherchez dans le Cercle de Haute-Saxe, & la Ville de *Dresde*; l'Electeur de Saxe, qui y fait sa résidence, joint à l'Electorat de Saxe, diverses autres possessions : Dresde est réputée la Capitale de tous ses Etats, *Vittemberg*, au Nord, est seulement de l'Electorat de Saxe, *Berlin*, au Nord de Vittemberg, est la Capitale de l'Electorat de Brandebourg; c'est le Roi de Prusse qui est Electeur de Brandebourg.

Il y a dans le Cercle de Basse-Saxe, l'Electorat d'Hanovre. *Hanovre* en est la Ville Capitale. Le Roi des Isles Britanniques, est Electeur d'Hanovre.

Dans le Cercle de Baviere, vous trouvez *Munich*, qui est la Capitale de l'Electorat de Baviere.

Le Royaume de Bohême a titre d'Electorat. *Prague* est sa Ville Capitale.

REMARQUE.

Bonn est la Capitale de l'Electorat de Cologne, parce que la Ville de Cologne est Impériale. On appelle Villes Impériales, des Villes libres, qui ne relèvent que de l'Empereur. Par Villes libres en général, on entend celles, qui n'étant sujettes d'aucun des Souverains d'Empire, se gouvernent elles-mêmes en forme de Républiques.

§. IV.
Des principaux Fleuves & Rivieres qui ont leurs cours dans l'Allemagne.

Le *Rhin* coule dans les Cercles de Souabe, du Bas-Rhin, du Haut-Rhin & de Westphalie. Vous trouverez sur ce Fleuve les Villes de *Rhinfeld*, *Philsbourg*, *Spire*, *Manheim*, *Vorms*, *Mayence*, *Coblentz*, *Bonn*, *Cologne*, *Dusseldorf*, *Vesel* & *Clèves*.

Les principales Rivieres qui s'y rendent, sont 1°. Le *Nekre* qui coule dans les Cercles de Souabe & du Bas-Rhin, & passe à *Hailbrun* & à *Heidelberg*. 2°. Le *Mein* qui coule dans les Cercles de Franconie, du Bas-Rhin & du Haut-Rhin, & passe à *Wirtzbourg*, *Aschaffenbourg* & *Francfort*. 3°. La *Moselle* qui coule dans le Cercle du Bas-Rhin, & passe à *Trèves*. 4°. La *Meuse* qui coule dans le Cercle de Westphalie, & passe à *Liège*.

Le *Veser*. Cherchez dans le Cercle du Haut-Rhin, la Ville de *Cassel* : cette Ville est sur la Fulde. La *Vera* est une autre Riviere qui coule à l'Orient : c'est du concours de ces deux Rivieres, qu'est formé le Veser qui coule dans les Cercles du Haut-Rhin, de Basse-Saxe & de Westphalie: Il passe à *Carvey*, à *Minden*, & à *Brême*. L'*Aller* qui se rend dans le Veser, reçoit la *Leine* qui passe à *Hanovre*.

L'*Elbe*, il coule dans le Royaume de Bohême & dans les Cercles de Haute & Basse Saxe. Les principales Villes situées sur ce Fleuve, sont *Leitmeritz*, *Dresse*, *Vittemberg*, *Magdebourg* & *Hambourg*. Il reçoit entr'autres Rivieres, la *Moldau* qui passe à *Prague*, & la *Havel*, dans laquelle se jetent la *Sprée*, qui passe à *Berlin*.

L'*Oder*. Sous le nom général de Bohême, sont comprises la Bohême propre, la Moravie, la Silésie & la Lusace. L'Oder prend sa Source dans la Moravie, & coule delà dans la Silésie, la Lusace & le Cercle de Haute-Saxe. Vous trouverez sur ce Fleuve beaucoup de Villes de la Silésie, & entr'autres, *Breslau*, qui en est la Capitale. Remarquez-y *Francfort* & *Stetin*, Villes du Cercle de Haute-Saxe.

ANALYSE
De la premiere Carte, pour le detail de l'Allemagne.
§. I.
Etats du Cercle de Vestphalie.

1. REMARQUONS premiérement les quatre Evêchés Souverains de *Liége*, de *Munster*, d'*Osnabruck* & de *Paderborn*. Les deux premiers sont les plus considérables. La Ville de Liége est d'une grande étendue & extrémement peuplée. Vous voyez au Sud-Est de cette Ville, le Bourg de *Spa*, fameux par ses eaux minérales. C'est dans le haut Evêché de Munster que se trouve la Ville de Munster, Capitale de tout le Pays. Il n'en est pas ensuite de plus considérable que *Coesfeld*. Au Midi de l'Evêché de Liége, se trouvent les deux Abbayes Souveraines de *Stablo* & *Malmédi*. A l'Est de Paderborn, est celle de *Corvey*, sur le Véser.

2. Le Duché de *Juliers*, le Duché de *Berg*, dont *Dusseldorf* est la Ville Capitale, & la Seigneurie de *Ravenstein*, enclavée dans le Brabant Hollandois, appartiennent à l'Electeur Palatin.

Aix-la-Chapelle, Ville Impériale, est dans le Pays de Juliers.

3. Le Duché de *Clèves*, la principauté de *Meurs*, & le Comté de la Marck, dont *Ham*, sur la Lippe, est la Ville Capitale, appartiennent à l'Electeur de Brandebourg, ou Roi de Prusse. Ces Pays étant traversés, soit par le Rhin, soit par d'autres Rivieres qui s'y rendent, nous disons qu'ils sont du cours du Rhin. La Principauté de *Minden*, & le Comté de *Ravensberg*, qui sont du cours du Véser, le Comté de *Lingen*, & la Principauté d'*Oost-Frise*, qui sont du cours de l'Ens, appartiennent au même Souverain. *Embden*, est la Ville Capitale de l'Oost-Frise.

Les Abbayes Souveraines d'*Essen* & de *Verden*, l'une de femmes, & l'autre d'hommes, sont ainsi que la Ville Impériale de *Dortmund*, enclavées dans le Comté de la Marck. Il y a encore dans le Comté de Ravensberg, l'Abbaye d'*Ervorden*, qui est aussi Souveraine. Le petit Pays & la Ville de *Javern*, dépendants de l'Oost-Frise, appartiennent à la Maison des Princes d'Anhalt, établie dans le Cercle de Haute-Saxe.

4. Les deux Comtés d'*Oldenbourg* & de *Delmenhorst*, qui sont du cours du Véser, appartiennent au Roi de Danemarck.

5. Le Comté de *Diéphol*, le Comté de *Hoya*, en plus grande partie, & le Duché de *Verden*, aussi du cours du Véser, appartiennent à l'Electeur d'Hanovre ou Roi d'Angleterre.

6. Le Landgrave de Hesse-Cassel, dont les principales possessions sont dans le Cercle du Haut-Rhin, est ici maitre d'une petite partie du Comté de Hoya : *Ucht*, est une Ville de ce Comté qui lui appartient.

Rinteln est une petite Ville sur le Véser. *Schawenbourg*, au Nord-Est, est un vieux Château situé sur une haute montagne. Le Pays qui les renferme, appartient au Landgrave de Hesse-Cassel : ce Pays, avec quelques Territoires possédés par l'Electeur d'Hanovre, & le Comte de la Lippe, formoit ci-devant un Comté appellé le Comté de *Schawenbourg*.

Au Sud-Est, se trouve le Comté de *Copenbrugge*, qui a passé par mariage de la Maison d'Hanovre, dans celle de Nassau.

7. Cherchez les Comtés de *Bentheim*, de *Steinfurt*, de *Tecklenburg* & de *Rheda*. Les deux premiers & le quatrieme de ces Comtés appartiennent à la maison de Bentheim qui est divisée en trois branches. La premiere branche ou branche ainée, dite de Bentheim, possede le Comté de Bentheim : la seconde branche, dite de Steinfurt, possede le Comté de Steinfurt : la troisieme, dite de Tecklenburg, possede le Comté de Rheda. A l'égard de celui de Tecklenburg, le Roi de Prusse, après l'avoir acheté en 1707, l'a ensuite cédé au Comte de Solms-Braunfels, dont les principales possessions, sont dans le Cercle du Haut-Rhin.

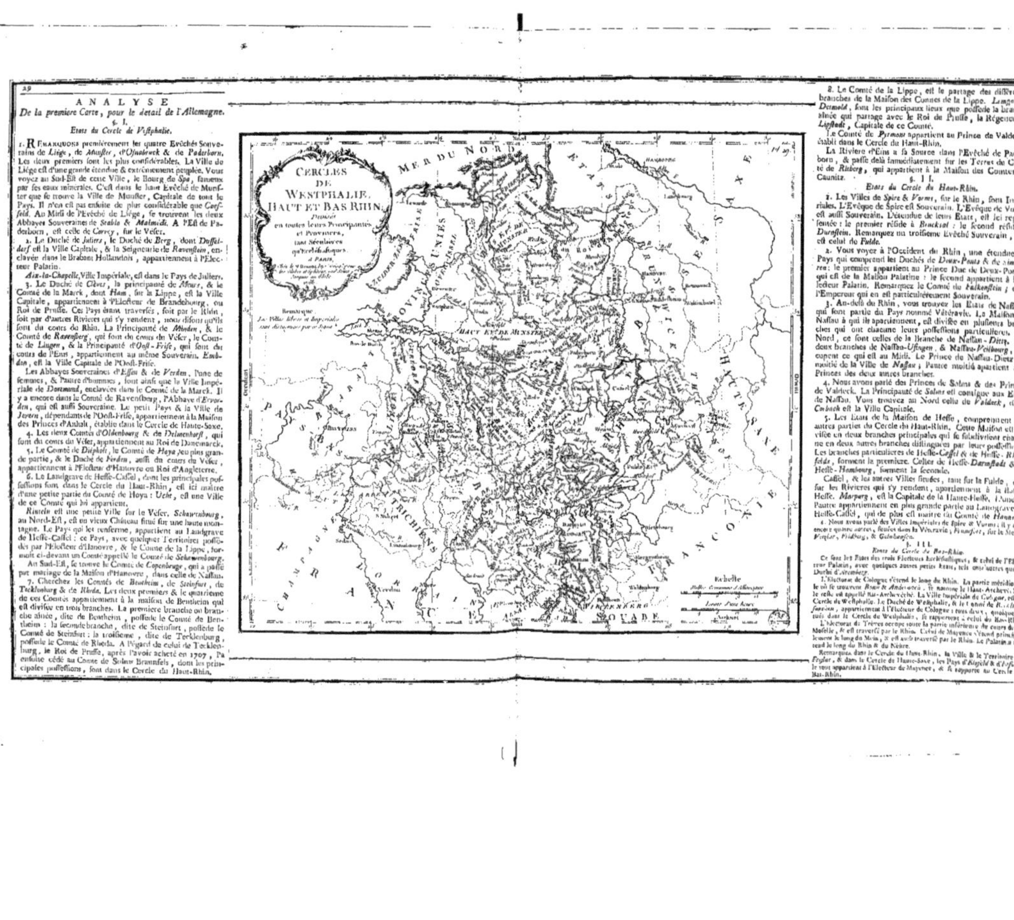

8. Le Comté de la Lippe, est le partage des différentes branches de la Maison des Comtes de la Lippe. *Lingow* & *Detmold*, sont les principaux lieux que possede la branche ainée qui partage avec le Roi de Prusse, la Régence de *Lipstadt*, Capitale de ce Comté.

Le Comté de *Pyrmont* appartient au Prince de Valdeck, établi dans le Cercle du Haut-Rhin.

La Riviere d'*Ems* a sa Source dans l'Evêché de Paderborn, & passe delà immédiatement sur les Terres du Comté de *Ritberg*, qui appartient à la Maison des Comtes de Caunitz.

§. II.
Etats du Cercle du Haut-Rhin.

1. Les Villes de *Spire* & *Vormes*, sur le Rhin, sont Impériales. L'Evêque de Spire est Souverain. L'Evêque de Vormes est aussi Souverain. L'étendue de leurs Etats, est ici représentée : le premier réside à *Bruchsal* : le second réside à *Durnstein*. Remarquez un troisieme Evêché Souverain, qui est celui de *Fulde*.

2. Vous voyez à l'Occident du Rhin, une étendue de Pays qui comprend les Duchés de *Deux-Ponts* & de *Simmeren* : le premier appartient au Prince Duc de Deux-Ponts, qui est de la Maison Palatine : le second appartient à l'Electeur Palatin. Remarquez le Comté de *Falkenstein* ; c'est l'Empereur qui en est particuliérement Souverain.

3. Au-delà du Rhin, vous trouvez les Etats de Nassau, qui sont partie du Pays nommé Vétéravie. La Maison de Nassau à qui ils appartiennent, est divisée en plusieurs branches qui ont chacune leurs possessions particulieres. Au Nord, ce sont celles de la Branche de Nassau-*Dietz*. Les deux branches de Nassau-*Usingen*, & Nassau-*Veilbourg*, occupent ce qui est au Midi. Le Prince de Nassau-Dietz, a moitié de la Ville de *Nassau* ; l'autre moitié appartient aux Princes des deux autres branches.

4. Nous avons parlé des Princes de Salms & des Princes de Valdeck. La Principauté de *Salms* est contigue aux Etats de Nassau. Vous trouvez au Nord celle de *Valdeck*, dont *Corbach* est la Ville Capitale.

5. Les Etats de la Maison de Hesse, comprennent les autres parties du Cercle du Haut-Rhin. Cette Maison est divisée en deux branches principales qui se subdivisent chacune en deux autres branches distinguées par leurs possessions. Les branches particulieres de Hesse-*Cassel* & de Hesse-*Rhinfelde*, forment la premiere. Celles de Hesse-*Darmstadt* & de Hesse-*Hambourg*, forment la seconde.

Cassel, & les autres Villes situées, tant sur la Fulde, que sur les Rivieres qui s'y rendent, appartiennent à la Hesse-Hesse. *Marpurg*, est la Capitale de la Haute-Hesse, l'une & l'autre appartiennent en plus grande partie au Landgrave de Hesse-Cassel, qui de plus est maitre du Comté de *Hanau*.

6. Nous avons parlé des Villes Impériales de Spire & Vormes ; il y en a encore quatre autres, situées dans la Vétéravie ; *Francfort*, sur le Mein, *Vetzlar*, *Fridberg*, & *Gelnhausen*.

§. III.
Etats du Cercle du Bas-Rhin.

Ce sont les Etats des trois Electeurs Ecclésiastiques, & celui de l'Electeur Palatin, avec quelques autres petits Etats, tels que ceux-mêmes que le Duché d'*Aremberg*.

L'Electorat de Cologne s'étend le long du Rhin. La partie méridionale où se trouvent *Bonn* & *Andernach*, se nomme le Haut-Archevêché : le reste est appellé Bas-Archevêché. La Ville Impériale de *Cologne*, est du Cercle de Westphalie. Le Duché de Westphalie, & le Comté de *Rechbergsausen*, appartiennent à l'Electeur de Cologne : tous deux, quoique situés dans le Cercle de Westphalie, se rapportent à celui du Bas-Rhin.

L'Electorat de Trèves occupe toute la partie inférieure du cours de la Moselle, & est traversé par le Rhin. Celui de Mayence s'étend principalement le long du Mein, & est aussi traversé par le Rhin. Le Palatinat s'étend le long du Rhin & du Nèkre.

Remarquez dans le Cercle du Haut-Rhin, la Ville & le Territoire de *Fritzlar*, & dans le Cercle de Haute-Saxe, les Pays d'*Erichfeld* & d'*Jossen* : le tout appartient à l'Electeur de Mayence, & se rapporte au Cercle du Bas-Rhin.

ANALYSE
De la seconde Carte pour le détail de l'Allemagne.
§. I.
Etats du Cercle de Basse-Saxe.

L'ELBE traverse le Cercle de Basse-Saxe, à-peu-près par le milieu.

Nous voyons en deçà de ce Fleuve les Etats de la Maison de Brunswick, & l'Evêché d'Hildesheim, avec le Duché de *Magdebourg*, & la Principauté d'*Halberstadt*, appartenants au Roi de Prusse. Comme la Maison de Brunswick est partagée en deux branches, branche Electorale & branche Ducale, on distingue:

Etats de l'Electeur d'Hanovre, composés des deux Principautés de Calemberg & Grubenhagen, où sont situées les Villes d'*Hanovre*, *Hameln*, *Osterode*, *Gottingen* & *Munden*, ainsi que du Duché de *Lunebourg*, de celui de *Brême*, dont *Stade* est la Ville Capitale, & de celui de *Lawenbourg*.

Et Etats du Duc de *Brunswick* ou *Volfenbutel*, qui consistent dans le Duché de même nom, avec ses dépendances au Midi, où vous voyez *Bevern* & *Blanckenbourg*.

La Ville de *Brême* est Impériale. *Goslar*, au Midi de Volfenbutel, est une autre Ville Impériale.

Asou, Marquis d'Est, en Italie, eut deux fils. De Guelfe l'aîné, sont sortis les Princes de la Maison de Brunswick, & de Foulques, ceux de la Maison de Modene. Henri, surnommé le Lion, mort en 1195, étoit arriere petit-fils de Guelfe & l'unique rejetton de cette branche. Bernard septieme descendant d'Henri le Lion, & mort en 1434, se trouva dans le même cas. Ernest, l'un des petits-fils de Bernard, est mort en 1546. C'est dans sa postérité seule, que l'illustre Maison dont il s'agit, subsiste aujourd'hui. D'Henri, son fils aîné, sont sortis en ligne directe les Princes Auguste Jule Ernest, Ferdinand Albert I. Ferdinand Albert II. Charles, aujourd'hui Duc de Brunswick, & Charles Guillaume son fils. De Guillaume second fils d'Ernest sont sortis les Princes George, Jean Frédéric, Ernest Auguste premier Electeur, George Louis, Roi des Isles Britanniques & deuxieme Electeur, George Auguste, Roi des Isles Britanniques & troisieme Electeur, Frédéric Louis, Prince de Galles, & George-Guillaume Frédéric, Roi des Isles Britanniques & quatrieme Electeur d'Hanovre.

La partie du Cercle de Basse-Saxe, qui est au-delà de l'Elbe, renferme les deux Duchés de Holstein & de Mecklebourg.

Les différentes parties du Holstein, sont partagées entre le Roi de Danemarck, & le Duc de Holstein Gottorp. La Ville de *Kiell*, appartenante au Duc, est regardée comme la Capitale des Pays qui lui obéissent. *Gluckstadt* est la plus considérable de celles qui appartiennent au Roi. *Hambourg* est une Ville Impériale.

Il est à remarquer que la Maison des Rois de Danemarck & celle des Ducs de Holstein Gottorp, sortent d'une même tige. Leurs Ancêtres communs étoient Comtes d'Oldenbourg & de Delmenhorst. Ce fut vers le milieu du quinzieme Siecle, que Christian, fils de Thierri, Comté d'Oldenbourg, &c. fut élu Roi de Danemarck, de Norvége & de Suéde, & hérita du chef de sa mere, du Duché de Slefvick & du Comte de Holstein, qui dès-lors fut érigé en Duché. Frédéric, son second fils, & héritier de ses Couronnes, fut le pere de Cristian III. qui ne lui succéda qu'aux Couronnes de Danemarck & de Norvége: il eut un second fils nommé Adolphe. C'est du premier que descend la Maison Royale de Danemarck. Les Ducs de Holstein Gottorp, descendent du second. La Branche Royale de Danemarck a produit entr'autres branches particulieres, celle de Hol-

stein-Ploen, établie dans la Vagrie. La Branche de Holstein Gottorp, a produit celle d'*Eutin*, à qui appartient aujourd'hui l'Evêché de Lubec. La Ville de *Lubec* est Impériale.

La Maison des Ducs de Mecklebourg est partagée en deux branches. Le Duché de *Strelitz*, est le partage de la seconde branche, dite de Strelitz. Tout le reste du Mecklebourg, appartient à la branche aînée, dite de Schwerin. *Vismar*, *Rostock* & *Gustrow*, sont ici les plus considérables Villes à remarquer. La premiere appartient aux Suédois.

§. II.
Etats du Cercle de Haute-Saxe.

Ce sont principalement ceux des Maisons de Saxe, de Brandebourg, d'Anhalt, de *Schwarzbourg*, & de *Stolberg*. Ajoutez-y quelques Possessions du Roi de Suede, & de l'Electeur de Mayence, & les deux Villes Impériales de *Northausen* & *Mulhausen*.

En remontant l'Elbe depuis Magdebourg, on se trouve premierement sur les terres de la Maison d'Anhalt, dont les différentes branches ont chacune leurs Possessions d'où elles tirent leurs dénominations: ces Branches sont au nombre de quatre, Anhalt-*Dessaw*, *Bernburg*, *Cothen* & *Zerbst*.

Au sortir du Pays d'Anhalt, on trouve les Etats de l'Electeur de Saxe, composés principalement du Duché de Saxe & du Marquisat de Misnie: ce dernier comprend les Cercles de Misnie, de *Leipsick*, des Montagnes, du Voitgland & de *Neustadt*. A l'Occident du second, vous voyez une étendue de Pays où se trouvent les Villes de *Weissenfels*, *Mersburg* & *Zeiz*, qui appartenoient à autant de Branches particulieres sorties de l'Electeur Jean George I. & qui par l'extinction de ces différentes Branches, se trouvent, ainsi que tout le Pays en question & divers autres Territoires, au pouvoir de l'Electeur de Saxe.

L'Electorat de Saxe passa en 1422, de la Maison d'Anhalt dans celle qui le possede aujourd'hui. Frédéric le Pacifique, second Electeur de cette Maison, eut deux fils, Ernest & Albert. Les Guerres de Religion, dans lesquelles Jean Frédéric, petit fils d'Ernest, se trouva engagé, eurent pour lui les plus fâcheuses suites. Il perdit l'Electorat & la Misnie, qui dès-lors passerent de la famille dans celle d'Albert, qui a toujours continué de les posséder. La postérité de Jean Frédéric, s'est trouvée divisée en un grand nombre de Branches, qui aujourd'hui se reduisent à deux, la Branche de Veimar, & la Branche de Gotha, composée des Branches particulieres de Gotha, Meinungen, Hildburgausen & Salfeld. La Branche de Veimar étoit composée des Branches particulieres de Veimar & d'Eysenack: cette derniere s'étant éteinte en 1741, la premiere en a hérité. Cherchez les Villes de *Veimar*, *Gotha*, *Eysenack*, &c.

Les Etats de Brandebourg, au Nord de ceux de Saxe, comprennent l'Electorat, autrement la Marche ou Marquisat de Brandebourg. C'est dans la moyenne Marche, que se trouve *Berlin*, Capitale de tout le Brandebourg, qui renferme de plus les Pays appellés vieille Marche, nouvelle Marche, Marche d'Ucker, & Marche de Prignitz.

La Principauté de *Stein*, la Poméranie, proprement dite, la Cassubie, la Vandalie, & les deux Seigneuries de Lawenbourg & Butow, avec les Isles d'Usedom & Vollin, situées, à l'embouchure de l'Oder, composent la Poméranie Prussienne, que la Riviere de Pêne sépare de celle dite Suédoise, parcequ'elle appartient, ainsi que l'Isle de Ragen, au Roi de Suede.

Le Roi de Prusse, maitre de ce qu'on appelle ici les Etats de Brandebourg, a encore dans la Haute Saxe, quelques autres Possessions désignées sur cette Carte. Nous avons parlé de ce qui lui appartient dans la Westphalie & dans la Basse-Saxe. Voyez les Cartes de la Suisse, des Pays-Bas, & de la Bohême.

ANALYSE
De la troisieme Carte pour le détail de l'Allemagne.

§. I.
Etats du Cercle de Souabe.

LEs Etats de Bade, voisins de la France, appartiennent à une ancienne Maison qui se divise en deux Branches. Vous y voyez les Villes de *Bade*, *Rastadt*, *Dourlach*, &c.

La Maison d'Autriche, maîtresse des Pays nommés Brisgard & Ortenav, a encore dans la Souabe diverses autres Possessions le long du Nekre, autour du Lac de Constance, & sur le Danube, le tout désigné sous le nom général de Souabe Autrichienne, dont *Constance* est la plus considérable Ville. Son Evêque qui est Souverain & Prince de l'Empire, réside à *Mersebourg* : plus de cent, tant petites Villes que Bourgs & Villages, dépendent de sa Souveraineté.

Vous voyez le Duché de Virtemberg, qui est très-étendu. *Stutgard*, la Ville Capitale, est près du Nekre.

Au Nord du Virtemberg, se trouve le *Lowenstein*, Principauté, dont les Souverains possèdent le Comté de *Vertheim*, en Franconie. Remarquez vers l'Orient la Prevôté d'*Elvangen*, unie à l'Eglise de Treves, la Principauté d'*Ortingen*, & le Comté de *Papenheim*.

La Principauté de *Hohen-Zollern*, est au Midi du Virtemberg. Ses Princes, le Comte de *Hohenzollern*, & le Comte de *Sigmaringen*, sont d'une même Maison, mais de deux Branches différentes. La Maison de Hohen-Zollern, & celle de Brandebourg, tirent toutes deux leur origine de Rodolphe II. qui étoit Comte de Hohen-Zollern, dans le douzieme Siecle. Ce Comte eut deux fils, Frédéric IV. duquel sont sortis les Comtes de Hohen-Zollern, & de Sigmaringen, & Conrad I. dont les descendants ont premierement été, ainsi que lui, Burgraves de *Nuremberg*, en Franconie, & sont dans la suite devenus Electeurs de Brandebourg. On compte depuis Conrad, jusqu'à Frédéric, premier Electeur de Brandebourg, sept générations : il n'y en a que quatre de celui-ci à l'Electeur Jean George, dont nous parlerons plus bas.

En tirant vers le Midi, vous trouvez la Principauté de *Furstemberg*, qui s'étend depuis la Forêt noire, jusqu'au Lac de Constance. Au Midi sont les Terres de l'Abbaye de *S. Blaise*.

En vous éloignant du Lac de Constance, vers le Nord, vous trouvez le Comté de *Valdburg*, suivi à l'Est des Terres de l'Abbaye de *Kempten*, au Nord desquelles est la Principauté de *Mindelheim*, appartenante à l'Electeur de Baviere. Les Comtes de *Fuggers* ont leurs possessions au Nord de Mindelheim.

A l'Est de ces derniers Pays, vous trouvez l'Evêché d'*Ausbourg* qui s'étend le long du Leca & du Vertach. L'Evêque réside à *Dillingen*.

Le Cercle de Souabe renferme trente-une Villes Impériales. Celles qui se trouvent situées, soit sur le Danube, soit sur d'autres Rivieres qui y portent leurs eaux, étant en général du cours du Danube, seront ici distinguées de celles qui étant situées sur différentes Rivieres qui portent leurs eaux dans le Rhin, se rapportent au cours du Rhin.

Les Villes Impériales du cours du Danube, sont au nombre de treize ; il y en a huit à la droite, & cinq à la gauche de ce Fleuve. Les premieres, en commençant par les moins éloignées du Danube, sont *Buchau*, *Pfulendorf*, *Biberach*, *Ausbourg*, *Memingen*, *Leutkirchen*, *Kaufbeuren* & *Kempten* : les secondes sont *Ulm*, sur le Danube, *Giengen*, *Nordlingen*, *Hopfingen*, & *Dinkelspiel*.

Les Villes Impériales du cours du Rhin, sont au nombre de dix-huit : il y en a six, tant sur le Lac de Constance,

qu'au Nord de ce Lac. *Lindau*, *Buchorn*, & *Uberlingen* sont sur le Lac. *Vangen*, *Isni*, & *Ravenspurg*, sont au Nord. Il y en a trois dans l'Ortenau, *Offenbourg*, *Gengenhac*, & *Zell*. Vous en trouverez quatre sur le Nekre, *Rochreil*, *Eslingen*, *Hailbron* & *Wimpfen*. Les cinq qui restent, sont éloignées du Nekre : il y en a une à gauche, *Weil*, & quatre à droite, *Beutlingen*, *Gemund*, *Aalen*, & *Hall*.

§. II.
Etats du Cercle de Franconie.

Le Kocher Riviere qui passe à Hall, &c. coule premierement dans le Cercle de Souabe, & ensuite dans celui de Franconie : il traverse ici la Principauté de Hohnloe, appartenante à une Maison Souveraine divisée en deux principales Branches, dont une porte le nom de *Valdenberg*. Vous trouvez à l'Orient le Margraviat d'*Anspach*, dont les Souverains ou Margraves, sont ainsi que ceux de *Bareith*, de la Maison Electorale de Brandebourg. De vingt-trois enfants qu'eut l'Electeur Jean George, mort en 1598, trois seulement ont fait souche. De Joachim Frédéric, l'aîné, sont sortis les Electeurs de Brandebourg, actuels. De Christian le second, sortent les Margraves de Bareith. Ceux d'Anspach tirent leur origine du troisieme, qui s'appelloit Joachim Ernest.

Au Nord des Etats d'Anspach, vous trouvez l'Evêché de *Bamberg*, suivi à l'Occident de celui de *Wirtzbourg*. Il y en a un troisieme nommé l'Evêché d'*Aichstet*, qui est au Midi des mêmes Etats.

Mergentheim, Ville au Midi de *Wirtzbourg*, appartient à l'Ordre Teutonique, dont le Grand Maitre réside près de cette Ville dans le Château de Nerenheim.

La Ville & le Comté de *Keineck*, appartiennent en plus grande partie à la Famille des Comtes de Nassitz, qui furent élevés en 1674, à la dignité de Comtes de l'Empire. L'Evêque de *Wirtzbourg*, & le Landgrave de Hesse-Cassel, ont chacun une portion de ce Comté.

Ce n'est que depuis 1671, que Schwartzenberg, qui étoit un Comté, fut érigé en Principauté.

Il nous reste à parler des Villes Impériales de Franconie, qui sont au nombre de cinq, dont *Nuremberg*, est la plus considérable. Les quatre autres sont, *Schweinfurt*, *Rotenbourg*, *Weissembourg* & *Wausheim*.

§. III.
Etats du Cercle de Baviere.

L'Electorat de Baviere & l'Archevêché de *Saltzbourg*, sont les deux plus considérables Etats de ce Cercle. L'Evêché de *Ratisbonne*, l'Evêché de *Freisingen*, l'Evêché de *Passau*, & la Prevôté de *Berchtolsgaden*, sont les autres Etats distingués sur cette Carte. La Ville de Ratisbonne est Impériale.

L'Electeur Palatin est maitre du Duché de Nexbourg ; il l'est encore de la Principauté de *Sultzbach*, & d'autres Pays dans le Palatinat de Baviere.

Dans le haut Electorat de Baviere, vous avez à remarquer les Villes de *Munich* & *Burghausen*, où sont établies les deux Régences, dans lesquelles ce Pays est divisé. La basse-Baviere est de même divisée en trois Régences, qui sont celles de *Landshut* & de *Straubing*. Les Etats de l'Electeur de Baviere, comprennent, outre l'Electorat, la plus grande partie du Palatinat de Baviere.

Les Maisons Palatine & de Baviere, descendent, la premiere de Rodolphe, & la seconde de Louis le Sévere, tous deux fils de Louis, surnommé le Sévere, arriere petit-fils d'Othon le Grand, l'un des descendants de Léopold, Comte de Vitelspach, qui périt en 508, dans une bataille contre les Hongrois.

Etienne, quatrieme descendant de Rodolphe, mourut en 1444. Ses deux fils, Frédéric, & Louis surnommé le Noir, formerent deux Branches, dont l'aînée s'éteignit en 1666. Les trois fils de Wolfgang, arriere petit-fils de Louis le Noir, ont formé les Branches de Neubourg, de Deux-Ponts & de Birkenfeld. La premiere qui s'est partagée en deux autres Branches subsiste aujourd'hui dans celle dite de *Sultzbach*, qui soit puinée. La branche de Birkenfeld subsiste aussi. Celle de Deux-Ponts, qui a fourni des Rois à la Suede, est éteinte depuis environ neuf cinq ans.

De Louis le Sévere à Maximilien I. Electeur de Baviere, il y a neuf générations ; & de celui-ci à l'Electeur actuel ; il y en a cinq.

ANALYSE

De la quatrieme Carte pour le detail de l'Allemagne.

LE Cercle d'Autriche, seul représenté sur cette Carte, comprend divers Pays, tous appartenans à la Maison d'Autriche : excepté les Evêchés de *Trente* & de *Brixen*, dont les Evêques sont Souverains, sous la protection de cette Maison.

Nous considererons premiérement l'Autriche, qui se divise en haute & basse : c'est dans cette derniere, & sur le Danube, que se trouve la Ville de *Vienne*, résidence de leurs Majestés Impériales : cette Ville, l'une des plus considerables & des plus peuplées de l'Europe, n'est pas grande en elle-même ; mais les Fauxbourgs le sont extrèmement : la plûpart des Maisons ont jusqu'à six, sept étages, & elles ont presque la même profondeur en terre : on dit du Palais Archiducal, que dans sa construction, on a eu plus égard à la commodité qu'à la magnificence. Les principales Maisons de plaisance qu'on trouve autour de Vienne, sont l'ancienne & la nouvelle favorite, le Château d'*Ebersdorf*, celui de *Laxembourg* & celui de *Schonbrunn*. La Ville de *Bade* est renommée pour ses bains. *Neustad* est une Forteresse considérable, qui sert ordinairement de prison aux criminels d'Etats : il y a une Ecole Militaire établie en 1752, sur le pied de celle de Paris. Remarquez *Crems* : le Danube a dans le voisinage de cette Ville, une cataracte très-dangereuse. La Haute-Autriche étoit autrefois une dépendance du Duché de Baviere : elle fut en 1156, unie à l'Autriche : *Lintz*, la Capitale, située sur le Danube, passe pour une grande Ville bien batie.

La *Stirie*, au Midi de l'Autriche, est composée de trois parties, qui sont la Haute-Stirie, la Basse-Stirie, & le Comté de *Cilley*. *Gratz*, dans la Basse-Stirie, est la Capitale de tout le Pays : dans la Haute-Stirie, vous trouvez *Judenbourg*, qui en est la principale Ville.

La Carinthie divisée en haute & basse, a pour Capitale *Clagenfurt*, située dans cette derniere, où se trouvent de plus les Villes Episcopales de *Gurck* & *Lavamund*. Vous trouvez dans la Haute Carinthie, les Villes d'*Orenburg*, *Gmund*, *Saxbourg*, appartenant à l'Archevêque de Sultzbourg, *Villach*, &c. L'Empereur Henri II. qui fonda il y a environ sept cents ans, le Chapitre de Bamberg, lui fit aussi présent de seize Bailliages dans la Carinthie, du nombre desquels est Villach. On demande quelle seroit la résidence de l'Empereur s'il n'avoit point de Domaines particuliers : plusieurs Auteurs, & entr'autres Pufendorff, répondent que ce seroit Bamberg, dont l'Evêque pour lors résideroit à Villach.

La Carniole est au Midi de la Stirie & de la Carinthie. *Laubach*, la Capitale est une assez grande Ville bien bâtie & ornée d'un Château où résidoient les anciens Ducs de Carniole, dont la Maison est éteinte il y a déja fort longtemps. Le Vindismarck ou Marche des Vandales, depuis longtemps incorporé au Duché de Carniole, a pour Capitale *Metling* : entre cette Ville & *Rudolphs-Werd*, au Nord-Ouest, il y a une Contrée de quelques lieues d'étendue habitée par un Peuple nommé Usoques. Le Comté de *Gorice*, aussi uni à la Carniole, appartient à la Maison d'Autriche depuis 1525. La partie de l'Istrie que possede cette Maison, se rapporte pareillement à la Carniole ; vous y voyez *Triest*, qui est un Port franc. Le Commerce de l'Allemagne, avec les Pays du Levant, qui se faisoit autrefois par l'entrepôt de Venise, se fait aujourd'hui par celui de Trieste.

Le Tirol est le Pays le plus Occidental du Cercle d'Autriche *Inspruck*, la Capitale est regardée comme une très-belle Ville : on y a établi une Regence pour le Tirol & pour toute la partie des Pays Autrichiens qui s'étend delà

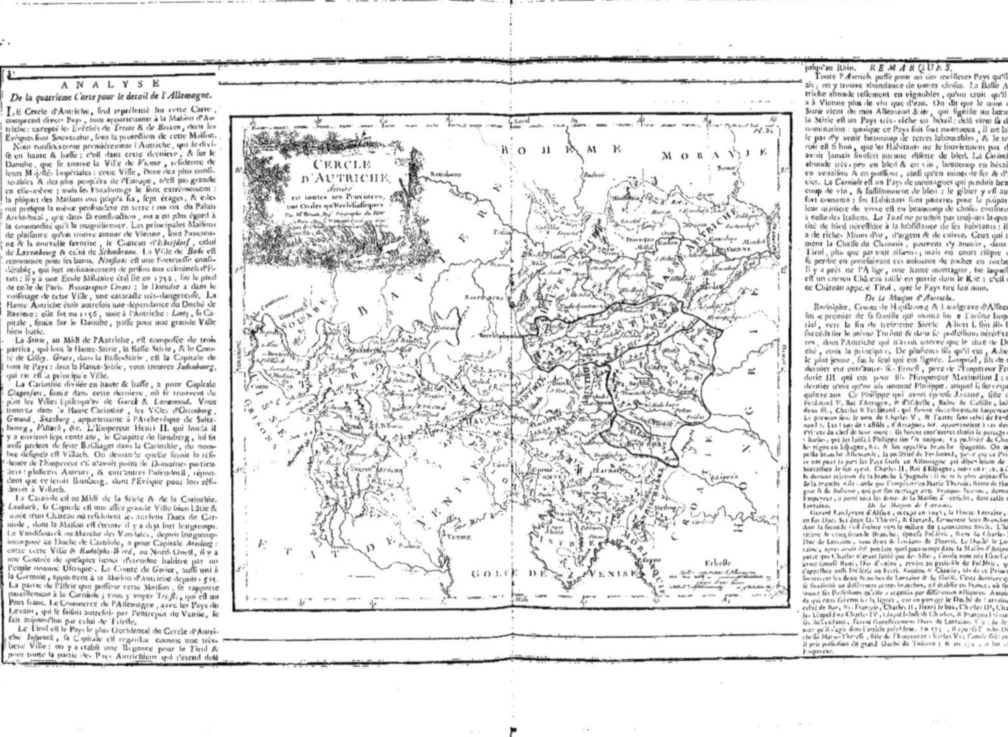

jusqu'au Rhin. **REMARQUES.**

Toute l'Autriche passe pour un des meilleurs Pays qu'il y ait ; on y trouve abondance de toutes choses. La Basse Autriche abonde tellement en vignobles, qu'on croit qu'il y a à Vienne plus de vin que d'eau. On dit que le nom de *Stirie* vient du mot Allemand *Stier*, qui signifie un bœuf : la Stirie est un Pays très-riche en bétail : delà vient sa dénomination : quoique ce Pays soit fort montueux, il ne laisse pas d'y avoir beaucoup de terres labourables, & le terroir est si bon, que les Habitans ne se souviennent pas d'y avoir jamais souffert aucune disette de bled. La Carinthie abonde très-peu en bled & en vin, beaucoup en bétail, en venaison & en poissons, ainsi qu'en mines de fer & d'acier. La Carniole est un Pays de montagnes qui produit beaucoup de vin, & suffisamment de bled : le gibier y est aussi fort commun : ses Habitans sont pauvres pour la plûpart : leur maniere de vivre est en beaucoup de choses conforme à celle des Italiens. Le Tirol ne produit pas toujours la quantité de bled nécessaire à la subsistance de ses habitans : il y a de riches Mines d'or, d'argent & de cuivre. Ceux qui aiment la Chasse du Chamois, peuvent s'y amuser, dans le Tirol, plus que par tout ailleurs ; mais on court risque de se perdre en poursuivant ces animaux de rocher en rocher. Il y a près de l'Adige, une haute montagne, sur laquelle est un ancien Château taillé en partie dans le Roc : c'est de ce Château appelé Tirol, que le Pays tire son nom.

De la Maison d'Autriche.

Rodolphe, Comte de Hapsbourg & Landgrave d'Alsace, fut le premier de sa famille qui monta sur le Trône Impérial, vers la fin du treizieme Siecle. Albert I. son fils lui succéda sur le même Trône & dans ses possessions héréditaires, dont l'Autriche qui n'avoit encore que le titre de Duché, étoit la principale. De plusieurs fils qu'il eut, Albert le plus jeune, fut le seul qui eut lignée. Leopold, fils de ce dernier eut entr'autres fils Ernest, pere de l'Empereur Frédéric III. qui eut pour fils l'Empereur Maximilien I : ce dernier n'eut qu'un fils nommé Philippe, auquel il survécut quinze ans. Ce Philippe qui avoit épousé Jeanne, fille de Ferdinand V. Roi d'Arragon, & d'Isabelle, Reine de Castille, laissa deux fils, Charles & Ferdinand, qui furent successivement Empereurs. Le premier sous le nom de Charles V. & l'autre sous celui de Ferdinand I. Les Etats de Castille, d'Arragon, &c. appartenoient à ces deux Princes du chef de leur mere : ils furent entr'autres choses le partage de Charles, qui les laissa à Philippe son fils unique, la postérité de Charles régna en Espagne, &c. & fut appellée branche Espagnole. On appella branche Allemande, la postérité de Ferdinand, parce que ce Prince eut pour sa part les Pays situés en Allemagne qui dépendoient de la Succession de son ayeul. Charles II. Roi d'Espagne, mort en 1700, a été le dernier rejeton de la branche Espagnole : il ne reste plus aujourd'hui de la branche Allemande que l'Impératrice Marie Therèse, Reine de Hongrie & de Bohême, qui par son mariage avec François-Etienne, dernier Empereur, a porté tous les droits de la Maison d'Autriche, dans celle de Lorraine. *De la Maison de Lorraine.*

Gerard Landgrave d'Alsace, occupa en 1048, la Haute-Lorraine, & en fut Duc. Ses deux fils Thierri, & Gerard, formerent deux Branches, dont la seconde s'est éteinte vers le milieu du quatorzieme Siecle. L'Héritiere de cette seconde Branche, épousa Frédéric, frere de Charles I. Duc de Lorraine, tous deux descendans de Thierri. Le Duché de Lorraine, après avoir été pendant quelques-temps dans la Maison d'Anjou, parce que Charles n'ayant laissé que des filles, l'ainée nommée Isabelle, avoit épousé René, Duc d'Anjou, revint au petit-fils de Frédéric, qui s'appelloit aussi Frédéric ou Ferri. Antoine & Claude, fils de ce Prince, formerent les deux branches de Lorraine & de Guise. Cette derniere qui se subdivisa en différentes autres branches, est établie en France, où sont tous ses Possessions qu'elle a acquises par différentes alliances. Antoine du qui sont successifs de la lignée, eut en partage le Duché de Lorraine, celui de Bar, &c. François, Charles II. Henri le bon, Charles III, Charles, Leopold ou Charles IV. Leopold-Joseph Charles, & François-Etienne, ses descendans, furent successivement Ducs de Lorraine. C'est de ce dernier qu'il s'agit dans l'article précédent. En 1731, il épousa l'Archiduchesse Marie-Therèse, fille de l'Empereur Charles VI, l'année suivante il prit possession du grand Duché de Toscane ; & en 1745, il fut élu Empereur.

ANALYSE.
De la Carte du Royaume de Bohême.

CEs Etats qui étoient anciennement sous la domination d'un seul Souverain, sont aujourd'hui le partage de plusieurs. La Bohême, la Moravie, & une partie de la Haute-Silésie, appartiennent à l'Impératrice-Reine. Le Roi de Prusse possède toute la Basse-Silésie & la plus grande partie de la Haute. L'Electeur de Saxe, est Maître de la Haute & Basse Lusace, excepté de quelques portions de la Basse qui sont possédées par le Roi de Prusse. *De la Bohême.*

Des dix sept districts ou Provinces dans lesquels on la représente ici divisée, il y en a cinq intérieurs, & douze que nous appellons extérieurs, parce qu'ils confinent aux Pays du dehors, sçavoir à l'Autriche, à la Bavière, à la Franconie, à la Saxe, à la Lusace, à la Silésie, & à la Moravie. Ces districts ou Provinces reçoivent leurs dénominations particulières des Villes & Lieux principaux qui s'y trouvent renfermés. Celui de Prague occupe le centre du Pays, & est l'un des six que nous appellons intérieurs: les cinq autres sont ceux de *Kaurfim*, de *Seltschau*, de *Beraun*, de *Rakonitz* & de *Schlan*. Quatre de ceux dits intérieurs, confinent aux Etats de Saxe, sçavoir *Leitmeritz*, *Saatz*, *Ellnbogen* & *Egra*. Ce dernier confine encore aux Etats de Bareith & au Palatinat de Bavière. *Pilsen*, est limitrophe des Etats de Bavière; *Pifeck* confine aux mêmes Etats, à ceux de l'Evêque de Passau & à l'Autriche; *Budweis* confine à ce dernier Pays & à la Moravie. *Czaslaw* & *Chrudim* confinent à la Moravie seulement. *Koniginggratz* confine à la Moravie & à la Silésie. *Jung-Buntzel* confine à la Silésie & à la Lusace. On donne à presque tous ces districts le nom de Cercle.

C'est dans le Cercle de *Koniginggratz* que l'Elbe prend sa source: il traverse entr'autres le Cercle de Leitmeritz, & coule delà dans les Etats de Saxe. La Moldau qui est la plus considérable Rivière particulière de la Bohême à sa source dans le Cercle de Pifeck; elle arrose la Ville de Prague, & porte ses eaux dans l'Elbe. L'Eger, autre Rivière à remarquer, y porte pareillement les siennes, & arrose les Villes d'Egra, Ellnbogen & Saatz. Ces Rivières en reçoivent quantité d'autres; & il y a dans tous les Pays de la Bohême un grand nombre d'Etangs: par-là le Poisson s'y trouve en extrême abondance. On fait sur-tout dans le Cercle de Kaurzim, une riche pêche de Saumons, parce que lorsque ces Poissons sont sur le point de frayer, ils sortent de la Mer & remontent l'Elbe jusques vers un lieu nommé Tina dans le Cercle en question, où ils déposent leurs fraye.

Les Bains de *Carlsbad*, dans le Cercle d'Ellnbogen, ceux de *Teplitz*, dans le Cercle de Leitmeritz, & ceux de *Kukusbad*, dans le Cercle de Koniginggratz, sont les plus renommés de la Bohême, qui en a un grand nombre d'autres; ses meilleures Eaux Minérales sont celles d'Egra. Il y a des Mines d'Or dans les Cercles de Prague, de Kaurzim, de Beraun, de Pifec, & de Budweis, ou Bechin. Les Mines d'Argent de Kuttenberg, dans le Cercle de Czaslaw, sont très-fameuses. Il y en a encore dans ceux d'Ellnbogen, & de Pilsen. Il y a aussi en différents endroits des Mines d'Etain & de Fer; mais il n'y a nulle part, ni Salines, ni Mines de Sel.

La Bohême est de toutes parts environnée de hautes montagnes, qu'on appelle en général montagnes de Bohême. Le nom de *Montagne des Géants* se donne particulièrement à la partie de cette chaîne qui règne du côté de la Silésie.

De la Moravie.

Elle est divisée en 6 Cercles qui reçoivent leurs dénominations des Villes d'*Olmutz, Brinn, Iglau, Znaim, Hradisch* & *Prerau*. Du Cercle d'Olmutz dépendent, *Altstadt, Schonberg, Muglitz, Neustadt, Sternberg, Gewich* & *Prochnitz*. Ce Cercle

s'étend entre la Bohême & la Silésie.

Celui de *Preraw* qui est borné à l'Orient par la Silésie & la Hongrie, a sous sa dépendance *Leipnick, Friberg, Meseritz, Holeschau* & *Kremsir*.

Du Cercle de *Hradisch* borné au Midi par la Hongrie, dépendent *Zlin, Ungarisch Brod* & *Strasnitz*.

Le Cercle de *Brinn* est borné au Midi par l'Autriche, *Eybenschitz, Letrovitz, Selowitz, Auspitz, Eibgrub* & *Nicholspurg*, sont de sa dépendance.

Le Cercle de *Znaim*, borné au Midi par l'Autriche, renferme *Kromlow, Fridling, Budwitz* & *Bitesch*.

Le Cercle d'*Iglaw*, borné à l'Occident par la Bohême, au Midi par l'Autriche, a sous sa dépendance, *Meserin, ...bitz, Tessch* & *Polna*, dont la Ville est en Moravie, & le Chateau sur les Terres de Bohême.

La Morava qui se rend dans le Danube est la plus considérable Rivière de la Moravie; elle passe à Olmutz, & reçoit la Swarta qui passe à Brinn. Olmutz & Brinn sont les deux principales Villes du Pays: les Etats s'y tiennent alternativement.

De la Silésie.

Elle a long-temps été incorporée à la Pologne. Vers le milieu du douzième siecle, elle en fut séparée par l'arrangement que firent entr'eux les fils de Boleslas III, Roi de Pologne. Uladislas l'un d'eux eut la Silésie, & ses descendans la partagèrent en diverses Principautés qui furent Feudataires de la Pologne, jusqu'à ce que Venceslas, Roi de Bohême, qui, en 1300, fut élu Roi de Pologne, les rendit toutes Feudataires de la Bohême.

Le long des Frontieres de la Lusace, de la Bohême & de la Moravie, vous trouvez les parties suivantes, tant de la Basse que de la Haute Silésie; 1°. les Duchés de *Crossen*, de *Sagan*, de *Javer*, de *Schweidnitz*, de *Munsterberg*, & le Comté de *Glatz*, appartenans à la Basse-Silésie; 2°. les Duchés de *Jagerndorf*, de *Troppau* & de *Teschen*, composans la Silésie Autrichienne, & appartenans à la Haute Silésie.

Le long des Frontieres de la Pologne, se trouvent les Duchés de *Glogau* & de *Volau*, les Seigneuries de *Tranchenberg*, de *Militsch* & de *Wartenberg*, & le Duché de *Brieg*, dans la Basse-Silésie; le Duché d'*Oppeln* & la Seigneurie de *Pless* dans la Haute-Silésie.

Les parties que nous venons de distinguer, sont au nombre de dix-sept, douze dans la Haute, & cinq dans la Basse-Silésie. Nous en avons encore cinq à remarquer, sçavoir les Duchés de *Breslau* & de *Lignitz*, avec la Seigneurie de *Ander-Beuge*, dans la Basse-Silésie, & les Duchés de *Neiss* & *Ratibor*.

L'Oder qui a sa Source près des Frontieres de la Moravie, coule dans les Duchés de Teschen, de Ratibor, d'Oppeln, de Brieg, de Breslau, de Volau, de Glogau & de Crossen; de là, il coule dans la Lusace, & dans l'Electorat de Brandebourg.

Les Villes de Breslau, de Lignitz, & de Schweidnitz, sont les plus considérables & les plus belles de la Silésie. Breslau est la Capitale de toute la Silésie Prussienne.

C'est à Breslau qu'a été conclu le 10 Juin 1742 le Traité par lequel la Cour de Vienne cède au Roi de Prusse & à ses Successeurs, toute la Basse Silésie & la Haute en plus grande partie, avec les Ville, Château & Comté de Glatz, qui alors dépendaient de la Bohême; traité qui a été confirmé par ceux de Dresde, du 25 Décembre 1745, & d'Aix la Chapelle du 18 Octobre 1748. *De la Lusace.*

C'est vers ... qu'elle est devenue une annexe de la Bohême. En ... l'Electeur de Brandebourg fit l'acquisition de quelques Villes dans la Basse Lusace: il les possède encore. Toute la Haute-Lusace, & la Basse plus grande partie, appartiennent depuis 1635, à l'Electeur de Saxe. Vous remarquez dans la première les Villes de Bautzen, Gorlitz, Zittau, &c. Les Villes de Lubben, Lucau, Guben, &c. dépendent de la partie de la Basse-Lusace, que l'Electeur de Saxe possède: celle qui appartient à l'Electeur de Brandebourg, Roi de Prusse, est ici distinguée en trois Territoires, dont le plus étendu renferme les Villes de Cotbus & Peitz; le second est au Nord, & vous y trouvez Storkau & Bieskow: le troisième à l'Orient, renferme Sonnenfeld.

ANALYSE.
De la Carte du Royaume de Hongrie.

VERS la fin du neuvieme siecle, les Bulgares, les Valaques & les Hongrois sortent de la Tartarie Asiatique, & font une irruption en Europe. Les premiers s'emparent des Pays situés le long du Danube & de la Mer noire. Les Hongrois vont plus avant en remontant le Danube, & donnent au Pays où ils se fixent le nom de *Hongrie*. Dès l'an 1000, ce Pays est honoré du titre de Royaume, & le Christianisme s'y établit. après l'extinction de la Famille des premiers Rois, le Thrône est occupé par des Princes de la Maison de France, auxquels succedent des Princes de différentes autres Maisons. *Ladislas*, fils de *Casimir IV*, Roi de Pologne, est en 1471, élu Roi de Bohême. Les Etats de Hongrie lui déferent pareillement leur Couronne quelques années après. Louis II, son fils & successeur, meurt dans le Célibat. Une Sœur lui survit. Elle avoit épousé l'Archiduc *Ferdinand*, tige de la Branche Allemande d'Autriche, qui depuis 210 ans occupe le Thrône Impérial d'Allemagne. La Hongrie & la Bohême ont pour Roi ce même Ferdinand, auquel succede *Maximilien* son fils. *Rodolphe*, fils aîné de ce dernier, devient Roi. *Mathias*, second fils, le devient ensuite, & transmet les Couronnes de l'Empire, de Hongrie & de Bohême, à *Ferdinand* II, *Ferdinand* III, & *Léopol*, ses fils, petit-fils & arriere petit-fils. *Léopol* a deux fils, *Joseph* & *Charles*, qui lui succedent l'un après l'autre. *Marie Thérese*, aujourd'hui Reine de Hongrie & de Bohême, est fille de Charles, Empereur sous le nom de Charles VI, & mort en 1746.

La Carte que l'on a sous les yeux présente la *Hongrie* divisée en *Haute & Basse*, la *Transilvanie*, le *Banat de Temesvar* dépendant de la Haute Hongrie, la *Slavonie*, la *Croatie*, & la *Morlaquie*; c'est le tout ensemble qui forme le Royaume actuel de Hongrie, qui est borné par diverses parties de l'Allemagne, de la Pologne & de la Turquie.

De la Hongrie.

Le Danube y coule d'abord de l'Occident vers l'Orient, & sépare la Haute Hongrie d'avec la Basse Hongrie: il dirige ensuite son cours du Septentrion au Midi, & jusques vers Colocza, il sépare encore la Haute d'avec la Basse Hongrie: cette derniere s'étend ici au-delà du Danube, & est bornée par la Theys qui coule entr'elle & le Banat de Temesvar.

La Haute & la Basse Hongrie comprennent ensemble cinquante-trois Comtés ou Palatinats. En suivant le cours du Danube, nous trouvons premierement la Ville de Presbourg; ici réside le Vice-Roi de la Hongrie; cette Ville peuplée d'Allemands & de Hongrois, n'est pas d'une étendue considérable, mais elle a de grands Fauxbourgs. Vous voyez plusieurs Isles que le Danube forme en cet endroit: la plus grande est l'Isle de Schut qui renferme quantité de Marais. Au-delà de ces Isles, vous trouvez Gran, Ville dont l'Archevêque a la Primatie du Royaume. Bude, ci-devant Capitale du Royaume, se trouve ensuite; à l'opposite est la Ville de Pesth: ces deux Villes communiquent par un Pont de Bateaux.

Presbourg, Gran & Pesth donnent leurs noms à autant de Palatinats. Il en est de même des Villes de Styger, Talna, Vesprin, Albe-Royale, ou Stulweissembourg, Raab ou Javarin, Sopran ou Edenbourg, & Sarvar, toutes situées dans la Basse Hongrie; ainsi que ric celles qui suivent, Camara, Neitra, Schemnitz, Trencsin, Arva, Ungvar, Zemplin, Harnad, Zacmar, Zolnik, Ciongrad, Csanad, Arad & Temesvar, qui sont situées dans la Haute Hongrie. Remarquons encore les Villes suivantes qui dépendent, sçavoir, Karmend, du Palatinat de Sarvar; Waca & Kerkemet, du Palatinat de Pesth, Neuhausel & Leopolstadt, du Palatinat de Neitra; Tokai renommé par

ses excellents vins, du Palatinat de Zemplin; Zegedin, du Palatinat de Csongrad; Karansebes, Vilepanka, Lugos, &c. du Palatinat de Temesvar.

Les Villes de *Cassovie* ou *Coshau*, *Agria* ou *Erlau*, *Eperier*, *Leutch*, *Rosemberg*, *Cremnitz*, *Filtrk*, *Adenhacz*, *Nagi-Stolos*, *Sigel*, *Grosvardin*, *Berestinze* & *Giula*, dans la Haute Hongrie; *Bude*, *Colocza*, *Baja*, *Peter-Vardein*, *Pecz* ou *Cinq-Eglizes* & *Canisse*, dans la Basse Hongrie, appartiennent à autant de Palatinats différents qui reçoivent leurs dénominations de Villes & Châteaux dont les noms ne se trouvent point ici. Nous n'en ferons connoître que quelques-uns. Le Palatinat où est Cassovie, qui est une des plus considérables Villes de la Haute Hongrie, se nomme le Palatinat d'Abanivar; celui où est Agrin, se nomme Palatinat d'Heves; ceux où sont Gros-Vardin, Baste, Colocza, Baja, Cinq-Eglizes & Peter-Vardein, sont les Palatinats de Bihar, Pilts, Solth, Baez, Barania & Bodrog. La Ville de Peter-Vardein est dans la Basse Hongrie; la Forteresse de cette Ville est de l'autre côté du Danube dans la Slavonie.

On appelle *Cumanie*, cette partie de la Haute Hongrie qu'habitent les Cumaniens & les Gyaziges, reste des anciens Peuples connus sous ces noms dans l'Histoire. Pline & plusieurs autres Auteurs, font mention des *Serbes*, dont la race subsiste encore dans la Basse Hongrie. Au midi de Colocza, entre le Danube & la Theys est le Pays qu'habitent les *Pandoures*: ce sont des Serbes auxquels on a donné ce nom, qui est celui d'un des lieux qu'ils habitent, situé dans le Palatinat de Batz. Peter-Vardein, & quelqu'autres Villes, sont habitées par des Pandoures; mais le plus grand nombre ont leurs demeures sur les montagnes & dans les forêts.

De la Transilvanie.

Le nom de Transilvanie signifie au-delà des forêts, & il est donné au Pays dont il s'agit, relativement à ce qu'il est entouré de hautes montagnes toutes couvertes de bois. Il est habité par des *Hongrois*, des *Saxons*, des *Sicules* & des *Valaques*. Les Sicules qui descendent des anciens Peuples nommés *Huns*, occupent les parties voisines de la Moldavie, Province de Turquie: leurs assemblées se tiennent à *Udvarheli*. Les Contrées occupées par les Saxons, sont du côté de la Valaquie, autre Province de la Turquie: on y voit *Hermenstade*, qui à cause de l'assemblée des Etats qui s'y tient, & de la résidence du Gouverneur de la Transilvanie, est regardée comme la Capitale de ce Pays. *Cronstat* à l'Orient, est une Ville peuplée d'Allemands; il y a aussi des Hongrois & des Valaques, à qui il n'est permis d'habiter que les Fauxbourgs. On comprend sous le nom de Hongrois Transilvains, les Hongrois de nation, les Moldaves, les Valaques & les Sarrasins qui habitent les parties voisines de la Hongrie. *Albe-Julie* ou *Weissenbourg*, résidence des anciens Princes de Transilvanie, est ici la principale Ville à remarquer.

De la Slavonie, de la Croatie, & de la Morlaquie.

Le Danube & la Drave séparent la Slavonie d'avec la Hongrie: la Save coule au Midi, & la sépare de la Servie & de la Bosnie, Provinces de la Turquie d'Europe.

La Save passe par le milieu de la Croatie, dont partie est sous la domination Turque.

Villes de la Slavonie.

Essek, sur un bras de la Drave est la plus considérable. Vous trouvez à l'Orient sur le Danube, la Ville & le Château d'*Illoc*, la Forteresse de *Peterverdein*, & le fameux bourg de *Carlovitz*. *Possega* & *Gradisca*, autres Villes à considérer. Celle de *Sirmia* est remarquable par divers Conciles qui s'y sont tenus.

Une partie de la Slavonie, porte le nom de petite Valaquie, parceque les peuples qui l'habitent sont Valaques d'origine.

Villes de la Croatie.

Carlstadt, Capitale, a été bâtie en 1579. La Riviere qui y passe, se nomme la Kolp. *Zagrab* ou *Agram*, au Nord, est une Ville forte sur la Save: il y a une Université. Cette partie de la Croatie qui est au Nord de la Save, est communément désignée par le nom de Haute Slavonie. Vous voyez *Bihacz*, qui est la principale Ville de la Croatie Turque.

ANALYSE.

De la Carte des États de Pologne & de Lithuanie, du Duché de Curlande, & du Royaume de Prusse.

LA Grande Pologne, la Petite Pologne, la Russie Polonoise à l'Orient de la Petite Pologne, & la Prusse Polonoise au Nord de la Grande Pologne, font ce qui compose l'État Polonois.

La Pologne & la Lithuanie, quoiqu'unies sous un même Souverain, sont deux États distincts.

La Lithuanie est, ainsi que la Pologne, un État Monarchi-que & Républicain. Les Couronnes de ces deux États n'en sont qu'une, étant sur la tête du même Souverain. Il n'en est pas ainsi des Républiques, qui cependant sont alliées.

C'est le Corps des Grands & des Nobles, tant de la Polo-gne que de la Lithuanie, qui à chaque vacance du Thrône, nomme le nouveau Roi, qui ne fait que partager avec ce Corps, l'autorité Souveraine.

Chacune des parties qui composent l'État Polonois ou Royaume de Pologne, est divisée en un certain nombre de Palatinats. Vous en trouvez neuf dans la Grande Pologne, quatre dans la petite Pologne, six dans la Russie Polonoise, & quatre dans la Prusse Polonoise, ce qui fait en tout vingt-trois Palatinats.

L'État de Lithuanie, qui a titre de Grand Duché, com-prend huit Palatinats. La Starostie de Samogitie, & le Palatinat de la Livonie Polonoise, en sont des nombres.

Le Roi dans les affaires importantes, ne peut agir que de concert avec le Sénat, qui est composé de 144 Membres, du nombre desquels sont les Palatins de Pologne & de Lithuanie.

Il est des affaires d'une telle importance, qu'elles exigent le concours de toute la Noblesse. Alors il se tient dans chaque Palatinat, une Assemblée ou Diette particulière, dans la-quelle on nomme les Députés pour la Diette Générale. Le pouvoir de ces Députés est tel, que l'opposition d'un seul aux Délibérations de la Diette, suffit pour la faire dissoudre. Les Dietes générales se tiennent alternativement en Pologne, & en Lithuanie.

Au Nord de la Lithuanie, est le Duché de Curlande, dont le Souverain est Feudataire du Roi & de la République de Pologne.

Le Royaume de Prusse est au Nord de la Grande Pologne, & contigu à la Prusse Polonoise du côté de l'Occident.

Villes Capitales des Palatinats qui competent le Royaume de Pologne, & le Grand Duché de Lituanie.

I. Dans la Petite Pologne.

Cracovie, Sandomir & Lublin. Les deux premières sont situées sur la Vistule : la troisième en est éloignée. Toutes trois don-nent leurs noms aux Palatinats qui les renferment, & en sont les Capitales.

Bialsk, au Nord de Lublin, est la Capitale du Palatinat de Podlaquie.

II. Dans la Grande Pologne.

Les Villes de *Kalisz, Sirade, Lencisc, Rava, Plock, Wac-lau & Brzese,* donnent leurs noms à autant de Palatinats dont elles sont les Capitales.

Pósen est la Capitale du Palatinat de Posnanie.

Ma forte sur la Vistule, est la résidence ordinaire des Rois de Pologne, & la Capitale du Palatinat de Masovie. La Diette pour l'Élection des Rois, se tient à une demi-lieue de cette Ville, en pleine Campagne.

Dans la Prusse Polonoise.

Culm & Marienbourg, Capitales des Palatinats de mêmes noms.

Dantzick, l'une des plus considérables Villes de l'Europe, pour sa grandeur, ses richesses & son Commerce, Capitale

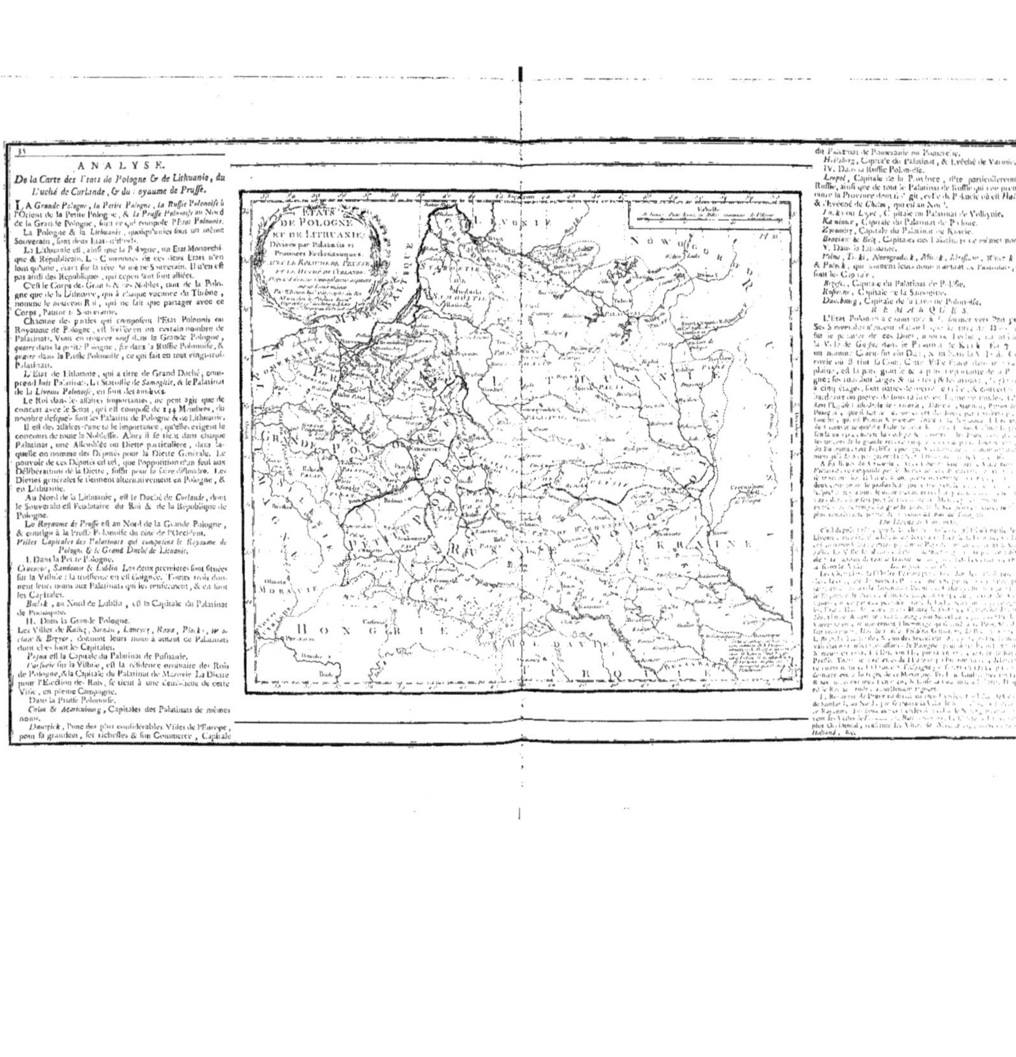

du Palatinat de Pomeranie ou Poméralie.

Heilsberg, Capitale du Palatinat, & Évêché de Varmie.

IV. Dans la Russie Polonoise.

Leopol, Capitale de la Province, dite particulièrement Russie, ainsi que de tout le Palatinat de Russie qui comprend, outre la Province dont il s'agit, celle de Podlasie où est *Halicz* & l'Évêché de Chelm, qui est au Nord.

Luczko ou Lucec, Capitale du Palatinat de Volhynie.

Kaminiec, Capitale du Palatinat de Podolie.

Zytomir, Capitale du Palatinat de Kiovie.

Braclaw & Belz, Capitales des Palatinats de mêmes noms.

V. Dans la Lituanie.

Vilna, Troki, Novogrodeck, Minsk, Mscislaw, Witepsk & Polock, qui donnent leurs noms à autant de Palatinats, et sont les Capitales.

Brzesc, Capitale du Palatinat de Podlasie.

Rossienie, Capitale de la Samogitie.

Dunebourg, Capitale de la Livonie Polonoise.

REMARQUES.

L'État Polonois a commencé à se former vers l'an 550. Ses Souverains n'eurent d'abord que le titre de Ducs. [...] fut le premier de ces Ducs, [...] Cracovie où il tint la Cour. Cette Ville [...] dans une vaste plaine, est la plus grande & la plus importante de la Polo-gne ; ses maisons larges & autres [...] à cinq étages, sont bâties de pierre [...] & couvertes [...]

ANALYSE.
De la Carte du Royaume de Danemarck.

I. A presqu'Isle de *Jutland*, connue des anciens, sous le nom de *Cherfonese Cimbrique*, est une portion de ce Royaume, & comprend deux parties, le Sud-Jutland ou Duché de Slefwick, & le Nord-Jutland, composé de quatre Provinces ou grands Quartiers, dont le plus Septentrional, est le Diocèse d'*Alborg*, au Midi, duquel sont situés les trois autres ; sçavoir le Diocèse de *Wiborg* ; à droite, le Diocèse d'*Aarhus* ; & à gauche, le Diocèse de *Rypen*. Les autres parties du Royaume, sont différentes Isles situées à droite & à gauche du Jutland : les premieres occupent l'entrée de la Mer Baltique. Remarquez celles de *Zeland* & de *Fionie*, qui sont les deux plus grandes, ainsi que le détroit qui les sépare, qu'on appelle le *Grand Belt*. L'Isle de *Zéland* est fort près des Côtes de la Suède. Le *Sund*, détroit qui en fait la séparation, est important à connoître. L'Isle de Fionie se trouve adjacente aux Côtes du Jutland, dont elle est séparée par le Détroit appellé *petit Belt*.

Nous traiterons 1°. du Nord-Jutland, 2°. du Sud-Jutland, 3°. de l'Isle de Fionie, 4°. de l'Isle de Zéland, & 5°. des principales Isles des autres Isles du Danemarck.

Du Nord-Jutland.

Ce Pays est abondant en bleds, en fruits & en bestiaux. Tous les ans, il en sort environ quatre-vingt mille bœufs que l'on transporte dans les autres parties du Danemarck ; dans la Hollande, dans l'Allemagne, &c. La Contrée où se sont les plus grandes récoltes de bled, est le Diocèse d'Aarhus. Chaque année, on en fait passer dans les Pays Etrangers plus de cent mille tonneaux. Les plus beaux bœufs du Jutland, sont ceux du Diocèse d'Alborg. C'est aussi de cette Contrée que nous viennent les meilleurs chevaux Danois. Le Diocèse de Rypen, pour être le plus grand, n'est ni le plus fertile ni le plus peuplé. La Ville de Rypen, sa Capitale, & autrefois l'une des plus considérables du Nord, est aujourd'hui beaucoup déchuë. C'est un Port de cette Ville qu'on embarque les bœufs que la Hollande tire du Jutland. Tous les bœufs & chevaux qui doivent être transportés en Allemagne, passent par *Coiding*, Ville située à l'Orient de Rypen : les droits de péage qu'on y paie pour chacun, produisent annuellement au Roi, une somme d'environ 400000 écus.

Les Cimbres, peuple fameux dans l'Histoire par leurs guerres avec les Romains, habitoient le Nord-Jutland, & leur Ville Capitale étoit au lieu où se trouve maintenant *Viborg*, qui jouit de la même prerogative, & est le Siège du Conseil Souverain du Pays.

La Ville d'*Alborg*, au Nord, est surnommée la seconde Copenhague, à cause de ses maisons qui sont bien bâties, & de la politesse de ses Habitans : elle est située sur un bras de Mer qui pénetre fort avant dans l'intérieur du Pays : on tire de cette Ville beaucoup de choses utiles, & surtout des harangs en grande quantité.

Le Cap & la Ville de *Skagen*, occupent l'extrémité la plus Septentrionale : c'est, quand le temps est serein, un découvrir les montagnes de la Norvège. Les Habitans de Skagen, s'entretiennent du produit de la pêche.

L'entrée du bras de Mer qui regne entre les Côtes du Jutland, & celles de Suéde, est appellée par les Danois *Skagerrak*. Cette communication qui vient du langage des anciens peuples du Nord, signifie Marais, près de Skagen : les Hollandois l'appellent *Cattegad*, mot qui signifie trou de chat. Il y a en cet endroit un banc de sable qui commence au Cap Skagen, & s'étend deça fort avant dans la Mer. Ce

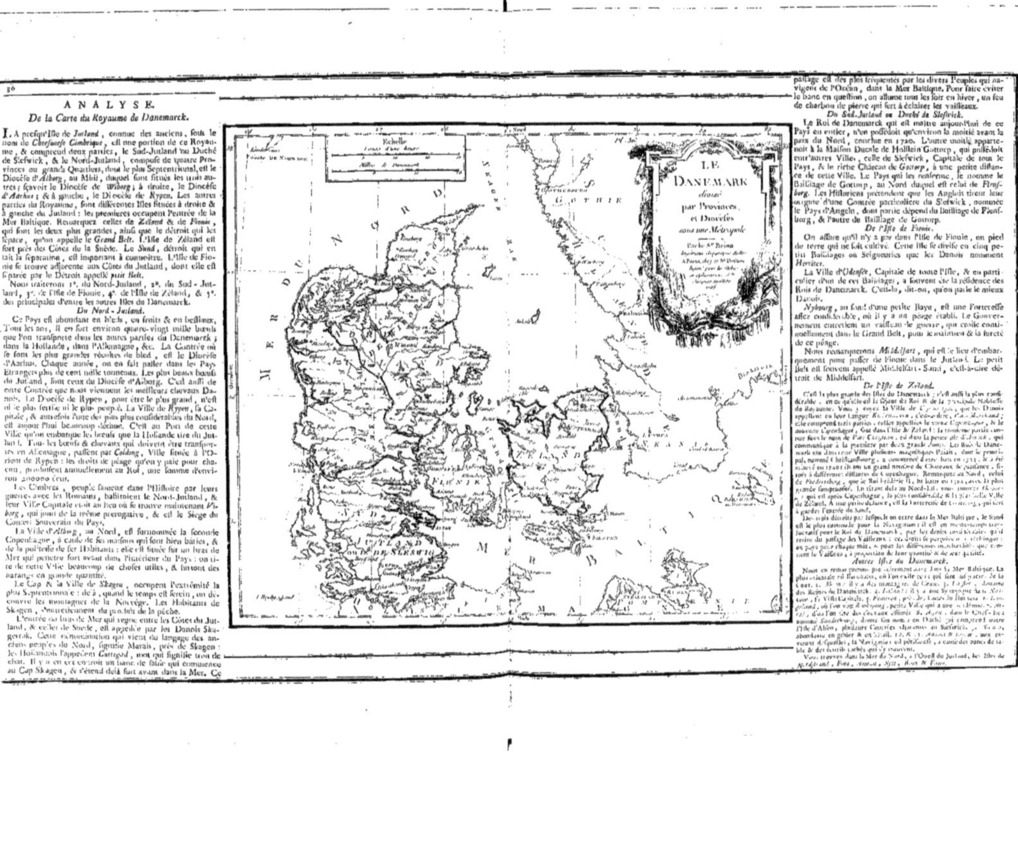

passage est des plus fréquentés par les divers Peuples qui naviguent de l'Océan, dans la Mer Baltique. Pour faire éviter le banc en question, on allume tous les soir en hiver, un feu de charbon de pierre qui sert à éclairer les vaisseaux.

Du Sud-Jutland ou Duché de Slefwick.

Le Roi de Danemarck qui est maître aujourd'hui de ce Pays en entier, n'en possédoit qu'environ la moitié avant la paix du Nord, conclue en 1720. L'autre moitié appartenoit à la Maison Ducale de Holstein Gottorp, qui possédoit entr'autres Villes, celle de Slefwick, Capitale de tout le Pays, & le vieux Château de Gottorp, à une petite distance de cette Ville. Le Pays qui les renferme, se nomme le Bailliage de Gottorp, au Nord duquel est celui de Flensborg. Les Historiens prétendent que les Anglois tirent leur origine d'une Contrée particuliere du Slefwick, nommée le Pays d'Angeln, dont partie dépend du Bailliage de Flensborg, & l'autre du Bailliage de Gottorp.

De l'Isle de Fionie.

On assure qu'il n'y a pas dans l'Isle de Fionie, un pied de terre qui ne soit cultivé. Cette Isle se divise en cinq petits Bailliages ou Seigneuries que les Danois nomment *Herriter*.

La Ville d'*Odensée*, Capitale de toute l'Isle, & en particulier d'un de ces Bailliages, a souvent été la résidence des Rois de Danemarck. C'est-là, dit-on, qu'on parle le mieux Danois.

Nybourg, au fond d'une petite Baye, est une Forteresse assez considérable, où il y a un péage établi. Le Gouvernement entretient un vaisseau de guerre, qui croise continuellement dans le Grand Belt, pour le maintien & la sûreté de ce péage.

Nous remarquerons *Middelfart*, qui est le lieu d'embarquement pour passer de Fionie dans le Jutland. Le petit Belt est souvent appellé Middelfart-Sund, c'est-à-dire détroit de Middelfart.

De l'Isle de Zeland.

C'est la plus grande des Isles du Danemarck ; c'est aussi la plus considérable, en ce qu'elle est le Séjour du Roi & de la principale Noblesse du Royaume. Vous y voyez la Ville de *Copenhague*, que les Danois appellent en leur Langue *Kiœbenhavn*, c'est-à-dire, Port Marchand ; elle comprend trois parties, celles appellées le vieux Copenhague, & le nouveau Copenhague, sont dans l'Isle de Zéland : la troisieme partie connue sous le nom de *Parc Christian*, est dans la presqu'Isle d'Amack, qui communique à la premiere par deux grands Ponts. Les Rois de Danemarck ont dans cette Ville plusieurs magnifiques Palais, dont le principal, nommé Christiansbourg, a commencé d'être bâti en 1733, & a été achevé en 1740 ; ils ont un grand nombre de Châteaux de plaisance, situés à différentes distances de Copenhague. Remarquez au Nord, celui de *Fredensborg*, que le Roi Frédéric II, fit bâtir en 1704, avec la plus grande somptuosité. En tirant delà au Nord-Est, vous passez *Elseneur*, qui est après Copenhague, la plus considérable & la plus belle Ville de Zéland. A une petite distance, est la Forteresse de Croneborg, qui sert à garder l'entrée du Sund.

Des trois détroits par lesquels on entre dans la Mer Baltique, le Sund est le plus commode pour la Navigation : il est en même-temps trè-lucratif pour le Roi de Danemarck, par les droits considérables qu'il retire du passage des Vaisseaux : ces droits se perçoivent à Elseneur ; on paye pour chaque mât, & pour les différentes marchandises que contient le Vaisseau, à proportion de leur quantité & de leur qualité.

Autres Isles du Danemarck.

Nous en remarquerons principalement dans la Mer Baltique. La plus considérable est Bornholm, où l'on exile ceux qui sont disgraciés de la Cour. 2. Alsen, il y a des montagnes de Craie. 3. Laland, domaine des Reines de Danemarck. 4. Falster, il y a une Synagogue dans Nicoping, sa Ville Capitale. 5. Femeren, près des Côtes du Holstein. 6. Langeland, où l'on voit Rodkoping, petite Ville qui a une académie. 7. Aroe, d'où l'on tire des chevaux estimés. 8. Alsen, dans le Chef-lieu nommé Sonderbourg, donne son nom à un Duché qui comprend outre l'Isle d'Alsen, plusieurs Contrées adjacentes au Slefwick. 9. Moen, abondante en gibier & en bétail. 12. &c. Anhout & Lessoe, aux environs desquelles, la Navigation est périlleuse, à cause des bancs de sable & des écueils cachés qui s'y trouvent.

Vous trouvez dans la Mer du Nord, à l'Ouest du Jutland, les Isles de Nordstrand, Fohr, Amrom, Sylt, Rom & Faro.

ANALYSE
De la Carte de Suède, de Norvége, &c.
ARTICLE PREMIER.
Du Royaume de Suède.

LA *Gothie*, la *Suéonie*, les *Nordelles*, la plus grande partie de la *Laponie*, la *Bothnie* & la *Finlande*, qui se subdivisent chacune en diverses Provinces, composent le Royaume de Suède.

I. Les Provinces de la *Gothie*, au nombre de huit, sont.

La *Scanie* à l'opposite de l'Isle de Zéland. Ici vous trouvez sur le bord du Sund, la Ville & Forteresse de Malmoe où réside le Gouverneur général de la Province. *Helsingborg* située sur le Sund, se trouve vis-à-vis la Forteresse de Croneborg. Ce qui rend les Danois, maîtres du Sund, c'est que ce Détroit est plus profond, & par conséquent plus navigable, le long des côtés de Zéland, que le long des côtes de *Scanie*. *Lund*, la plus considérable Ville de Scanie, est sur la même ligne, & à même latitude que Copenhague. On visite les Vaisseaux au Port de *Christianstadt* : la Ville de Christianstadt qui en est à quatre lieues, passe pour très-belle.

Les trois Provinces de *Bleckingie*, de *Smaland*, & de *Halland*, confinent à la Scanie : la première est un Pays montueux dont les Habitans trafiquent en Poix, en Suif & en Peaux. Vous y remarquez *Carlscron*, belle Ville bâtie en 1679. Son Port est fameux par la quantité de Vaisseaux qui s'y trouvent rassemblés, sur-tout en Hiver, parce que le dégel y arrive plutôt que dans les autres Ports du Royaume. Le nom de Smaland signifie beau Pays : l'ancienne langue Gothique, s'est conservée dans cette Province, dont *Calmar* est la principale Ville. Le bras de Mer qui regne entre le Smaland & l'Isle d'Oeland, se nomme *Sund de Calmar*. *Halm-Stad*, dans la Province de Halland, est une Ville aux environs de laquelle il croît beaucoup de Tabac, & où l'on fait une abondante pêche de Saumon.

Les Provinces de Scanie, Bleckingie & Halland, composent la *Gothie méridionale*, au Nord de laquelle, sont la *Gothie orientale*, ou *Ostro-Gothie*, & la *Gothie occidentale ou Westro-Gothie* ; la première, composée du *Smaland* & de l'*Ostrogothie* proprement dite, où vous voyez *Nickoping*, l'une des plus considérables Villes du Royaume ; la seconde, comprenant la *Dalie*, le Territoire de *Bahus* & la *Westro-Gothie*, proprement dite, où se trouve *Gothebourg*, la plus grande & la plus riche Ville de Suède, après Stockolm.

II. La *Sudermanie*, la *Néricie* & le *Vermeland*, Provinces qui confinent & à la Gothie orientale & à la Gothie occidentale, dépendent de la Suéonie. *Nikoping*, Capitale de Sudermanie, est l'endroit où, dit-on, l'on parle le mieux la Langue Suédoise. Le Commandant ou Capitaine de la Néricie fait sa résidence à *Orebro* ; on fabrique de très-bonnes armes dans cette Ville. *Carlstad*, Ville marchande, est la Capitale du Vermeland.

Considérons les Provinces d'*Uplande* & de *Vestmanie*. C'est dans la première que vous trouvés *Stockolm* & *Upsal* : cette dernière est la plus ancienne Ville du Royaume de Suède : la Fondation de Stockolm, aujourd'hui Capitale de ce Royaume, est du milieu du 13e Siecle. *Vesteras* est la principale Ville de la Vestmanie. Au Nord, tant de cette Province, que du Vermeland, se trouve la *Dalécarlie*, autre Province de Suéonie, traversée par la Riviere d'Osterdal : vous y remarquerez *Fablun*, où le Gouverneur du Pays fait sa résidence : cette Ville située entre des Montagnes, est une des plus grandes de la Suéde.

III. La partie appellée les *Nordelles*, est composée de six Provinces, dont quatre sont maritimes, sçavoir la *Gestricie*, l'*Helsingie*, la *Medelpadie*, & l'*Angermanie* : les deux autres, à

l'Occident de ces premieres, sont l'*Herdalie* & l'*Jempti*[e]. On commence à *Geste*, à *Hudwigswald*, à *Sundswald*, & à [Herno]sand, Capitales des Provinces maritimes. *Langa-Scha[ntze]* & *Frozon*, sont chefs lieux des Provinces d'Herdalie & Jem[ptie].

IV. De l'*Angermanie* & de l'*Jemptie*, vous passez [dans] cette partie de la *Laponie* qui dépend du Royaume de S[uède], & vous y remarquez les Rivieres d'*Angerman*, *Umea*, [Pitea,] *Lulea*, *Tornea* & *Kimi*. Les Suédois l'ont partagée en autan[t de] Gouvernemens, qui sont par conséquent au nombre [de six.] Ainsi, vous voyez le Gouvernement appellé *Angerman-Lap-Mark*, c'est-à-dire, *Gouvernement de Laponie*, le long [de la] Riviere d'*Angerman*. Les noms des cinq autres, compo[sés de] la même maniere, sont *Umea-Lap-Mark*, *Pitea-Lap-M[ark]*, *Tornea-Lap-Mark*, & *Kimi Lap-Mark*.

V. Sous le nom général de *Bothnie*, nous compren[ons la] *Vestro-Bothnie* ou Bothnie occidentale, l'*Ostro-Bothnie* ou [Bothnie] orientale, & la *Cajanie*. Faisons le tour du Golfe de Bo[thnie,] nous voyons les embouchures des six Rivieres de Lap[onie,] dont il vient d'être parlé, & aux embouchures de ces Ri[vie]res, les Villes d'où elles tirent leurs dénominations. C'est [dans] la Ville d'*Umea* que le Gouverneur ou Capitaine de la [Both]nie occidentale fait sa résidence. *Pitea* est la plus grande [Ville] de cette Province. *Tornea* est la plus commerçante. *Wa[sa est]* le Lieu le plus considérable de la Bothnie orientale. [Vous] trouvez encore sur cette côte le vieux Carleby, app[ellé] *Gamla-Carleby*, & le nouveau Carleby, appellé *Ny Ca[rleby]*. La Cajanie a pour Capitale *Cajanebourg*.

VI. La *Finlande*, comprend les trois Provinces mar[itimes] de *Nord-Finlande*, *Sud-Finlande*, & *Nyland*. Elle comp[rend] encore la *Tavastie*, la plus grande partie de la *Carelie*, [& la] Province de *Savolax* au Nord de cette derniere. La [plus] considerable Ville de toute la Finlande est *Abo* dans la [Sud-] Finlande. Les autres Lieux à remarquer, sont *Biorneborg* [dans] la Nord-Finlande, *Helsingfors* dans le Nyland, & *Tarest* [ ] dans la Tavastie. La Carelie Suédoise ou Finlandoise, [& le] Savolax, ne contiennent que des Bourgs & des Vill[ages,] dont les principaux sont ici marqués.

De la Norvége, de la Laponie Norvégienne ou Danoise, [& de] l'Islande.

Les Rois de Danemarck qui sont Souverains de la No[rvége,] depuis environ quatre siecles, l'ont fait gouverner par [des] Vice-Rois. En 1739, cette Vice-Royauté a été supp[rimée,] & l'on a établi à la place, quatre Tribunaux qui ont leurs sié[ges] à Christiania, à Berghen, à Christiansfan[d] & à Dronth[eim.] Ce sont leurs districts qui se trouvent ici représentés. C[elui] de *Christiania* qui est le premier, se nomme Gouverne[ment] d'*Aggerhus*, nom qu'il reçoit du Château où les Vice-R[ois de] Norvége faisoient leur résidence, & qui est près de Christ[iania.]

Le Gouvernement de *Christiansand*, autrement app[ellé] *Westerland*, est au Midi de celui de Berghen. Vous y v[oyez] *Scavanger*, Ville & Port de Mer.

Le Gouvernement de *Drontheim* est au Nord de celu[i de] Berghen. Dans les temps où la Norvége avoit ses Rois p[art]iculiers, la Ville de *Drontheim* étoit leur résidence, & la C[api]tale du Royaume.

Le *Fin-Marck*, autrement la Laponie Norvégienne ou D[a]noise, se rapporte au Gouvernement de Drontheim ; c'est le Pays le plus septentrional de l'Europe. *Wardhus* qui est [son] chef lieu, est au-delà du Cercle Polaire, vers 70 degrés [ ] minutes de latitude, & le commencement du 27e climat.

Vous voyez l'*Islande*, grande Isle dont les Habitans [sont] originaires de la Norvége. Le nom d'Islande signifie Pays [de] Glace. Le Gouverneur que le Roi de Danemarck entret[ient] dans cette Isle, réside à *Bested*, Château situé dans la p[artie] occidentale.

ANALYSE.
De la Carte de la Ruffie Européenne.

CETTE partie de l'Empire de Ruffie, est divisée en treize Gouvernemens. Vous en trouvez cinq autour de la Mer Baltique, qui sont, Gouvernemens de *Lettonie*, d'*Estonie*, de *Narva*, d'*Ingrie*, & de *Carelie*. A l'Est de ces cinq Gouvernemens, est celui de *Nowgorod*, autour duquel sont situés les Gouvernemens d'*Arcangel*, de *Moskow* & de *Smolensk*. Au Midi, se trouvent les quatre Gouvernemens de *Kiow*, *Belgorod*, *Woronefch* & *Afow*, & *Nifchnei-Nowgorod*.   *Lacs, Rivieres & Canaux.*

Le Lac *Ladoga*, entre les Gouvernemens de Nowgorod, d'Ingrie & de Carelie, est le plus grand Lac de la Ruffie & de l'Europe. Le Lac *Onega*, le Lac *Ilmen*, & plusieurs autres, sont renfermés dans le Gouvernement de Nowgorod. Vous en voyez dans les Gouvernemens de Lettonie, de Moscou & d'Arcangel. Le Lac *Peipus* est entre l'Estonie, la Lettonie & le Gouvernement de Nowgorod.

Vous remarquerez les différentes Rivieres, par le moyen desquelles, la Mer blanche communique à la Mer Baltique. Le Golfe de Finlande a une semblable communication avec le Golfe de Livonie.

De toutes les Rivieres qui ont leur cours dans la Ruffie, la plus confidérable est le *Volga*, dont vous trouvez les Sources dans le Gouvernement de Nowgorod : il coule dans ce Gouvernement, dans celui de Moskow, & dans celui de Nifchnei-Nowgorod ; de-là il continue son cours dans la Ruffie Afiatique, rentre dans la Ruffie Européenne, où il arrose les parties Orientales du Gouvernement de Woronefch : il en sort, coule de nouveau dans la Ruffie Afiatique qu'il ne quitte plus, & porte ses eaux dans la Mer Cafpienne.

Vous remarquerez l'*Oka*, qui a sa Source dans le Gouvernement de Belgorod ; cette Riviere qui se rend dans le Volga, près de la Ville de Nifchnei-Nowgorod, en reçoit diverses autres, telles que l'*Upa*, la *Moskwa*, le *Kjafma*, &c. que vous trouvez dans les Gouvernemens de Moskow & de Nifchnei Nowgorod.

Le *Don* & les différentes Rivieres qui y portent leurs eaux, ont leur cours dans le Gouvernement de Woronefch.

Vous voyez dans le Gouvernement d'Archangel, le cours entier de la *Dwina*, & des différentes Rivieres qui y portent leurs eaux. Les Rivieres de *Mefen* & de *Petpra*, coulent à l'Orient de la Dwina, & se rendent dans la Mer.

Paffez dans le Gouvernement de Smolensk : ici vous trouvez les Sources du Niéper, dont le cours se partage entre la Pologne, la petite Tartarie & la Ruffie ; il arrose dans cette derniere, les Gouvernemens de Smolensk & de Kiow.

Les Gouvernemens de Moskow & Nifchnei Nowgorod, se trouvent compris en entier dans le cours du Volga, qui renferme de plus quelques parties de ceux de Nowgorod, Arcangel, Belgorod & Woronefch.

Le Gouvernement de Woronefch presqu'en entier, & partie de celui de Belgorod, font du cours du Don.

Les deux Gouvernemens de Smolensk & de Kiow, sont entièrement du cours du Niéper, qui comprend encore une partie du Gouvernement de Belgorod.

Au fond du Golfe de Finlande, se trouve l'embouchure de la *Nera*. Remontez cette Riviere jusqu'au Lac de Ladoga. Arrivé à la Ville de Ladoga, vous trouvez l'entrée de la Riviere de *Wolchowa*, par le moyen de laquelle vous parvenez au Lac Baien. D'ici en suivant la Riviere de *Msta*, & le Canal qui joint cette Riviere à celle de *Twerza*, vous pouvez gagner le Volga, & paffer ainsi de la Mer Baltique, dans la Mer Cafpienne. C'est près de Wifnei - Wolotzoc, que se trouve le Canal en question. Celui qu'on appelle le grand

Canal, fait communiquer la Neva, avec le *Wolkowa* : il s'étend au Midi du Lac Ladoga, & occupe environ vingt lieues en longueur.

Villes Capitales des treize Gouvernemens de la Ruffie Européenne.

Riga, Capitale du Gouvernement de Lettonie, est une Ville de Commerce, & la plus grande de la Livonie, dont la Lettonie fait partie.

Revel, Capitale de l'Estonie, autre partie de la Livonie, est une Ville de médiocre grandeur. Il s'y tient tous les ans aux mois de Mai & de Septembre, des Foires très-fréquentées, particulièrement par les Anglois & les Hollandois.

Narva, petite Ville bien bâtie, & le Chef-lieu du Gouvernement de même nom, qui fait pareillement partie de la Livonie, est située sur une Riviere extrêmement rapide, qu'on nomme Vielka. Il y a une cataracte au-deffus de laquelle on est obligé de débarquer toutes les marchandifes, pour les conduire fur des chariots, à Narva qui n'en est qu'à deux lieues.

Peterfbourg, Capitale actuelle de tout l'Empire de Ruffie, & est en particulier de l'Ingrie. Cette Ville qui a été bâtie en 1704, par le Czar Pierre le Grand, s'éleve fur le Golfe de Cronstadt, au milieu de neuf bras de rivieres qui divifent fes Quartiers. Sa nombreufe population, fon Commerce, la magnificence de fes Edifices publics, & la fituation avantageufe, en font une des plus confidérables & des plus belles Villes de l'Europe. Il y a cinq Palais : celui qu'on appelle l'ancien Palais d'Eté, est fitué fur la Riviere de Neva, & bordé d'une immense baluftrade de pierre qui regne le long du Rivage. Le nouveau Palais d'Eté, près de la Porte triomphale, paffe pour un des plus beaux morceaux d'Architecture que l'on puiffe voir.

Wibourg est la Ville Capitale de la Carelie Ruffienne.

Nowgorod-Veliki ou *Grand-Nowgorod*, fitué près du Lac Ilmen, est une fort grande Ville, & la Capitale du Gouvernement de même nom.

Arcangel fait le Commerce de Pelleteries avec les Anglois, les Hollandois & les Hambourgeois ; les Contrées de la Ruffie qui s'étendent le long de la Mer blanche & de l'Océan glacial, ne furent connues des Européens méridionaux, que lors de la recherche qu'ils firent d'un paffage par les Mers du Nord & de l'Est, pour aller aux Indes Orientales. Ce font les Anglois qui ont eu la premiere connoiffance du Port d'Arcangel : ce font eux qui y ont le plus confidérable entrepôt.

Moskow. Cette Ville fituée fur un terrein moins froid & plus fertile que Peterfbourg, est au milieu d'une vaste & belle plaine fur la Riviere de Moskwa : elle a cinq Quartiers & cinq enceintes qui féparent ces Quartiers les uns des autres. On lui attribue environ fix lieues de tour ; mais le nombre de fes Habitans, quoique confidérable, n'est pas proportionné à cette étendue.

Smolensk est une grande Ville mal bâtie, que les Polonois ont cédée à la Ruffie, en 1654.

Kiow, autrefois *Kifovie*, est la feule Ville de Ruffie qui ait quelque antiquité : elle fut bâtie par les Empereurs de Conftantinople qui en firent une Colonie ; on y voit encore des Infcriptions Grecques de douze cents années.

Belgorod, Capitale du Gouvernement de même nom, est une Ville forte où l'on entretient une Garnifon confidérable pour s'oppofer aux petits Tartares.

Woronefch, fituée à l'embouchure de la Riviere de même nom, qui fe jette dans le Don ou Tanais, est le lieu où Pierre le Grand a fait conftruire fa premiere Flotte ; c'est de-là dont on n'avoit point encore d'Idée dans tous ces valtes Etats. La Ville d'*Afow* est à l'embouchure du Don.

Nifchnei-Nowgorod, Ville bâtie fur une hauteur, & dont le terrein est fertile.

ANALYSE.
de la Carte de la Turquie d'Europe.

CETTE partie de l'Empire Turc est composée 1°. des Provinces de *Romanie*, *Bulgarie*, *Servie*, *Bosnie*, & *Croatie Turque*, situées au Midi, tant du Danube, que de la Save; 2°. de la *Dalmatie*, partagée entre le Grand Seigneur, les Vénitiens & la République de Raguse; 3°. de la *Grèce* qui renferme l'Albanie, la Macédoine, l'Epire, la Thessalie, la Livadie, la Morée, & plusieurs Isles, dont quelques-unes appartiennent aux Vénitiens. 4°. De la *Valaquie* & de la *Moldavie*, Pays au Nord du Danube, qui ne sont point sous la puissance immédiate du Grand Seigneur, chacun d'eux ayant son Souverain particulier qui est Tributaire de cet Empereur; 5°. de la *petite Tartarie*, dont les Peuples sont distingués en *Tartares de Crimée*, *Tartares Nogais*, & *Tartares d'Oczakow* & de *Budziac*, qui habitent la Contrée nommée *Bessarabie*. Les Tartares Nogais sont un Peuple libre. Ceux de Crimée ont un Souverain appelé *Kan des petits Tartares*, qui est Tributaire du Grand Seigneur. Les Tartares d'Oczakow & de Budziac, ne dépendent des Turcs, qu'autant que ceux-ci se trouvent les plus forts.

Villes à remarquer.

Dans la Romanie.

Constantinople. C'est la Capitale de tous les Pays de la domination Turque. Il n'y a point de Ville dont la situation soit plus heureuse, ni qui offre à la vue une perspective plus charmante. La peste & le feu sont deux inconvéniens qu'on n'y éprouve que trop souvent. La malpropreté des Turcs est cause du premier; le second à lieu, parceque toutes les maisons sont de bois. On compte dans Constantinople trois mille sept cens soixante dix-sept rues, & sept cens mille habitans. Les Turcs en sont environ la moitié, les Chrétiens font les deux tiers de l'autre moitié, & les Juifs le reste.

Andrinople. Cette Ville située sur la Rivière nommée Marixa, comprend dans un circuit de près de quatre lieues, la Ville vieille & la nouvelle avec les Jardins. L'air y est plus pur qu'à Constantinople; c'est pourquoi le Grand Seigneur y réside assez souvent.

Trajanopoli, aussi sur la Marixa, est une Ville mal peuplée.

Galli-poli est une assez grande Ville située sur le détroit des Dardanelles. Il y a un bon Port & un Arsenal bien fourni; c'est la résidence du Bacha de la Mer ou Grand Amiral des Turcs.

En tirant vers la Bulgarie, vous trouvez *Philippopoli*, qui est une Ville fort raste; mais ouverte de tous côtés.

Sophie, grande Ville située dans une vaste plaine, est la résidence du Bacha ou Gouverneur de Romanie. L'air qu'on y respire est mal sain.

Nicopoli, Ville considérable sur le Danube, est remarquée dans l'Histoire par la Bataille sanglante qui s'y donna en 1390, entre les Turcs & les Chrétiens, & que ceux-ci perdirent.

Widin, Forteresse considérable, aussi sur le Danube, à l'Occident de Nicopoli.

Silistrie, autre Ville sur le Danube, est du côté de l'Orient.

Ter-novo. Nous remarquons cette Ville, à cause du passage qui se trouve près delà, pour aller à Philippopoli, & qu'on appelle la Porte de Trajan.

Dans les Provinces de Servie, Bosnie & Croatie Turque, vous remarquerez *Belgrade*, *Bamaluka* & *Bihacz*, Capitales de ces Provinces.

Dans la Dalmatie.

Zara, Ville de tous côtés environnée de la Mer, & qui n'est jointe au Continent que par un Pont, est la Capitale de la *Dalmatie Vénitienne*, qui renferme un assez grand nombre d'autres Villes. Vous voyez *Spalaro* & *Narenta*, qui en dépendent, ainsi que *Curzola*, dans l'Isle de même nom, où il y a une carrière de marbre, dont la plûpart des maisons de la Ville sont bâties.

Raguse, Ville maritime, est Capitale de la République de même nom, qui occupe une partie de la Dalmatie, avec les Isles de *Meleda* & de *Lagosta*. Son Gouvernement est aristocratique; & tous les mois elle change de Chef. Cette République, dont les Revenus sont très-modiques, ne laisse pas de payer un tribut annuel à diverses Puissances, au Grand Seigneur, aux Vénitiens, au Pape & à la Maison d'Autriche. Toute l'étendue de Pays qui lui est soumise, est appellée *Dalmatie Raguisenne*.

Misstar, est la Ville Capitale & la résidence du Bacha de la *Dalmatie Turque*.

Dans la Grèce.

Scutari, Capitale & résidence du Bacha d'Albanie, est une grande Ville bien peuplée. *Antivari*, *Dulcigno*, *Durazzo* & *Valone*, autres Villes à remarquer dans la même Province: la première est ainsi nommée, parce qu'elle est à l'opposite de Bari, Ville du Royaume de Naples.

Saloniki, Capitale de la Macédoine, est située au fond d'un Golfe qui en reçoit sa dénomination. Les Juifs qui sont en très-grand nombre dans cette Ville, en font presque tout le commerce, qui consiste principalement en soie. Remarquez au Sud-Est de Saloniki, le *Mont-Athos*, célèbre dans l'Histoire: aujourd'hui il est occupé par un grand nombre de Monastères, ce qui lui fait donner le nom de *Monte Santo*.

Delvino, Ville de l'Epire, est la résidence du Bacha de cette Province, dans laquelle les Vénitiens sont maîtres des Villes de *Butrinto*, *Prevesa* & *Arta*. L'Isle de *Corfou*, leur appartient pareillement, ainsi que celles de *Sainte Maure*, *Céphalonie* & *Zante*, situées au Midi.

Janna & *Larissa*, sur le Pénée, sont les principales Villes de la Thessalie.

Livadie, *Lepante*, *Thiva* & *Athènes*, sont les principales Villes que vous remarquerez dans la Livadie.

Corinthe, *Patras*, *Modon*, *Maina*, *Misitra* ou *Sparte*, *Napoli de Malvasie*, *Napoli de Romanie*, & *Argos*, Villes remarquables que renferme la Morée.

Dans la Valaquie & la Moldavie.

Bucarest, résidence du Souverain ou Hospodar de Valaquie, est une Ville d'assez grande étendue, mais mal bâtie. La Ville de *Tergovist*, au Nord, a été quelquefois la résidence de l'Hospodar: on y voit beaucoup de Marchands Turcs.

Jassi est la Capitale de la Moldavie, dont le Souverain porte pareillement le titre d'Hospodar.

Dans la petite Tartarie.

Oczakow & *Akerman*, sont Capitales, l'une du Pays occupé par les Tartares d'Oczakow, & l'autre de celui qu'occupent les Tartares de Budziac. La Ville de *Bender*, située sur le Niester, est la résidence du Bacha de Bessarabie.

Bakzerai & *Caffa*, sont les principales Villes de la Crimée; c'est dans la première que réside le Kan ou Souverain du Pays.

Les Tartares Nogais qui occupent le Nord de la Crimée, n'ont point de Villes, & ne font que camper, tantôt dans un lieu, tantôt dans un autre.

Isles de l'Archipel.

Candie, la plus grande de ces Isles, est à l'entrée de l'Archipel. *Negrepont*, autre grande Isle au Nord, est séparée du Continent par un détroit anciennement appellé l'Euripe. Entre ces deux Isles sont celles de *Tine*, *Naxia*, *Paro*, *Santorin*, *Milo*, &c. Au Nord de Negrepont, vous trouvez les Isles de *Skyros* & *Lemnos*. Le tout est de la Turquie d'Europe. Nous avons parlé ailleurs, de celles qui dépendent de la Turquie d'Asie.

ANALYSE
De la Carte générale de l'Asie.

1. LEs Villes de *Smyrne*, *Burse*, *Alep* & *Damas*, se voyent dans la partie nommée Turquie d'Asie. Le Pays particulier qui renferme les deux premieres, se nomme Natolie; celui où se trouvent les deux dernieres, se nomme Syrie, dont la partie méridionale, est connue sous le nom de Palestine ou Terre-Sainte : ici est la Ville de *Jérusalem*. Vous voyez encore les Villes d'*Erzerom*, *Betlis* & *Bagdat*. La Riviere qui arrose cette derniere, se nomme le Tygre. Le Tygre & l'Euphrate, Fleuves célèbres dans l'Ecriture-Sainte, ont leurs cours dans la Turquie d'Asie : ils se réunissent, & portent conjointement leurs eaux dans le Golfe Persique.

2. La *Mecque*, lieu célèbre par la naissance de Mahomet, est dans cette partie de l'Arabie, nommée l'Arabie heureuse : *Medine*, lieu de sa Sépulture, est au Nord de la Mecque. La partie méridionale de l'Arabie heureuse, se nomme l'Yemen; *Sanaa* en est la principale Ville. Vous voyez *Moca*, qui est le meilleur Port de toute l'Arabie : celui d'*Aden* étoit très-fréquenté avant que Moca devint aussi célèbre qu'il l'est. *Majeate* a un Port où se vendent les marchandises trop éloignées, pour être portées à Moca & au Port de la Mecque.

3. C'est dans l'Irac-Agemi, que se trouve la Ville d'*Ispahan*, Capitale du Royaume de Perse. On voit encore les Villes e *Tauris*, *Teflis*, *Chiras*, *Kerman*, *Candahar*, &c. qui sont Capitales d'autant de Provinces différentes. Le désaut de grandes Rivieres qui coulent dans l'intérieur de la Perse, est un grand obstacle à la communication des Villes, ce qui fait que l'on ne voyage dans ce Pays que par Caravane. Il y a dans toutes les grandes Villes, des Caravanseras : ce sont de longues files de bâtiments où les voyageurs trouvent une retraite sûre & commode.

4. Les Indes Orientale comprennent les deux presqu'Isles dont nous avons déja parlé, & l'Indostan ou Etat du Mogol. *Agra*, résidence ordinaire du Grand Mogol, en Hiver; est regardé comme la plus grande Ville du Levant. *Deli*, au Nord, est considérablement peuplé. Il y a dans toutes les rues d'*Amedabat*, des allées d'arbres, qui par leur ombrage temperent l'ardeur excessive du Soleil. *Surate* est un Port ouvert à toutes les Nations; mais les Anglois y ont le principal Comptoir, & en ont fait le centre de leurs opérations dans les Indes. *Goa*, Ville aux Portugais, bâtie dans une petite Isle, a été fort supérieur à ce qu'il est maintenant : Par ce cette Ville est très-mal fait. *Calicut* est la Capitale d'un Royaume, dont le Roi porte le titre de Samorin. *Cochin*, ainsi que plusieurs autres Villes situées le long de cette Cote occidentale, nommée Cote de Malabar, appartient aux Hollandois. La Cote opposée où se trouve *Pondicheri*, se nomme Cote de Coromandel; elle finit à *Orixa*, *Siam*, *Ava*, *Pegu*, *Aracan*, Capitales des Royaumes de mêmes noms, se trouvent dans la presqu'Isle, au-delà du Gange, de laquelle dependent encore les Royaumes de Camboge, de Cochinchine, de Laos, de Tunquin, & plusieurs autres. Les Rois de Siam & d'Ava, sont les plus puissants Souverains de ces Contrées : le second est maitre enfin du Royaume de Pegu. La Ville de *Malaca*, l'une des plus commerçantes des Indes, appartient maintenant aux Hollandois; elle étoit auparavant aux Portugais : l'air y est mal sain, ainsi que dans toute la presqu'Isle, dite de Malaca, où cette Ville est située.

5. Le vaste Empire de la Chine, dans lequel vous trouvez *Pékin*, *Nankin* & *Canton* qui en sont les principales Villes, est au Nord-Est de la presqu'Isle au-delà du Gange. Pékin, aujourd'hui Capitale de cet Empire, ne l'a pas été de tout temps; c'étoit Nankin qui jouissoit de cet avantage : elle ne tient actuellement que le second rang. Canton est la troisième Ville de la Chine, & le Port le plus fréquenté des Européens qui vont commercer en ce Pays. *Emoui*, à l'Est de Canton, est un autre Port où beaucoup de Marchands se rendent pour le Commerce particulier des toiles de coton. Canton est autant peuplé que Paris, & l'étoit encore aut beaucoup plus : on a de très-belles descriptions de cette Ville. Nankin surpasse, dit-on, Pékin, en ce que ses rues sont plus grandes & mieux ordonnées, les bâtiments plus solides, & qu'il a un plus grand nombre de Forts; mais Pékin la surpasse en nombre d'Habitants, de Soldats & de Magistrats; d'ailleurs si Nankin ne perd rien de son commerce, il perd de plus en plus du coté de la magnificence : Pékin, au contraire, ne cesse de s'embellir, à cause du séjour que les Empereurs y font. On y distingue l'ancien & le nouveau Pékin; le dernier est la demeure de l'Empereur, & de ceux de la Nation qui sont Tartares.

Les Tartares voisins de la Chine, ont de tout temps fait des incursions dans ce Pays. L'Empereur X... qui vivoit 215 ans avant J. C. les défit en plusieurs rencontres, & afin de mettre pour toujours son pays à l'abri de leurs incursions, il fit bâtir une muraille longue et importante qui subsiste encore, & regne le long des Frontieres Septentrionales.

6. La Turquie d'Asie, l'Arabie, la Perse, les Indes Orientales & la Chine, prises entr'elles, ne composent pas à beaucoup près la plus grande partie de l'Asie. Nous avons vu les principales Villes de toutes ces Contrées : ce sont celles de la grande Tartarie qui nous restent à voir.

Cette partie de la grande Tartarie qui est au Nord de la Perse & des Indes, est appelée Tartarie indépendante; à cause que les peuples qui l'habitent, sont libres ou ne dépendent que de Princes de leur Nation. Le Pays des Usbecs, composé de divers autres Pays particuliers, fait partie de cette Tartarie indépendante : on y voit les Villes de *Samarcand*, *Balk*, *Kazgar*, &c. qui sont Capitales d'autant de Royaumes. La Kalmakie à l'Orient, est un vaste Pays habité par une espece de Tartares nommés Eluths ou Calmouks; il y a un seul Souverain que l'on appelle Contaisch ou grand Kam des Eluths. *Hami* est le lieu de sa résidence.

La Tartarie Chinoise au Nord de la Chine, est partagée en Orientale & Occidentale. La premiere est habitée par une espece de Tartares nommés Mantcheoux. Les Tartares Mongales ou Mongous, habitent la seconde. Les Mantcheoux sont entièrement sous la domination de l'Empereur de la Chine; leur Pays est divisé en trois Gouvernements; on voit ici *Tçitçar*, qui est la Capitale de l'un d'eux. Les Mongales sont distingués en Mongales-noirs, & Mongales-jaunes ou Kalka; ceux-ci sont simplement sous la protection de l'Empereur de la Chine; les autres en sont tributaires.

La Tartarie Russienne, au Nord des Pays precedents, comprend une très-vaste étendue : on donne à la plus grande partie de cette étendue, le nom général de Sibérie. *Tobolsk* en est la Ville Capitale. *Argun*, *Narim*, *Jeniseisk* & *Jakutsk*, sont les autres lieux les plus remarquables de toute cette Contrée. Le Pays d'Astracan est dans le voisinage de la Perse & de la Turquie d'Asie. *Astracan*, Ville de commerce, en est la Capitale. Les Pays de Cazan & d'Orenburg, qui reçoivent leurs dénominations de leurs Villes Capitales, sont au Nord du Pays d'Astracan.

Nous avons déjà eu occasion de parler des mers, tant de la Méditerranée, que de l'Océan Oriental, qui se rapportent à l'Asie; nous en parlerons de nouveau en discourant sur les Cartes suivantes.

ANALYSE.

De la premiere Carte pour le détail de l'Asie.

LA Turquie Asiatique, la Perse, & l'Arabie, représentées sur cette Carte, nous fourniront trois différents articles.

Turquie Asiatique.

Les parties que l'on y distingue sont:

1. La *Natolie*, à laquelle se rapportent les Isles de *Metelin*, *Scio*, *Samos* & *Stanco*, situées dans l'Archipel, ainsi que les Isles de *Rhodes* & de *Chypre*, situées dans la Mer du Levant. Les Villes à remarquer dans cette Province, sont *Kutaieh*, *Smyrne*, *Bursa*, &c. La premiere est la résidence du Bacha ou Gouverneur de cette Province. La Ville de Smyrne peuplée de Turcs, de Grecs, de Juifs, & de Marchands François, Anglois & Hollandois, est la plus commerçante des Etats du Turc en Asie. Les Européens donnent le nom d'Echelles aux Ports de l'Asie, situés sur la Méditerrannée : ce mot vient d'*Escala*, vieux terme de marine qui signifie Port de Mer. C'est pour cette raison, qu'en parlant de Smyrne, on la nomme la principale des échelles du Levant. *Ephese*, autrefois si considérable, n'est aujourd'hui que très-peu de chose. *Satalie*, Ville Maritime, est ruinée en plus grande partie. *Angora*, autrefois Capitale d'un Pays nommé Galatie, ne consiste plus qu'en quelques mazures. *Isnich*, Ville à demi-ruinée, est l'ancienne Nicée, célebre par les Conciles qui s'y sont tenus.

2. La *Karamanie*. Vous voyez *Konieh*, Ville assez considérable qui en est la Capitale.

3. Le Gouvernement de *Roum* comprenant l'*Amasie* & l'*Adulie*. Ses plus considérables Villes sont *Tocat* & *Amasie*, *Sivas* est la résidence du Bacha.

4. La *Syrie*. *Alep* en est la plus considérable & la plus importante Ville. *Alexandrette*, petite Ville Maritime, est comme le Port d'Alep. *Antioche* n'est remarquable que pour avoir été autrefois une grande Ville. *Damas* & *Tripoli* sont après Alep, les plus considérables Villes de Syrie. Les environs de *Berut*, sont habités par un Peuple nommé les *Druses*, qui tirent leur origine de François, que le zele des Croisades a conduits autrefois dans ce Pays. Au lieu où l'on voit *Said*, étoit l'ancienne & fameuse Ville de Sidon. On voit près delà le *Mont-Liban*. *Sur*, n'offre que les débris de l'ancienne Ville de Tyr, si célebre par son commerce. *Acre* n'offre de même que ceux de l'ancienne *Prolémaïde*. La célebre *Jérusalem*, que les Romains ont entiérement détruite, dominoit sur toutes les autres Villes de ce Pays. A peu-près au lieu où elle étoit située, il y a une petite Ville, en faveur de laquelle on a fait revivre le nom de Jérusalem : l'Empereur Adrien qui l'avoit fait bâtir 138 ans après la naissance de N. S. lui donna le nom d'*Ælia* : elle ne consiste aujourd'hui qu'en quelques bicoques & des rues fort sales. *Jafa* & *Gaza*, sont les principaux lieux maritimes de la Palestine.

5. Le Pays nommé *Algezira*. Supposé que nous partions d'Alep, & que delà nous voulions nous rendre à *Diarbekir*, notre route sera par *Bir*, & en passant près d'*Orfa*, où l'on commerce en cuir de Roussi, & en maroquin jaune, nous arriverons à Diarbekir, qui est une des plus considérables Villes de la Domination Turque, & où il se fait un grand commerce de soie, de coton, de camelot, & sur-tout de maroquin rouge, qu'on y apprête mieux qu'en aucun autre endroit. Les Voyageurs louent beaucoup l'heureuse & agréable situation de cette Ville, dont les dehors offrent de tous côtés les plus charmantes perspectives.

6. Le Pays d'*Anah*, au Midi. *Anah*, sa principale Ville, n'a qu'une seule rue, longue d'environ quatre lieues.

7. L'*Irac-Arabi*. Sur le Canal formé du concours de l'Euphrate & du Tygre, on voit *Bassora*, Ville de grand commerce. *Bagdat*, sur le Tygre, est une grande Ville mal-peuplée : il y a des Juifs, & des Chrétiens de différentes Sectes. C'est sur l'Euphrate, au lieu où se trouve maintenant *Helle*, qu'étoit l'ancienne & fameuse Ville de *Babylone*.

8. Le *Curdistan*, Pays qui tire sa dénomination des montagnes que l'on voit à l'Orient, & qui se nomment les *Curdes*. *Betlis* & *Van*, sont ici les principaux lieux à remarquer.

9. L'*Arménie Turque*. Le froid qui dure presque toute l'année à *Erzerom*, Capitale de ce Pays, oblige les Habitants d'avoir leurs Maisons bâties moitié en terre, ensorte qu'elles n'ont pas plus de six pieds au-dessus du rez-de-chaussée : elles sont toutes sans fenêtres, & ne reçoivent le jour que par une petite lanterne ouverte, pratiquée sur le toit, & semblable à celles de nos colombiers à pied.

10. La *Georgie Turque*, composée des Pays de *Mingrelie*, *Guriel* & *Imirete*, dont les Souverains sont tributaires du Grand Seigneur. Vous y voyez *Cotatis*, résidence du Prince de Mingrelie.

11. Une partie de la *Circassie* est sous l'obéissance du Kan de Crimée, tributaire du Grand Seigneur, & se rapporte à la Turquie d'Asie.

Perse.

Ce Royaume est composé de quinze Provinces, du nombre desquelles est l'*Arménie Persane*, dont *Erivan* est la Capitale, & la *Georgie Persane*, qui a pour Capitale *Teflis*. Remarquez autour de la Mer Caspienne le *Shirvan*, le *Ghilan*, & le *Mazanderan*, dont les Capitales sont *Shamaki*, *Resht* & *Fehrabad*. Vous trouvez de suite le *Korasan*, le *Segistan* & le *Kandahar*, qui ont pour Capitales *Herat*, *Zarang* & *Kandahar*. Le *Mekran*, le *Kerman*, le *Lariston*, le *Farsistan* & le *Kosistan*, sont des Provinces Maritimes. *Kié*, *Kerman*, *Lar*, *Shiras* & *Toster*, sont leurs Villes Capitales. L'*Irac-Agemi* & l'*Aderbyan*, ont pour Capitales *Ispahan* & *Tauris*.

Ispahan est une très-grande Ville sans pavés & sans murailles. Ce qu'elle a de plus digne de remarque, est sa Place publique, parce qu'elle est extrêmement étendue. On y voit le Palais du Roi, qui est plus vaste qu'orné. Tout ce Quartier de la Ville est extrêmement peuplé : les autres ne le sont presque point. Au reste, il s'y fait un grand commerce de soie, d'étoffes, &c. Les Tapis & les Toiles peintes qu'on y fabrique, sont sur-tout très-estimés.

Tauris, seconde Ville de Perse, n'est point peuplée à proportion du terrein qu'elle occupe. Quelques voyageurs la font presque aussi grande que Paris ; mais le nombre des maisons & des habitants, n'est pas le même à beaucoup près. Chardin compte quinze mille maisons dans Tauris, & quinze mille boutiques : ces dernieres sont dans toutes les Villes de Perse, distinguées des maisons d'habitations, & occupent le centre de la Ville.

Arabie.

Le Terroir de l'Arabie n'est que sable dans la plus grande partie de cette presqu'Isle, où d'ailleurs il pleut très-rarement, & où il n'y a que très-peu de Rivieres.

Les Contrées voisines de la Mer, sont moins stériles que l'intérieur : delà le nom d'*Arabie heureuse*, qu'on leur donne.

L'*Arabie pétrée* confine à l'Egypte & à la Palestine ; là se trouvent les montagnes anciennement appellées le *Mont-Sinaï* & le *Mont-Oreb*. C'est dans les Déserts de l'Arabie pétrée que les Israëlites ont demeuré pendant quarante ans.

Les autres parties de l'Arabie, sont comprises sous le nom général d'Arabie déserte.

Les Chérifs de *la Mecque* & de *Médine*, sont avec le Roi d'*Yemen*, & de *Fartach*, les principaux Souverains de l'Arabie, dont le Grand Seigneur & le Roi de Perse possedent aussi quelques parties.

ANALYSE.
De la seconde Carte pour le détail de l'Asie.

NOus traiterons particulièrement ici de l'Indostan, de la presqu'Isle de l'Inde en-deçà du Gange, de la presqu'Isle au-delà du Gange, des Provinces Chinoises, & des Isles de la Sonde, Moluques, Philippines, &c.

Indostan.
Vous voyez que le Gange en arrose les parties Orientales : il reçoit une Rivière nommée le Gemen, sur laquelle se trouve *Agra*, Ville que l'on dit être deux fois aussi grande qu'Ispahan, & qui passe pour la plus considérable du Levant. *Dehli*, sur la même Rivière, est partagé en vieille & nouvelle Ville ; cette dernière qui a été bâtie au commencement du dernier Siecle, est particulièrement appellée Gehan-Abad : elle est le séjour de l'Empereur & de tous les Grands de sa Cour pendant l'Eté. Agra, Dehli, & la Ville de Patna, située sur le Gange, donnent leurs noms aux Provinces qui les renferment.

Vous voyez sur le bras oriental du Gange, la Ville de *Daca*, & sur le bras occidental, celles d'*Ougli* & *Chandernagor*. La Province qui renferme ces trois Villes, se nomme Bengale ; & le Golfe que forment les deux presqu'Isles de l'Inde, en reçoit sa dénomination.

En tirant du côté du midi, vous trouvez la Province d'Orixa & les Villes de *Jagrenat*, *Sicacola* & *Narsinga* qui en dépendent.

Les Provinces de l'Indostan, voisines de la Perse, sont arrosées par l'Inde. Remarquez les Villes de *Kashmir*, *Lahaor*, *Cabul*, *Multan*, *Buker* & *Tatta*, qui sont Capitales d'autant de Provinces auxquels elles donnent leurs noms. Les Villes de *Surate*, *Amedabad*, *Cambaye* & *Diu*, dépendent de la Province de Guzurate.

Presqu'Isle de l'Inde en-deçà du Gange.
Les Villes de *Golconde*, *Gingi*, *Tanjaor*, *Maduré*, *Cochin*, *Cranganor*, *Calicut*, *Cananor*, *Mangalor*, *Barcelor*, *Onor* & *Visapour*, sont Capitales d'autant de Royaumes de mêmes noms. *Bisnagar* est la Capitale de celui de Carnate.

Les Villes de *Raolconde*, *Coulour* & *Masulipatan*, dépendent du Royaume de Golconde. Celles de *Paliacate*, *Madras* & *Meliapur* ou *S. Thomé*, dépendent du Royaume de Carnate. *Pondichéri* est dans le Royaume de Gingi. *Tranquebar*, *Karikal* & *Negapatan*, sont dans le Royaume de Tanjaor. *Tutucurin* est dans celui de Maduré. *Goa*, *Chaul*, *Bombai*, *Bacaim* & *Daman*, sont du Royaume de Visapour.

La plûpart de ces Villes sont au pouvoir de diverses Nations Européennes.

Les François sont maîtres de Pondichéri & de Karikal. *Mahé*, au Nord de Calicut, leur appartient pareillement.

Bombai & Madras appartiennent aux Anglois.

Tranquebar est aux Danois.

Les Portugais ont Goa, Chaul, Bacaim & Daman. Diu dans l'Indostan leur appartient aussi.

Les Hollandois possèdent Negapatan, Cochin, Cananor, Mangalor, Barcelor & Onor.

Presqu'Isle de l'Inde au-delà du Gange.
Le Roi d'Ava & le Roi de Siam, sont comme nous l'avons remarqué, les plus puissants Souverains de cette presqu'Isle. Les Etats du premier, sont composés des Royaumes d'*Asem*, de *Tipra* & de *Pegu*. Les deux Villes d'Ava & de Pegu, ont chacune un grand nombre d'habitants. Dans celle de Pegu, les maisons sont baties de cannes & de roseaux : il s'y fait un grand commerce, particulièrement de Rubis. L'Idolatrie regne dans tous ces Pays, & elle est portée si loin dans le petit Royaume de Martaban, uni à celui

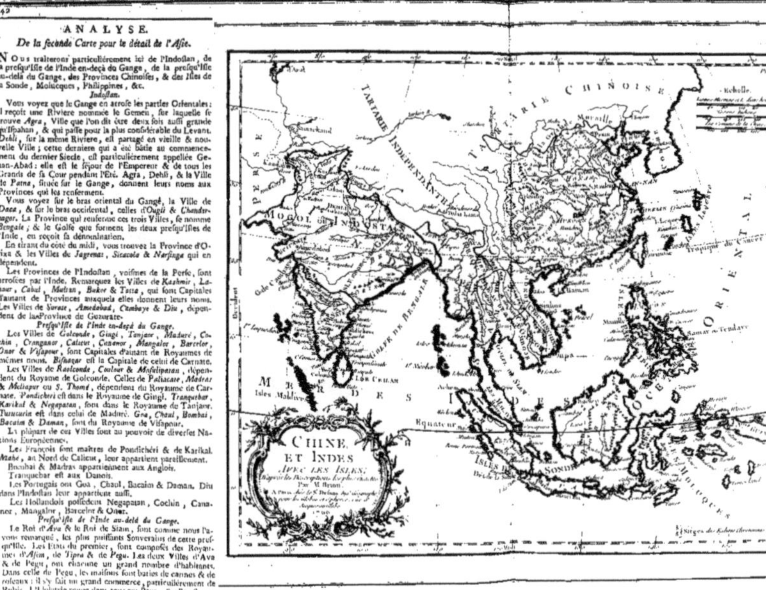

de Pegu, que chacun s'empresse de servir de victime aux Idoles : celles-ci sont promenées en certains temps de l'année sur des chars de triomphe, & il n'est personne qui ne se croye heureux, lorsque les roues du char lui passent sur le ventre.

Aracan est la Ville Capitale du Royaume de même nom, dont le Roi se qualifie Roi de l'Eléphant blanc. Il n'est pas de Monarque à qui l'on témoigne plus de respect. Personne, même ceux qui le servent, n'osent paraître devant lui, que les yeux fermés.

La Ville Capitale du Royaume de Siam, se nomme *Judia* : elle est bâtie dans une Isle que forme la Rivière de Menan. Le Roi y fait sa résidence, & le Palais qu'il habite, un grand nombre de Pagodes ou Temples. On admire entr'autres celle qui est renfermée dans le Palais, à laquelle on n'arrive qu'après avoir traversé huit ou neuf cours. L'Idole qui est au fond de ce Temple a 45 pieds de haut & 7 de large. *Merghi*, près de l'embouchure de la Rivière de Tenasserim, est à remarquer : c'est l'entrepot de tout le commerce que les François font sur le Gange dans ces Contrées.

Les Peuples de la presqu'Isle de Malaca, connus sous le nom de *Malayes*, obéissent à divers Souverains tributaires du Roi de Siam : tels sont les Rois de *Tenasserim*, de *Queda*, &c. A *Patane*, il n'y a jamais de Roi ; c'est toujours une Reine : elle n'a aucune autorité ; mais elle reçoit tous les honneurs, & jouit souverainement de tous les plaisirs qu'elle peut désirer.

Le Roi de Camboge, aussi tributaire du Roi de Siam, réside à *Lawek*. Les Royaumes de Cochinchine, de Tunkin & de Laos, ont leurs Villes Capitales qui sont ici marquées, sçavoir *Sinhoa*, *Kecho* & *Lanchan*. Le Tunkin, pays des plus abondants & des plus fertiles, est en même-temps si peuplé, que quelques laborieux & actifs que soyent les habitants, c'est tout ce qu'ils peuvent faire que de vivre. On y voit beaucoup de pauvres réduits à vendre leurs enfants & à se vendre eux-mêmes pour se procurer le nécessaire.

Provinces Chinoises.
Trois de ces Provinces s'étendent le long de la grande muraille. Ce sont de l'Orient à l'Occident, le *Petcheli*, le *Chansi* & le *Chousi*. C'est dans la première que se trouve *Pekin*. *Tayven* & *Singan*, sont les Villes Capitales des deux autres.

La Province de *Suchuen*, est arrosée par le *Kian* ou Fleuve bleu, qui delà continue son cours à travers les Provinces d'*Huquan*, *Kiansi* & *Kiennan*. Ce Fleuve qui tire de la Tartarie Indépendante, passe par la Province d'Yunnan, avant d'entrer dans celle de Suchuen. *Suchuen*, est la Ville Capitale du Suchuen. C'est *Fucheu*, qui l'est de la Province d'Fokien, appellée le grenier de la Chine. *Nanchan*, est la Capitale du Kiansi, Province fameuse par ses belles porcelaines. *Nankin*, seconde Ville de la Chine, est dans le Kiannan, au Nord, à l'Ouest & au sud duquel, vous trouvez les Provinces de Chekian, Huqan & l'Iukuan, qui ont pour Ville Capitale *Chefou*, *Ufuan* & *Nanchan*.

Les autres Provinces à nommer, sont celles de *Kiam*, *Quangsi*, *Quangi* & *Koangton*. Leurs Capitales, *Pucheu*, *Quanton*, *Kouen* & *Koueya*, sont autant de Villes considérables, sur-tout ville de Quanton, dont nous avons déjà parlé.

Isles.
Sumatra, le plus puissant Souverain de cette Isle, est le Roi d'Achem. Les Peuples de l'intérieur sont Sauvages & Antropophages. Lorsqu'ils font quelques prisonniers, ils les coupent par morceaux, les assaisonnent de sel & de poivre, les mangent, & par-là les tiennent pour de toute raison.

Java. On y voit la Ville de Batavia, Séjour du Gouverneur général, que les Hollandois ont dans les Indes. *Mataran*, est la Capitale d'un Royaume qu'ils se sont rendu tributaire.

Borneo. Nous n'en connaissons que les Côtes, dont les Habitans originaires de la presqu'Isle de Malaca, sont appellés Malais. La Ville de Borneo, est la Capitale d'un Royaume de même nom.

Les Isles Célebes, *Gilolo*, *Ceram* & *Java*, est le plus grande des Isles Moluques, qui ont la plûpart des Rois particuliers, mais plusieurs dépendent des Hollandois.

Philippines. Ces Isles furent découvertes en 15.. par les Espagnols, qui les reconnurent de nouveau en 1543, & ce ne…

§. I.
Tartarie Russienne.

C'EST toute la grande Tartarie qui se trouve ici représentée. On voit que la Tartarie Russienne occupe seule autant d'étendue que les deux autres. Remarquez les Fleuves dont les différents Pays qui la composent sont arrosés. Vous en voyez trois des plus considérables qui portent leurs eaux dans la Mer glaciale. La Province de Tobolsk, autrement appellée *Tabolskoy*, est traversée par l'*Obi*, dont les Sources & celles de l'*Irtis*, Riviere qu'il reçoit, se trouvent dans la Tartarie indépendante. C'est au Confluent de l'Irtis & d'une autre Riviere nommée Tobolsk, que la Ville de *Tobolsk* est située. Le *Jenisea* coule dans la Province de *Jenisseisk*, ainsi nommée de la Ville Capitale, située sur ce Fleuve. La Province de *Jacutie*, arrosée par la Riviere de *Lena*, est à l'Orient des précédentes, & renferme la presqu'Isle de *Kamtschatka* : ce sont ces trois Provinces, dont la derniere est la plus vaste & la plus étendue, qui composent la *Sibérie*. Joignons-y les Pays d'*Astracan*, de *Casan* & d'*Orenbourg*. Le tout est en général la *Tartarie Russienne*, ou Russie asiatique, qui confine à la Russie Européenne, à la Turquie d'Asie, à la Perse, à la Tartarie indépendante, & à la Tartarie Chinoise.

Les *Ceremisses* sont un peuple Tartare très-nombreux répandu dans le pays de Casan. Les *Nagais*, les *Kipsaki* & les *Torgaus*, sont d'autres Peuples Tartares qui habitent dans le Pays d'Astracan. Le Nord des Provinces de Tobolsk & de Jenisseisk, est habité par un Peuple nommé *Samojedes*. Au Midi de la Contrée des Samojedes, est celle des *Ostiacki*. On trouve divers autres Peuples dans la Sibérie. Aucun de ces Peuples n'a la moindre connoissance de Calendrier : ils comptent par neiges, & non par le cours apparent du Soleil : on dit chez eux, *je suis âgé de tant de neiges*, comme nous disons, *j'ai tant d'années.*

La *Nouvelle Zemle*, Isle de la Mer glaciale, adjacente à la Sibérie, a été découverte par les Européens dans le cours de leurs recherches d'un passage pour aller au Japon & aux Indes par l'Océan Septentrional. La dénomination de nouvelle Zemle, selon son étimologie Russienne, signifie la même chose que nouvelle Terre. En 1594, les Etats de Hollande, chargèrent un nommé Guillaume Barentz, d'aller à la recherche du passage en question, que divers Navigateurs Anglois avoient précédemment cherché sans succès. Barentz fit inutilement deux Voyages. Dans le troisième qu'il entreprit, au lieu de prendre la route par le détroit de Vaigats, il dirigea vers les Côtes Septentrionales de la nouvelle Zemle ; il ne trouva que des glaces dans toutes ces plages : il parvint jusqu'au 76e dégré de latitude, où les glaces ne lui permirent pas de pousser plus loin, & brisèrent enfin son Vaisseau. Lui & tout son équipage s'étant sauvés avec leurs chaloupes, ils furent obligés de passer l'Hiver sur cette côte, où ils se virent réduits à la dernière extrémité, & souffrirent un froid excessif : c'étoit à l'année 1596. Leur Relation nous apprend que le 4 Novembre de cette année, ils perdirent le Soleil de vue, & qu'ils ne commencèrent que le 24 Janvier de l'année suivante, à en revoir les premiers rayons.

§. I I.

Le Pays des *Usbeks*, voisin de la Perse, le *Turkestan*, au Nord, & à l'Orient de ces deux Pays, celui des *Kalmouks* ou *Eluths* : voilà ce qui compose en général la Tartarie indépendante.

Le Pays des Usbeks comprend deux parties ; l'une se nomme le *Kharasm*, & à son Kan ou Souverain particulier qui réside à *Urghens* ; l'autre appellée *Grande Bukarie*, renferme les trois Royaumes de *Samarkand*, *Bokara* & *Balk*. Les *Turkmans* habitent les Contrées du Karasm, qui s'étendent le long de la Mer Caspienne : on les distingue en Turkmans noirs, & Turkmans blancs ; ces derniers placés plus au Nord, campent de lieu en lieu, & ne sont point Sujets du Roi de Karasm.

Le Turkistan est habité par différentes hordes de Tartares, connus sous les noms de *Kasaks*, de *Karakalpacs*, &c. *Tashkunt*, est la résidence du Kan des Kasaks.

Les *Kalmouks* ou *Eluths*, obéissent à un Souverain qui porte le titre de *Contaisch*, c'est-à-dire, *grand Kan* La Kalmaquie ou ancien Pays des Eluths, la *petite Bukarie*, qui a pour Ville Capitale *Yarkian*, où le Contaisch réside quelquefois, les Pays de *Turfan* & d'*Hami*, & celui nommé le grand *Thibet*, séparé des précédents par le vaste désert de *Gobi* ou *Shamo*, composent toute l'étendue de sa domination. *Harcas*, où il réside ordinairement, doit être regardé comme la Capitale de ses Etats, quoique ce ne soit qu'un lieu de campement, & non une Ville. Le petit Thibet est un Royaume tributaire du Mogol. Remarquez dans le grand Thibet, le *Mont-Poutala* ; c'est-là que réside le *Dalaï-Lama*, ou Souverain Pontife des Tartares, qui sont dans la croyance que c'est la même âme qui anime le Lama actuel, qui a animé les Lamas précédents, & qui animera tous les Lamas à venir.

§. I I I.
Tartarie Chinoise.

Ici, les trois Gouvernements qui partagent le Pays des Mantcheoux, sont distingués. Mantcheoux est le nom général que l'on donne à différentes sortes de Tartares, tels que les *Tahuri*, les *Yupi*, & divers autres. Les premiers habitent dans le Gouvernement de *Tcitcicar*. Les *Yupi*, ainsi appellés, parce qu'ils s'habillent de peaux de poissons, se trouvent plus à l'Orient dans le Gouvernement de *Kirin-Ula*. Remarquez l'*Amur*, autrement le *Sahalien* ou *Fleuve noir*, qui traverse ces deux Gouvernements, & porte ses eaux dans cette partie de l'Océan oriental appellée Mer d'Ochozk ou *Lama*. Le petit pays de *Leaotong*, contigu à la grande muraille, forme le Gouvernement de *Chynian*, qui reçoit cette dénomination de sa Ville Capitale, la plus considérable de ces contrées.

Les *Mongou* ou *Mugales noirs*, sont divisés en quarante-neuf étendards ou hordes militaires, & sont commandés par des Princes ou Chefs soumis à l'Empereur de la Chine.

Les *Kalicas* ou *Mugales jaunes*, qui sont sous la simple protection de l'Empereur de la Chine, occupent un Pays très-vaste & rempli de montagnes : ils habitent sous des tentes ou dans des chariots.

§. I V.
De la Corée, des Isles du Japon, &c.

La *Corée*, presqu'Isle qui tient à la Tartarie Chinoise, forme un Royaume, qui depuis plusieurs Siecles, est tributaire de l'Empire de la Chine ; c'est *Kingkitao*, qui en est la Ville Capitale, & la résidence du Roi.

A l'Orient, se trouve l'Isle de *Niphon*, la plus grande de celles qui composent l'Empire du Japon. Vous y voyez *Yedo*, aujourd'hui Capitale de cet Empire, & *Meaco*, qui l'a été anciennement. *Nangasaki*, dans l'Isle de *Kiusiu*, est une grande Ville où les Hollandois commercent.

D'autres Isles sont à remarquer au Nord. Celle, dite *Jeso*, & les Isles appellées *Terre des Etats*, & *Terre de la Compagnie*, ont été découvertes par les Hollandois. L'Isle de *Sahalin*, est au pouvoir des Russes.

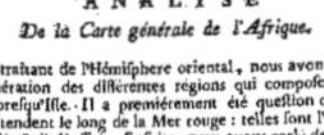

ANALYSE
De la Carte générale de l'Afrique.

EN traitant de l'Hémisphere oriental, nous avons donné l'énumération des différentes régions qui composent cette vaste presqu'Isle. Il a premiérement été question de celles qui s'étendent le long de la Mer rouge : telles sont l'*Egypte*, la *Nubie* & l'*Abyssinie*. Ensuite, nous avons parlé de la *Barbarie*, de la *Nigritie*, de la *Guinée*, du *Congo* & de la *Cafrerie*.

L'*Egypte* & le Pays qui est à l'Occident, nommé Royaume de *Barca*, sont sous la domination immédiate du Grand Seigneur ; vous trouvez de suite, dans la Barbarie, les Républiques de *Tripoli*, de *Tunis* & d'*Alger*, & les Etats de *Maroc*. Le *Saara*, ou Désert de Barbarie, qui est composé de plusieurs autres Déserts particuliers, dont on trouve ici les dénominations, est plus méridional. La Nigritie, au Midi du Sara, est suivie au Midi de la Guinée : celle-ci l'est du Congo. Nous avons parlé du Pays des *Hottentots*, & de celui du *Monomotapa*, ainsi que des Côtes de *Zanguebar* & d'*Ajan*, que l'on comprend sous le nom général de *Cafrerie maritime*. Tout le reste appellé *Cafrerie intérieure*, renferme divers Royaumes qui ne sont connus que de nom : tels sont les Royaumes de *Couroursa*, de *Mujac*, des *Amicains*, de *Gingirbamba*, de *Kanoemugi*, des *Borores*, &c. Anciennement, toutes ces Régions, excepté l'Egypte & la Barbarie, étoient désignées sous le nom d'*Ethiopie*, & l'on distinguoit haute & basse Ethiopie. La Nubie & l'Abyssinie, étoient appellées Ethiopie sous Egypte.

On remarquera divers *Fleuves* qui ont leurs cours dans l'Afrique, & particuliérement le *Nil* qui coule à-peu-près parallèlement au rivage de la Mer rouge. Les Sources de ce Fleuve, se trouvent dans l'Abyssinie : ce sont deux Fontaines éloignées l'une de l'autre, d'environ vingt pas. Les eaux au sortir de la plus grande, se font un passage par-dessous terre, reparoissent à cent pas delà, & continuant leur cours, elles se grossissent de celles que divers autres Sources versent dans leur lit. A un peu plus de trois journées de chemin, la Riviere est déja assez profonde pour porter des bateaux qui vont à la voile, & en même-temps si large, que l'homme le plus robuste pourroit à peine lancer une pierre d'un rivage à l'autre. Le Nil ainsi accru fait un demi-cercle, & se jette rapidement dans un lac d'eau douce, que les gens du pays appellent *Dambea*. Il sort de ce lac, & revient par un très-grand circuit vers le lieu de sa Source, dont il ne se trouve éloigné que d'environ deux journées de chemin : ensuite il coule dans la Nubie, où il reçoit une Riviere considérable, nommée la *Riviere blanche*, qui sort des *Monts de la Lune* situés au milieu de l'Afrique. C'est en prenant cette Riviere pour le Nil, que les Géographes & les Historiens de l'antiquité donnoient à ce Fleuve des Sources différentes de celles dont nous parlons, ou plutôt ils considéroient la Riviere en question, & celle d'Abyssinie, comme deux bras différents du Nil, & n'entendoient parler que des Sources de ce Fleuve, les plus éloignées de son embouchure. Le célebre M. Danville, remarque que les anciens ont connu le Fleuve d'Abyssinie, sous le nom d'*Astapus*, qui toutefois n'étoit selon Pline, qu'un nom ajouté, celui de Nil étant toujours regardé comme le nom principal.

Vous voyez dans la Nigritie, le *Sénégal* & le *Niger* : ce dernier coule de l'Ouest à l'Est : il sort d'un lac, & rentre dans un lac. Le Sénégal ou *Sanaga*, coule de l'Est à l'Ouest, sort pareillement d'un lac, & se rend dans l'Océan atlantique. On ne le connoît bien que jusques environ la moitié

de son cours. Les rochers ou cataractes dont il se trouve rempli, empêchent de le remonter plus avant. La Riviere de *Gambie*, coule au Sud de Sénégal. Il n'y a point de grands Fleuves, dans la Barbarie, ni dans la Guinée. Vous en trouvez un dans le Congo, que l'on nomme le *Zaïre* : il coule de l'Est à l'Ouest, & se rend dans l'Océan atlantique. Le *Cuama*, autre Fleuve considérable, coule au Nord du monomotapa, & porte ses eaux dans le Golfe de *Sofala*, formé par la Mer des Indes.

On sçait que le Nil a deux cataractes, où la chûte de l'eau se fait avec un bruit & une rapidité des plus violentes. La Riviere de Zaïre en a une. La Riviere de Gambie en a pareillement une qui est remarquable, en ce que ses eaux font un arc en tombant, & laissent entre le pied du rocher & le lieu de leur chûte, assez d'espace pour passer dessous ; en sorte, dit Barros, Historien des Conquêtes des Portugais dans les Indes, que les Voyageurs ont le plaisir de voir des montagnes d'eau par dessus leurs têtes sans en être mouillés. Le Jésuite Jeronimo Lobo, qui a découvert les Sources du Nil, rapporte la même chose d'une des cataractes de ce Fleuve. » Il y a, dit-il, une où ces cataractes bien plus » haute que l'autre : à la premiere où à la seconde, le Nil » se précipite du haut d'une roche escarpée. On entend » le bruit à trois journées, & ses eaux en rejaillissant, pa- » roissent comme une fumée. Cette eau d'ailleurs court avec » tant de violence, qu'elle fait un arc en tombant, si bien » que l'on peut passer au pied de la roche au-dessous de cet » arc sans en être mouillé. Il y a même des bancs taillés au » pied du roc, pour la commodité de ceux qui s'y veulent » reposer, & jouir d'un si agréable spectacle.

Il n'est pas moins fait mention des inondations périodiques du Nil, que de ses cataractes. Le débordement de ce Fleuve commence vers le 17 de Juin, augmente pendant quarante jours, & est autant de temps à décroître ; de sorte qu'il dure toutes les villes de l'Egypte qui sont construites à la plûpart sur des hauteurs, paroissent comme autant d'Isles. Les anciens nous ont laissé d'amples descriptions de ce débordement, parceque dans toute l'étendue de terre qu'ils connoissoient, ils ne trouvoient point d'autre Riviere semblable, si ce n'est le Niger : encore supposoient-ils, qu'il avoit par dessous leur communication avec le Nil. Le Niger déborde à-peu-près dans le même-temps que le Nil. Léon l'Africain, dit qu'il commence à croître le 15 de Juin, qu'il monte pendant 40 jours, & baisse pendant quarante autres. Quand l'inondation est pleine, on voyage en bateaux dans toute la Nigritie. La Riviere de Zaïre, & toutes les autres Rivieres du Congo, sont aussi sujetes à des inondations périodiques.

Sénèque s'exprime ainsi au sujet du Nil. » La Nature a » dit-il, placé ce Fleuve très-remarquable, à la vue de » tout le genre humain, & a voulu qu'il inonde l'Egypte » dans le temps où la terre est le plus desséchée par les cha- » leurs de l'Eté, afin qu'elle puisse s'humecter de ses eaux : les » lieux où elles ne peuvent s'étendre, demeurent arides & » stériles.

L'Egypte n'est-elle redevable au Nil, que de sa fertilité ? » Elle lui est encore, ajoute le même Auteur, vraisemblable- » ment redevable de son terrein... Le Nil, roulant des eaux » troublées & chargées de vase & de boue, la dépose vers les » embouchures, ce qui fait que le continent augmente, & » l'Egypte s'étend tous les jours de plus en plus.

On prétend que le Hoan ou Riviere jaune, produit le même effet à l'égard de la Chine. Selon quelques-uns, la Hollande, la Zélande, & la Gueldre, Provinces des Pays-bas, ont été formées, tant par les sédiments de la Mer, que par ceux de la Meuse & du Rhin.

ANALYSE

de la premiere Carte pour le détail de l'Afrique.

ÉGYPTE. De toutes les Villes de l'Egypte, celle du *Caire* est la plus considérable, & peut même, relativement à son étendue, sa population & son grand commerce, être regardée comme une des premieres Villes du monde : elle comprend le vieux & le nouveau Caire, avec le Fauxbourg de Boulac, situé sur le bord du Nil, & où est le Port. La Ville de Memphis, fameuse dans l'antiquité, étoit aussi bâtie sur le rivage du Nil à l'opposite du lieu où est maintenant celle du Caire. En remontant le Nil, vous parvenez dans la partie nommée haute Egypte, où vous voyez les Villes de *Siout*, *Girgé* & *Kous*. Près de cette derniere, se voyent les ruines de l'ancienne & magnifique Ville de Thébes, qui avoit cent portes.

On appelle *Basse-Egypte*, la partie de cette Contrée qui se trouve renfermée entre les deux embouchures les plus éloignées du Nil, & à la figure d'un triangle. Pomponius Mela, & d'autres anciens Géographes, lui ont donné le nom de *Delta*, relativement à cette figure, qui est celle de la lettre appellée Delta par les Grecs. Ici vous voyez *Alexandrie* & *Damiette*.

L'Egypte est un des plus fertiles Pays que l'on connoisse ; mais l'air qu'on y respire est mal-sain, ce qui est causé par le limon que le Nil dépose sur les terres qu'il a couvertes de ses eaux. On y éprouve de fréquentes pestes, dont l'extrême fécondité des femmes qui acouchent souvent de trois enfans à la fois, répare tous les désastres.

NUBIE. Le Grand Seigneur en possede une partie que l'on appelle *Nubie Turque*. C'est près de la Ville d'*Ibrim*, qui y est située, que se trouve la grande cataracte du Nil.

Il n'y a dans le reste de la Nubie, d'autres Souverains que les Rois de *Fungi* & de *Dungala* : celui-ci, tributaire du premier. Les Villes de *Sennar* & de *Dungala* ; sur le Nil, sont les principales à remarquer. La Nubie est un Pays très-chaud, & qui n'est fertile qu'aux environs des Rivieres. La partie qui est à l'Occident du Nil, est presque déserte & pleine de montagnes.

Les Nubiens s'occupent de l'Agriculture & du Commerce, qu'ils font principalement avec les Egyptiens. Ci-devant ils étoient Chrétiens : leur Religion actuelle est un mélange de Judaïsme & de Mahométisme.

ABYSSINIE. C'est un pays presque tout couvert de montagnes si hautes & si escarpées, que les Alpes & les Pyrenées, dit le Pere Tellés, ne sont que des collines en comparaison. Les principales Provinces qui composent l'Empire du Negus ou Souverain des Abyssins, sont celles de *Tygré*, *Dambea*, *Bejender* & *Gojam*. *Axum*, dans la premiere est une Ville ruinée. Dans la seconde, vous trouvez *Guender*, sur le Lac Dambea : c'est-là que le Negus fait sa résidence ordinaire, sous des tentes.

Les *Galles* sont un peuple qui dépendoit autrefois de l'Empire des Abyssins. Aujourd'hui, ils sont libres & divisés en Galles orientaux, qui sont les plus puissants, & Galles occidentaux.

Sous le nom de *Côte d'Abesh*, on comprend les Contrées maritimes, tant de la Nubie, que de l'Abyssinie. Les premieres où vous voyez *Suakem*, résidence d'un Bacha, appartiennent au Grand Seigneur. Le reste est ce qui forme le Royaume de *Dancali*, dont le Roi est Mahométan.

BARBARIE. Sous ce nom, l'on comprend la partie d'Afrique, qui est en-deça du Mont-Atlas, par rapport à l'Eu-

rope, & celle qui s'étend au-delà, jusqu'à une autre chaine de montagnes nommée le Mont-Amedede. Les Etats de *Tripoli*, de *Tunis*, d'*Alger*, & l'Empire de *Maroc*, que nous avons deja remarqués, s'étendent dans ces deux parties de la Barbarie. Tripoli, République sous la protection du Grand Seigneur, est gouvernée par un Conseil qui se nomme *Divan*, & dont le Chef est appellé *Dei* : elle subsiste par son commerce d'étoffes, & par celui du safran qui se tire d'une montagne située au midi de la Ville ; mais la piraterie que ses habitants exercent, leur est beaucoup plus lucrative que le commerce : ils n'ont cependant pas toujours eu lieu d'être satisfaits du produit dont elle leur a été : en 1685, & en 1728, les François leur ont fait voir à l'aide de quelques milliers de bombes, qu'on n'attaque pas impunément une Nation puissante. L'Etat de Tunis répond à l'ancien état de Carthage, tel qu'il étoit dans les premiers temps de sa fondation : son Gouvernement est à peu-près semblable à celui de Tripoli. Il en est de même de l'Etat d'Alger, dont la Ville Capitale est bâtie sur la pente d'une montagne : il y a ici, au-dessus du Dei, trois Gouverneurs que l'on nomme Bei ; le premier réside à *Constantine*, & le second à *Tlemsen* : il n'y a ni Villes ni Bourgs, dans le Gouvernement du troisieme, qui campe avec ses troupes en pleine campagne. Le Roi de Maroc prend le titre d'Empereur d'Afrique ; il n'y a guere que cent cinquante ans que ce Royaume existe : *Fez* en est la plus considérable Ville. *Meknez*, n'est remarquable, que parce qu'il est la résidence du Roi. *Maroc*, ancienne résidence des Rois, est considérablement déchu. Les Etats du Roi de Maroc, sont principalement peuplés de Mores, d'Arabes & de Béréberes ou Africains naturels. Quoique la vigne fructifie extrêmement chez eux, les Peuples, par principe de religion, ne boivent point de vin, mais ils cuisent le raisin, & en font une liqueur qu'ils savourent avec autant de délices que le vin. Ils prennent leurs repas assis à terre, sans faire usage d'autre chose que de leurs doigts qu'ils léchent avec sensualité, ou qu'ils essuyent aux cheveux de leurs esclaves. L'usage des parapluies leur est, dit-on, aussi inconnu, que celui des serviettes. Quand la pluie tombe fort, ils ôtent leurs habits, & s'étendent dessus pour les garantir de l'eau.

La Barbarie, au-delà du Mont-Atlas, comprend le *Biledulgerid* & le *Sara*. Le Biledulgerid produit des dattes en abondance, & c'es, pour ainsi dire, la serie de ses productions ; delà il tire sa dénomination, qui en langue locale, signifie pays des Dattes. On distingue dans le Sara plusieurs parties : il y en a dont le terroir est si sec, qu'on n'y trouve de l'eau que de trente en trente lieues, & encore est-elle salée & amere : ce sont principalement les parties occidentales, connues sous les noms particuliers de *Zanhaga* & *Zuenziga*.

NIGRITIE & GUINÉE. Ce sont deux vastes Contrées au midi du Sara, habitées chacune par divers Peuples, & partagées entre divers Souverains. Il y a dans la Nigritie, le Royaume de *Tombut*, dont la Ville Capitale, aussi nommée *Tombut*, est très-commerçante : il s'y rend des Marchands de la Barbarie & des autres Pays de l'Afrique. Le Roi de Tombut est le plus riche & le plus puissant de tous ceux de la Nigritie. Le Roi de *Benin*, est de même le plus puissant de tous ceux de la Guinée, & *Benin*, sa Ville Capitale, l'une des plus considérables de l'Afrique. On trouve à l'Occident, celle de *Juda*, Capitale d'un Royaume où les François & les Anglois vont commercer.

L'Isle *S. Louis*, à l'embouchure du Sénégal & l'Isle de *Goré*, au midi du Cap verd, appartiennent aux François. *Frederiksburg* est un Port aux Danois. *La mine* appartient aux Hollandois : *Cap Corse*, est aux Anglois.

ANALYSE

De la seconde Carte pour le détail de l'Afrique.

L'Équateur, autrement la ligne équinoxiale, traverse l'Afrique à peu près par le milieu. C'est au-delà de cette ligne, que nous trouvons les Pays connus sous les noms de *Congo* & de *Monomotapa*, le *Zangueber*, partie de la *Cafrerie Maritime*, composée de divers Royaumes, le *Moneomugi* ou *Nimeamai*, le Royaume de *Macoco*, & un grand nombre d'autres Pays habités par différents Peuples, tels que les *Jagas*, les *Bororos*, les *Cimbebas*, les *Hotentots*, &c. ainsi que l'Isle *Madagascar*, l'Isle *Bourbon*, l'Isle de *France*, & diverses autres.

Congo.

Il y a le Royaume particulier de Congo, qui a pour Ville Capitale *San-Salvador*, nom que les Portugais lui ont donné, en mémoire d'une victoire signalée, par eux remportée sur les Peuples du Pays, qui s'étoient révoltés contre leur Roi, à cause qu'il avoit embrassé le Christianisme. Cette Ville située sur le haut d'une montagne, a environ deux lieues de circuit. Ses maisons toutes détachées les unes des autres, & qu'on dit être au nombre de dix mille, sont en général assez mal bâties, & n'ont que des toits de paille : elle a pour habitants les natures du Pays, & un grand nombre de Portugais établis là pour le Commerce, qu'ils font presque seuls. Ils y ont dix Églises & une maison de Jésuites, bâtie de pierres apportées d'Europe.

Au Nord-Ouest, vous trouvez le Royaume de Loango, dont *Boari*, Ville d'assez grande étendue, est la Capitale. Le Palais du Roi est très-spacieux & bâti dans le goût Européen. En tirant vers le Sud, vous avez à remarquer les deux petits Royaumes de *Lacongo* & *Angoy*.

Tout le Pays que vous trouvez au midi du Congo, étoit ci-devant appellé *Dongo*. Ce fut dans le seizieme Siecle, qu'un usurpateur nommé *Angola*, s'étant emparé du Thrône, lui donna le nom qu'il porte aujourd'hui. Les Portugais se sont rendus maîtres de la plus grande partie de ce Pays dans le dernier Siecle, & ils y ont un Gouverneur qui réside à *Saint Paul de Loanda*. Le Roi de *Dongo* qui réside à *Maopongo*, Ville située sur un rocher escarpé près la Riviere de Coanza, quoique puissant & pouvant mettre sur pied des armées nombreuses, ne laisse pas d'être sous la dépendance des Portugais à qui il paye tribut.

Le Pays de Benguela, qui autrefois avoit ses Rois particuliers, est encore au pouvoir des Portugais, & dépend du Gouvernement d'Angola. *Benguela* ou *Saint Philippe*, & le vieux *Benguela*, au Nord, sont ici à remarquer. Les Hollandois depuis quelques années, se sont rendus maîtres du premier.

Monomotapa.

C'est toute l'étendue de pays comprise entre la Riviere du Saint Esprit, & celle de Zambefe ou Cuama, que l'on désigne sous ce nom général qui est celui du plus puissant des Souverains qui y dominent, & que diverses relations appellent l'*Empereur de l'or*. Son Royaume qui est le Monomotapa, proprement dit, s'étend le long de la Riviere de Zambese, près de laquelle, vous voyez *Zimbaoe*, lieu de sa résidence. Les Forts de *Tète* & de *Sena*, l'un à droite, & l'autre à gauche de *Zimbaoe*, appartiennent aux Portugais, qui sont encore maîtres de celui de *Messapa*, plus au midi.

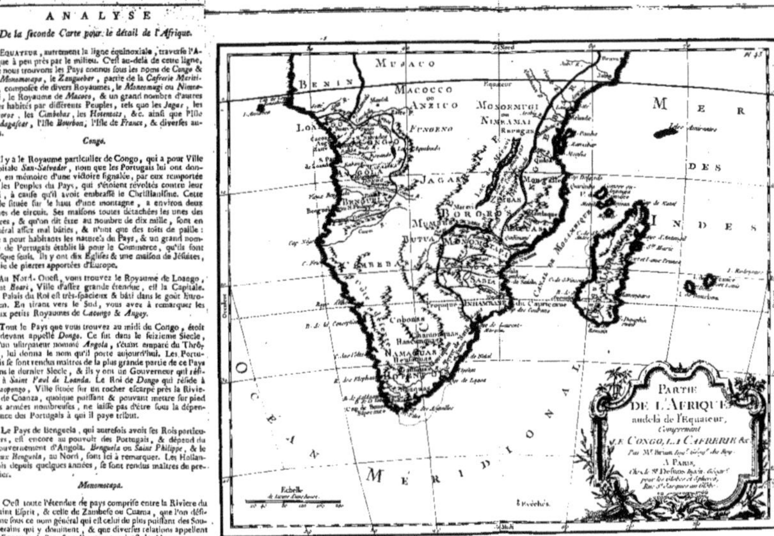

Il y a dans le Pays de *Sofala*, un autre *Zimbaoe*, qui est la résidence du *Quizeve* ou Roi de Sofala. Le nom de *Zimbaoe*, qui signifie *Cour*, se donne dans le Pays à toutes les demeures de Souverains. Les Portugais se sont en 1586, emparé de *Sofala*, petite Ville sur le bord de la Mer, que les érudits, prétendent être cette fameuse *Ophir*, où le Roi Salomon envoyoit ses Flottes, chercher de l'or & de l'ivoire.

Manica, autre Royaume riche en mines d'or, est du côté de l'Ouest.

Vous voyez le *Sabia* & la Ville de *Manbone*, où le Roi de ce Pays fait sa résidence.

Inhambane, est le premier Royaume de ces Contrées, que que les Portugais ayent connu. En 1560, ils en batiserent le Roi, qui leur donna la connoissance du Monomotapa.

Zanguebar.

Les *Macuas*, dans le Pays desquels, les Portugais ont le Fort de *Quilimane*, forment un Corps de Nation soumis à divers Princes, dont le plus puissant connu sous le nom de *Moruca*, a sa résidence vis-à-vis l'Isle de Mosambique. La Ville de *Mosambique*, située dans cette Isle, appartient aux Portugais. Il y a dans le voisinage un petit Etat appellé Royaume de Mosambique, dont le Souverain, absolu sur ses Sujets, est lui-même soumis à la Nation Portugaise. Plus au Nord, on trouve le Royaume de *Mongalle*, l'un des plus puissants de cette Côte. Le Roi de *Quiloa*, paye aux Portugais, un tribut annuel de quinze cents marcs d'or. Les Rois de *Monbace* & de *Melinde*, sont pareillement tributaires des Portugais. Les trois petits Royaumes de *Lamo*, *Paté* & *Ampacé*, aussi tributaires des Portugais, sont renfermés dans une Isle.

La Côte de Zanguebar ne s'étend que jusqu'à la ligne. Au-delà, c'est la Côte d'Ajan où vous avez à remarquer la République de *Brava*, qui paye aux Portugais un tribut annuel de quatre cents livres pesant d'or.

Cap de Bonne Espérance & Isles.

Les Hollandois ont un Cap, un Etablissement de la plus grande importance. En 1651, ils acheterent d'un petit Roi du Pays, une lieue de terrein, & y construisirent un Fort de bois, que trente ans après ils bâtirent en pierre de taille, & près duquel ils formerent dans la suite un gros Bourg. Leur Colonie reçut de l'augmentation, & dès-lors ils pénétrerent beaucoup plus avant dans le Pays. On vante le magnifique Hopital qu'ils y ont pour les Matelots malades, le beau Jardin de la Compagnie Hollandoise des Indes, & les riches plantations de vignes, dont ce Pays est couvert.

Les François en 1665, bâtirent à la pointe méridionale de l'Isle Madagascar, le Fort Dauphin qu'ils furent obligés d'abandonner au bout de sept ou huit ans. Depuis 1657, une de leurs Colonies occupoit l'Isle Bourbon, où ceux de Madagascar, se retirerent. En 1712, ils profiterent de l'abandon fait par les Hollandois, de l'Isle plus orientale : ils allerent s'y établir, & changerent son nom d'Isle Maurice, en celui d'*Isle de France*. Il y a dans l'Isle de *Sainte Marie*, un Etablissement de François qui commercent avec les peuples de Madagascar. Nous remarquerons touchant l'Isle Bourbon, qu'on n'y voit ni reptiles, ni insectes venimeux. L'Ambre gris & le Corail, se recueillent abondamment sur ses rivages, où l'on trouve aussi de superbes coquillages de toutes especes.

ANALYSE.
De la Carte générale de l'Amérique.

ICI nous revoyons l'ensemble de toutes les parties connues de l'Amérique, & les Villes Capitales de celles qui sont au pouvoir des Européens.

Mexico, belle & grande Ville bâtie sur le bord d'un Lac, est la Capitale de la Nouvelle Espagne.

Le Nouveau Mexique a pour Capitale *Sancta-fé*.

Vous trouvez sur le Fleuve de Mississipi, la *Nouvelle Orléans*, Ville Capitale de la Louisiane.

La Floride n'a d'autre Chef-lieu, que le *Fort Saint Augustin*.

Boston, grande Ville bien bâtie & peuplée, est la Capitale de la Nouvelle Angleterre.

Le Canada a pour Capitale *Quebec*, Ville que les François ont bâtie sur le rivage gauche du Fleuve St Laurent.

Passez dans l'Amérique Méridionale, vous trouverez *Carthagene*, la plus considérable Ville du Pays de Terre-ferme. La Guiane qui est à l'Orient, à *Surinam*, dont les Hollandois sont maîtres.

Remarquez dans le Pérou, la Ville de *Cusco*, où anciennement les Rois de ce Pays nommés *Incas*, faisoient leur résidence. Aujourd'hui, c'est *Lima* qui en est la Capitale.

La Ville de *San-Jago*, est Capitale du Chili.

Il a déja été question de *Buenosaires*, Capitale du Paraguai. Cette Ville dont la dénomination est relative au bon air qu'on y respire, est située au milieu d'une plaine spacieuse & de la plus grande fertilité.

San-Salvador, Ville peuplée & commerçante, sur la Côte du Brésil, est la Capitale de ce Pays.

Parcourez maintenant les Isles; vous trouverez dans celle de Terre-neuve, le Bourg de *Plaisance*, qui en est le Chef-lieu.

Au Sud-Ouest, vous trouvez l'Isle-Royale ou du Cap Breton, où est la Ville de *Louisbourg*.

L'Isle de Cuba, l'une des grandes Antilles à *San-Jago*, & le fameux Port de la *Havane*.

L'Isle St Domingue, partagée entre les François & les Espagnols, a deux Capitales, la Ville de *St Domingue*, & celle du *Cap François*.

Remarquez les Isles de la *Guadeloupe*, de la *Martinique*, & de la *Trinité*, qui sont du nombre des petites Antilles.

L'Isle de *Guanahani*, l'une des Lucayes, est remarquable, en ce qu'elle est la premiere terre où les Européens ayent abordé dans ces parages.

Note Historique.

Tout le monde sçait que c'est à une heureuse erreur de Christophe Colomb, que l'Europe est redevable, de la connoissance du vaste continent, & des Isles de l'Amérique. Il étoit dans la croyance alors commune, qu'il n'y avoit que de la Mer entre les extrémités occidentales & les extrémités orientales de notre continent : il le persuada, qu'en traversant toute cette étendue de Mer, il parviendroit à une certaine Isle de *Cipango*, dont il est parlé dans la Relation de Marc-Paul, ancien voyageur : cette Isle peu distante du continent, étoit selon le même Voyageur, extraordinairement abondante en or. Il ne falloit pas moins que le concours d'un Souverain puissant pour seconder les vues de Colomb. Les premiers à qui il s'adressa, aimerent mieux le traiter de visionnaire, que de risquer quelques tentatives. Ce ne fut qu'avec beaucoup de peine qu'il détermina la Cour d'Espagne à le faire partir. Enfin s'étant mis en Mer avec

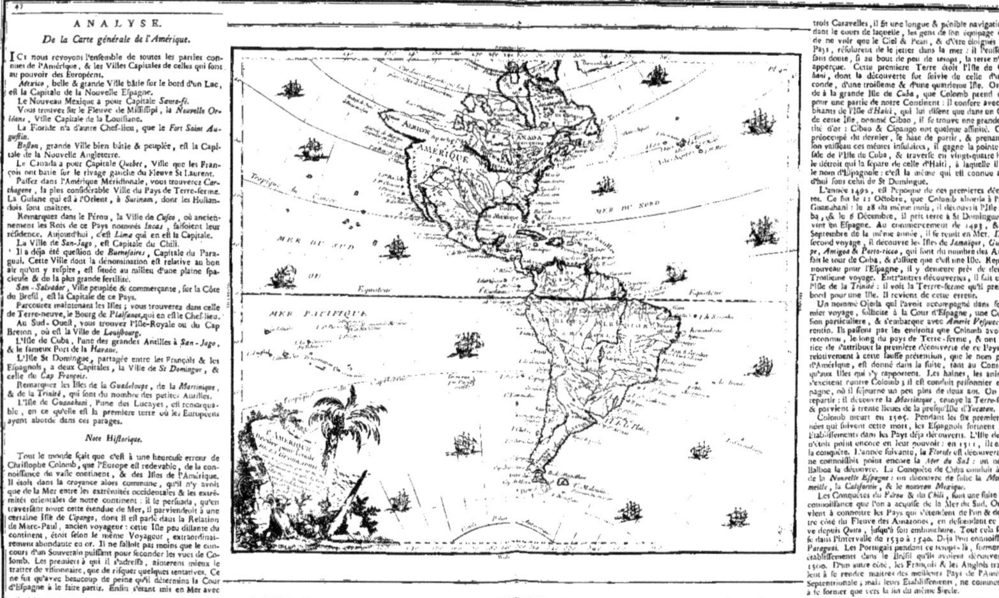

trois Caravelles, il fit une longue & pénible navigation pendant le cours de laquelle, les gens de son équipage ennuyés de ne voir que le Ciel & l'Eau, & d'être éloignés de leur Pays, résolurent de le jetter dans la mer : il l'eussent fait sans doute, si au bout de peu de temps, la terre n'eut été apperçue. Cette premiere Terre étoit l'Isle de Guanahani, dont la découverte fut suivie de celle d'une seconde, d'une troisieme & d'une quatrieme Isle. On aborde à la grande Isle de Cuba, que Colomb prend d'abord pour une partie de notre Continent : il confere avec les habitans de l'Isle d'Haïti, qui lui disent que dans un Canton de cette Isle, nommé Cibao, il se trouve une grande quantité d'or : Cibao & Cipango ont quelque affinité. Colomb préoccupé du dernier, se hâte de partir, & prenant dans son vaisseau ces mêmes insulaires, il gagne la pointe orientale de l'Isle de Cuba, & traverse en vingt-quatre heures le détroit qui la sépare de celle d'Haïti, à laquelle il donne le nom d'Espagnole : c'est la même qui est connue aujourd'hui sous celui de St Domingue.

L'année 1492, est l'époque de ces premieres découvertes. Ce fut le 11 Octobre, que Colomb aborda à l'Isle de Guanahani : le 28 du même mois, il découvrit l'Isle de Cuba, & le 6 Décembre, il prit terre à St Domingue. Il revint en Espagne. Au commencement de 1493, & le ... Septembre de la même année, il se remit en Mer. Dans ce second voyage, il découvre les Isles de *Jamaïque*, *Guadeloupe*, *Antigoa* & *Porto-ricco*, qui sont du nombre des Antilles; fait le tour de Cuba, & s'assure que c'est une Isle. Reparti de nouveau pour l'Espagne, il y demeure près de deux ans. Troisieme voyage. Entr'autres découvertes, il fait celle de l'Isle de la *Trinité* : il voit la Terre-ferme qu'il prend d'abord pour une Isle. Il revient de cette erreur.

Un nommé Ojeda qui l'avoit accompagné dans son premier voyage, sollicite à la Cour d'Espagne, une Commission particuliere, & s'embarque avec *Americ Vespuce*, Florentin. Ils passent par les endroits que Colomb avoit déja reconnus, le long du pays de Terre-ferme, & ont l'injustice de s'attribuer la premiere découverte de ce Pays; c'est relativement à cette fausse prétention, que le nom général d'Amérique, est donné dans la suite, tant au Continent qu'aux Isles qui s'y rapportent. Les haines, les animosités s'excitent contre Colomb; il est conduit prisonnier en Espagne, où il séjourne un peu plus de deux ans. On le fait repartir : il découvre la *Martinique*, cotoye la Terre-ferme, & parvient à trente lieues de la presqu'Isle d'*Yucatan*.

Colomb meurt en 1505. Pendant les six premieres années qui suivent cette mort, les Espagnols forment divers Etablissements dans les Pays déja découverts. L'Isle de Cuba n'étoit point encore en leur pouvoir : en 1511, ils en font la conquête. L'année suivante, la *Floride* est découverte. On ne connoissoit point encore la *Mer du Sud* : un nommé Balboa la découvre. La Conquête de Cuba conduit à celle de la *Nouvelle Espagne* : on découvre de suite la *Mer Vermeille*, la *Californie*, & le *nouveau Mexique*.

Les Conquêtes du *Pérou* & du *Chili*, sont une suite de la connoissance que l'on a acquise de la Mer du Sud. On parvient à connoitre les Pays qui s'étendent de l'un & de l'autre côté du Fleuve des Amazones, en descendant ce Fleuve depuis *Quito*, jusqu'à son embouchure. Tout cela se passe dans l'intervalle de 1530 à 1540. Déja l'on connoissoit le *Paraguai*. Les Portugais pendant ce temps-là, forment des établissements dans le Brésil qu'ils avoient découvert en 1500. D'un autre côté, les François & les Anglois travaillent à se rendre maîtres des meilleurs Pays de l'Amérique Septentrionale; mais leurs Etablissements, ne commencent à se former que vers la fin du même Siecle.

ANALYSE

De la première Carte pour le détail de l'Amérique.

L'Ancien Continent & le nouveau Continent, sont traversés tous deux par la ligne équinoxiale ; & diverses parties de l'un & de l'autre, sont situées au-delà de cette ligne, par rapport à nous. Le Pérou, le Pays des Amazones, le Brésil, le Paraguay, le Chili, & la Terre Magellanique, qu'ici vous voyez représentés, font les parties de l'Amérique, situées dans l'hémisphère méridional. Le Fleuve des Amazones, coule dans cet Hémisphère, & dans une direction à peu-près parallèle à la ligne. Son embouchure est sous la ligne même. Depuis la ligne jusqu'au détroit de Magellan, il y a environ cinquante-trois degrés. Notre Continent ne s'étend pas aussi avant : il ne va guere que jusqu'à trente-cinq degrés. Il s'en faut donc dix-huit degrés, qu'il s'approche autant que l'autre du Pôle antarctique.

Les Andes ou Cordillères du Pérou, chaîne de montagnes de la plus grande étendue, commencent quelques degrés, en-deçà de l'équateur, dans le Pays de Terre-ferme, & de là elles regnent jusqu'à l'extrémité méridionale de la Terre Magellanique. Du côté de l'Orient, vous voyez d'autres chaînes de montagnes, qui s'étendent particulierement dans le Brésil, & que l'on appelle les Cordillères du Brésil.

Plaçons-nous à l'embouchure du Fleuve des Amazones. C'est tout l'espace compris depuis le Cap de Nord, jusqu'à la côte du Brésil qui en forme la largeur que vous voyez occupée par diverses Isles. La plus considérable de ces Isles, nommée Marajo, est située ce par un bras du Fleuve, qui se détachant du grand Canal, coule vers le Sud-Est, & joint le Canal d'un autre Fleuve appelé des Tocantins, qui par cette communication, mêle ses eaux avec celles de l'Amazone. Vous remarquerez près de l'Isle en question, une petite Ville Portugaise nommée Coropa. Remontez le Fleuve, vous trouvez plusieurs Forts construits par les Portugais. Vous voyez aussi les embouchures de quantité d'autres Rivieres, dont les eaux viennent grossir l'Amazône, qui depuis la jonction du Rio-negro & de la Madera, a communément une lieue de large, & deux ou trois, quand elle forme des Isles. Le Fort de Rio-negro, sur le bord Septentrional de la Riviere de même nom, appartient aux Portugais. Coari & Saint Paul, sur l'Amazone, sont deux Bourgades peuplées d'Indiens convertis par les Missionnaires Portugais. Plus haut, ce sont des Missions Espagnoles, Paves & Omaguas, Bourgades dépendantes de ces Missions, portent chacune le nom des Indiens qui les habitent. C'est entre ces deux Bourgades, que le Napo, Riviere à remarquer, se joint à l'Amazone. Lagune est un très-gros Village aussi peuplé d'Indiens qui y font un nombre le plus de mille. Borja petite Ville ou Bourg, est le Chef-lieu du Maynas, qui confine au Pérou. Nous observerons que le fleuve dont il s'agit, a premièrement été connu vers la source, sous le nom de Maragnon. Orellana, Capitaine Espagnol, ayant eu ordre de ses Supérieurs, d'aller à la recherche des vivres, descendit le Napo, & parvint jusqu'à une grande Riviere, dont il suivit le cours-outre jusqu'à la Mer. Il rapporte dans la Relation, qu'il vit sur les rivages des femmes armées & semblables à celles que l'antiquité désigne sous le nom d'Amazones. Cette circonstance vraie ou fausse ; mais qui prolonge l'amour en faible, comme l'affirment plusieurs Écrivains, qui parlant d'Orellana, le font connaître pour un homme qui étoit un peu plus que menteur : cette circonstance, dis-je, est

néanmoins celle qui a donné lieu à la dénomination du Fleuve, & de tout le vaste Pays qui est en-deçà & au-delà. Dans la suite il a été reconnu que le Fleuve des Amazones, ainsi nommé depuis l'embouchure du Napo, étoit une continuation du Marignon ; c'est la raison pour laquelle, on trouve sous plusieurs Cartes, & dans plusieurs livres, le Fleuve entier, désigné sous l'une & l'autre dénomination. A le prendre depuis sa source, jusqu'à son embouchure, il traverse au moins sont cents lieues de Pays. Ses détours peuvent être évalués à trois cents lieues & plus ; ce qui en fait un Fleuve de cinq mille lieues de cours. L'Amérique n'a un tel autre Fleuve-d'une aussi grand étendue. Le Nil, le Volga, & le Jenisca, qui sont les plus grands Fleuves de notre Continent, ne peuvent lui être comparés. Le Nil puise pour le plus considérable, & son cours est moins que ce sept cents lieues.

Passons sur la Côte du Brésil. En la suivant depuis l'embouchure de l'Amazone où est commencée, jusqu'à l'embouchure de la Plata, où elle se termine, nous parcourons une étendue de plus de mille lieues ; & nous trouverons diverses Villas appartenantes aux Portugais qui sont maîtres de toute cette Côte. Les Paulistes ne se trouvent pas au simple rivage ? elles s'étendent dans les terres, & forment une Régence d'environ cette Terre-d'Engace, qui est divisée en qui sont Capitaine-ries, dont celle une de la Baye de tous les Saints, où est San-Salvador, est la plus riche. A l'égard des Contrées, pas éloignées de la Mer, c'est tout différents Peuples sauvages qui les habitent. Les Tomros & les Tapiques, voisins de Grande Para, sont les plus connus d'entre les Peuples sauvages du Brésil. La Nation des Topinambas ou Topinenbrac, qui répand et et trouve éparse, & répandue dans divers Contrées, étoit la plus puissante il y a deux Siecles.

La Province d'El-Rey ou du Roi, l'une des Capitaineries du Brésil, étoit comprise dans le Paraguay, avant la cession que les Espagnols en firent aux Portugais en 1713. Les Espagnols ne sont maîtres que d'une partie du Paraguay. Il y a dans cette étendue de Pays, de vastes Contrées qui sont habitées par des Indiens libres. Le Pays contient tout le terrain des Terres de la Mission, s'étend le long du Parana, & est rempli de Bourgades d'Indiens, que les Jésuites ont convertis & civilisés.

Le Paraguay & le Chili sont contigus. Chacun a son Gouverneur général, dont l'un réside à Buenos-ayres, & l'autre à San-Jago, & tous deux subordonnés, au vice-Roi du Pérou.

Nous avons précédemment parlé de Vasco-Nugnez, de Balboa, & de la découverte qu'il fit de la Mer du Sud. Ce fut à l'aide des Mémoires qu'il avoit laissés, que deux Capitaines Espagnols, François Pizarre, & Diégo Almagro, entreprirent & firent les Conquêtes du Pérou & du Chili. Remarquons que les Espagnols avant commencé la découverte de cette Côte, par une Province qui s'étendoit le long de la Riviere de Biru, qu'ils rencontrent pendant trois jours avec de grandes fatigues, ils s'accoutumèrent à nommer ce pays, le nom même de la Riviere, duquel s'est fait dans la suite celui de Pérou, qui est devenu général pour tous les Pays conquis en particulier par Pizarre. Diégo Almagro parti du Pérou dans le Chili, & en fit la conquête. Selon quelques-uns, le nom du Chili égale un pays froid. D'autres prétendent avec d'autres de leur fondant, que comme il y a une Riviere nommée Chili, qui coule dans ce Pays, c'est le nom même de la Riviere qui lui a été donné.

CHILI,
PARAGUAY,
BRÉSIL,
AMAZONES,
ET PÉROU.
Par M. Brion, Ingr. Géogr. du Roi.
A PARIS
Chez le Sr. Desnos, Ingr. Géographe
pour les Globes & Sphères
rue St. Jacques au Globe.
1766

ANALYSE

De la deuxième Carte pour le détail de l'Amérique.

ICI se présentent sous un seul coup d'œil toutes les découvertes faites par Christophe Colomb, pendant le cours de ses quatre voyages. En suivant l'ordre selon lequel elles se sont succédées, ce sont les *Isles Lucayes* qui se trouvent les premieres à remarquer. L'Isle de *Cuba*, & l'Isle *St. Domingue*, ont été découvertes ensuite des Lucayes. La découverte de l'Isle de *Portorico*, est du milieu de Novembre 1493, & a été précédée dans le même mois, de celle des Isles *Dominique*, *Mari-Galande*, *Guadeloupe*, *Antigoa*, *St. Christophe*, & autres. Au mois d'Avril suivant, Colomb, en faisant le tour de Cuba, qu'il reconnut être une Isle, découvrit celle de la *Jamaïque*. En 1496, il retourna en Espagne; & ce fut en 1498, le 30 Mai, qu'il y fit son troisieme embarquement pour l'Amérique. Le 31 Juillet, il découvrit l'*Isle de la Trinité*: il en fit le tour, & vit la *Terre-ferme*, qu'il prit d'abord pour une Isle: il en fut désabusé quelques jours après, & donna le nom de *Paria* à la Côte. La difficulté qu'il eut à sortir du Canal qui sépare l'Isle de la Trinité, du Continent, fut cause qu'il nomma cette sortie *Bouche du Dragon*. Il trouva de l'eau douce assez avant en Mer; c'étoit l'eau de l'*Orenoque*; ensuite il remonta au Nord, & découvrit entr'autres Isles, la *Marguerite*, ainsi nommée à cause des perles que l'on pêche le long de ses Côtes. Des entreprises d'un tel ordre & conduites avec tant de succès, ne pouvoient que lui acquérir beaucoup de gloire, & en même-temps, lui susciter beaucoup d'ennemis. Nous avons parlé des disgraces que ceux-ci lui firent essuyer, & de sa prison en Espagne. Ce n'est qu'en 1502, au commencement de Mai, qu'il se remet de nouveau en Mer. Le 13 Juin, il aborde à la *Martinique*, rase la Côte de St. Domingue, passe à la Jamaïque, d'où il gagne le *Golfe de Honduras*, & parvient comme nous l'avons déja dit à trente lieues de l'Yucatan. Là il reprend sa route vers l'Orient, découvre un Cap qu'il nomme de *Gracias à Dios*, & l'ayant doublé, il continue de cotoyer jusqu'à l'Isthme de Panama, où il découvre plusieurs Ports, à l'un desquels il donne le nom de *Porto-Bello*, qu'il conserve encore. Cette Navigation fut la derniere de Colomb.

Nous venons de dire que ce fut en 1498, qu'il passa la bouche du Dragon, & rangea la Côte du Pays de Terreferme. Il est constant qu'Ojeda & Améric Velpuce, ne firent le même trajet que l'année suivante. Un nommé *Rodrigue de Bastidas*, obtint peu de temps après, l'agrément de parcourir les mêmes Côtes, & poussa beaucoup plus loin qu'Ojeda: il découvrit le Port où depuis a été bâtie la Ville de *Carthagène*, & parvint jusqu'à l'Isthme de Panama.

Les Espagnols ayant passé plusieurs années à faire des découvertes, & n'ayant encore d'établissement qu'à Saint Domingue, penserent à en faire en d'autres endroits. Les riches Mines de *Porto-Ricco*, furent un appas qui les porta à conquérir premiérement cette Isle. Ils tournerent ensuite leurs vues du côté de la *Marguerite*. La Cour d'Espagne, voulut avoir des Etablissemens dans la *Terre-ferme*, & à la Jamaïque: elle fit choix d'*Ojeda*, & d'un autre Gentilhomme nommé *Nicuessa*, pour remplir cet objet. Ojeda eut pour son district, depuis le *Cap de la Vela*, qu'il avoit ainsi nommé lui-même, jusqu'à la moitié du *Golfe de Darien*. Nicuessa eut le reste de la Côte, jusqu'au Cap de *Gracias à Dios*. Le

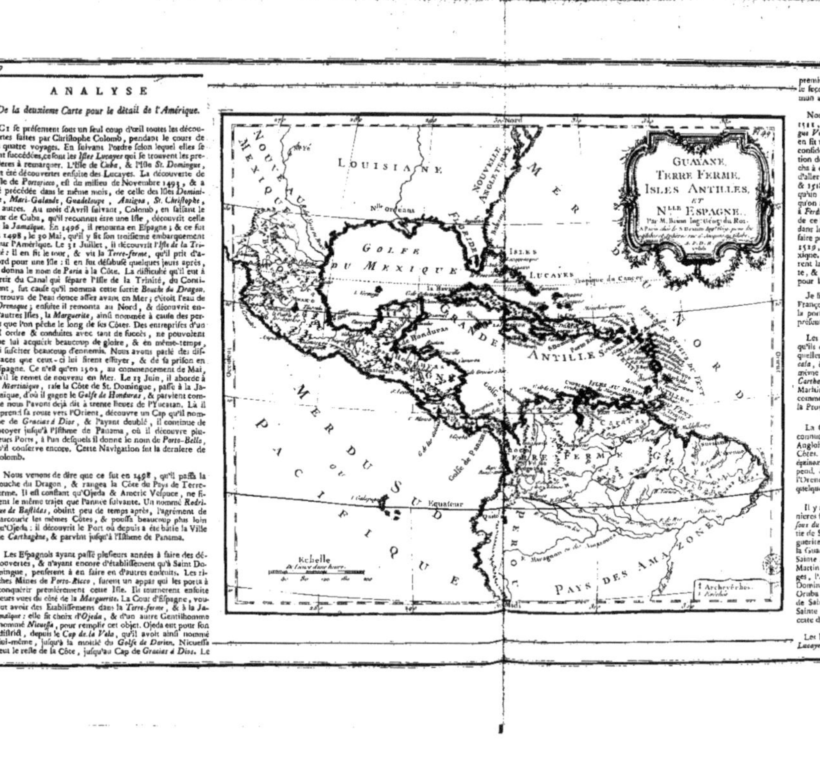

premier de ces Districts fut nommé *Nouvelle Andalousie*, & le second, *Castille d'or*. La Jamaïque qui fut laissée en commun aux deux Gouverneurs, ne leur demeura pas.

Nous avons dit que la conquête de Cuba qui fut faite en 1511, conduisit à celle de la Nouvelle Espagne. *Don Diegue Velasquez*, qui fut le premier Gouverneur de cette Isle, en fit un séjour si avantageux, que tout ce qu'il y avoit de considérable aux Antilles, cherchoit à s'y établir. L'ambition de ce Gouverneur s'accrût avec son pouvoir: il chercha à en étendre le District, & chargea divers particuliers, d'aller à la découverte de nouveaux Pays. Les années 1517. & 1518. se passerent à reconnoître les Côtes du *Mexique*, qu'un simple soldat s'avisa d'appeller *Nouvelle Espagne*, & qu'on a toujours continué d'appeller ainsi. Il étoit réservé à *Ferdinand Cortés*, & à ses Collegues, de faire la conquête de ce beau Pays, d'en saccager toutes les Villes, de mettre dans les fers, le puissant Empereur qui y dominoit, & de faire périr son Successeur sur des charbons ardents. Ce fut en 1519, que les Espagnols commencerent d'attaquer le Mexique. En 1521, ils en furent tout-à-fait maîtres, & rebâtirent la Ville de Mexico, qu'ils avoient entierement détruite, & dont ils avoient égorgé tous les habitants, par zèle pour la foi.

Je finirai par la distinction de ce dont les Espagnols, les François, les Anglois & les Hollandois, sont maîtres dans la portion du Continent, & les Isles qui se trouvent ici représentés.

Les Espagnols possedent entierement la *Nouvelle Espagne*, qu'ils ont divisée en un grand nombre de Provinces auxquelles les Villes de *Mexico*, *Guatimala*, *Nicaragua*, *Tlascala*, & beaucoup d'autres donnent leurs noms. Ils ont de même divisé la *Terre-ferme*, qui leur appartient. *Panama*, *Carthagene*, *Ste. Marthe*, &c. sont Capitales des Provinces Maritimes de mêmes noms. *Santa-Fe de Bogota*, regardée comme la Capitale de tout le Pays, l'est en particulier de la Province, dite *nouveau Royaume de Grenade*.

La *Guyane*, Pays entouré de Rivieres & de Mers, est peu connue dans son Intérieur. Les François, les Espagnols, les Anglois & les Hollandois, ont des Etablissemens sur les Côtes. Ceux des François, sont désignés sous le nom de *France équinoxiale*: là vous trouvez l'Isle de *Cayenne*, qui en dépend. *Surinam* est de la Guyane Hollandoise, *St. Thomé*, sur l'Orenoque, est de la Guyane Espagnole. Les Anglois ont quelques habitations aux environs de la Riviere de *Maroni*.

Il y a les *Grandes Antilles*, & les petites *Antilles*. Les dernieres sont divisées en *Isles au-dessus du Vent*, & *Isles au-dessous du Vent*. *Antilles Espagnoles*, Cuba, la plus grande partie de St Domingue, Porto-Ricco, la Trinité, & la Marguerite. *Antilles Françoises*, l'autre partie de St. Domingue, la Guadeloupe, la Martinique, Marigalante, les Saintes, Sainte Lucie, Saint Barthelemi, Grenade, Tabago, & St. Martin en partie. *Antilles Angloises*, la Jamaïque, les Vierges, l'Anguille, St. Christophe, la Barboude, Antigoa, la Dominique & la Barbade. *Antilles Hollandoises*, Curaçao, Oruba, Buenayre, Saint Eustache, Saba, & l'autre partie de Saint Martin. Ajoutons les *Antilles Danoises*, savoir Sainte Croix & Saint Thomas. Le Roi de Prusse partage cette derniere avec le Roi de Danemarck.

Les Espagnols & les Anglois, possedent entr'eux les *Isles Lucayes*.

ANALYSE

De la troisième Carte pour le détail de l'Amérique.

Nouveau Mexique & Californie.

LORSQUE les Espagnols firent la découverte du nouveau Mexique, ils y trouverent des Peuples nombreux ; les uns étoient errants, les autres étoient idolâtres & divisés par Cantons ou Tribus. Dès 1528, un Moine nommé *Marc de Niça*, eut, dit-on, connoissance de ce Pays. Ce fut en 1552, qu'Antoine d'Espejo, homme riche, natif de Cordoue, en Espagne, & habitant du Mexique, se mit en route avec 150 chevaux ou Mulets, des munitions de Guerre & de bouche, & beaucoup d'esclaves, pour aller reconnoitre. Il pénétra fort avant, & fit rencontre de divers peuples, les uns sans Habitations fixes, & les autres, habitant des Bourgades. Après avoir parcouru de la sorte, pendant plusieurs jours de suite, il donna au pays le nom de *nouveau Mexique*. Ce Pays est traversé par une grande Riviere appellée *Rio del norte* ou *Bravo*, à droite & à gauche de laquelle, on voit des chaînes de montagnes qui laissent entr'elles des plaines assez belles & remplies de quantité de Bourgades Espagnoles, autour desquelles, les Indiens se sont rassemblés. C'est sur une petite Riviere qui s'y décharge du côté de l'Est, que se trouve la Ville de *Santa-fé*, résidence du Gouverneur, & qu'on dit être fort peuplée & bien bâtie.

Du Gouvernement du nouveau Mexique, dépendent le *nouveau Léon*, la *nouvelle Navarre* & la *Californie*. Cette derniere fut découverte en 1534. On en connut d'abord l'extrémité méridionale, où est le *Cap St. Lucas*. Ensuite les Côtes orientales qui regnent le long de la Mer Vermeille, furent découvertes. En 1539, un Capitaine Espagnol, nommé François de Vello, rangea toute la Côte occidentale. Jean Ruys Cabrillo, Portugais, au service de l'Espagne, navigant plus au Nord ; parvint jusqu'au *Cap Mendocin*. Martin d'Aguilar, envoyé en 1603, pour la découverte des parties plus Septentrionales, doubla le *Cap Mendocin*, & découvrit trente lieues plus loin, un autre Cap qu'il nomma le *Cap blanc*. Il poussa plus avant, & vit une entrée dans laquelle les courants l'empêcherent de pénétrer : celle de *Joan de Fuca*, plus au Nord, avoit été précédemment découverte. On ignore encore, si ces entrées sont des embouchures de Rivieres, ou quelques détroits de Mer. Quelques-uns prétendent que la Mer du Sud, forme ici un grand Golfe qu'ils appellent *Mer de l'Ouest* : d'autre nient l'existence de cette Mer. On doit aux Russes, la découverte de quelques Côtes plus septentrionales qui sont ici représentées : ces Côtes appartiennent-elles au Continent, ou sont-ce des Isles : c'est ce que l'on ne sait pas. *François Drake*, Navigateur Anglois, ayant mouillé en 1578, dans une Baye de la Côte qui est en deçà de l'entrée d'Aguilar, lui donna le nom de *nouvelle Albion*, que les Geographes Anglois, & autres, étendent arbitrairement aux Régions inconnues qui terminent cette Côte.

Canada.

Il y a plus de deux Siecles, que les François ont découvert le Canada, grand Pays qui s'étend des deux côtés du Fleuve St. Laurent, sur le rivage duquel ils ont bâti en 1608, la Ville de Quebec. Vingt-cinq lieues au-dessus, vous trouvez sur le même rivage, celle des *Trois Rivieres*, & plus loin celle de *Monréal*, bâtie dans une Isle. Le Lac Ontario a été connu des François peu après leur entrée dans le Fleuve St. Laurent. Aux deux extrémités du Lac, se trouvent les Forts de *Frontenac* & de *Niagara*. On appelle *Riviere de Niagara*, cette partie du Fleuve St. Laurent qui tombe du *Lac Erié*

dans le *Lac Ontario*. Le *Lac Erié*, communique au *Lac Huron*, par une autre partie du Fleuve St. Laurent. Remarquez le *Lac Michigan*, & le *Lac Supérieur* : ce dernier qui est le plus grand de tous, a au moins 80 lieues de longueur, sur 50 dans sa plus grande largeur, & renferme plusieurs Isles de grande étendue. Vous voyez à l'Occident, le *Lac de la Pluye*, le *Lac des Bois*, le *Lac Winipique*, le *Lac Rouge*, &c. ainsi que les différentes Rivieres qui y ont leurs entrées, ou qui en sortent. Depuis très-long-temps, on savoit qu'à l'Ouest & au Nord-Ouest du Lac Supérieur, il y avoit une suite de Rivieres & de grands Lacs, par le moyen desquels on pouvoit s'avancer beaucoup vers l'Ouest : on ne doutoit pas même de rencontrer l'Océan en suivant cette route : cependant il n'y a que trente ans que l'on en a une connoissance sûre & détaillée, qui est due aux recherches de quelques Officiers François, chargés des ordres de la Cour pour cet objet.

Louisiane & Floride.

C'est à M. Robert Cavelier de la Salle, qu'on est redevable de la connoissance de la Louisiane, vaste Pays arrosé par un Fleuve de plus de neuf cents lieues de cours, nommé *Mississipi*, & par diverses autres grandes Rivieres qui s'y rendent, telles que le *Missouri*, l'*Ohio*, &c. M. de la Salle, d'après les lumieres qu'il avoit tirées de Sauvages de diverses Nations, étoit depuis long-temps persuadé, que l'on pouvoit faire des Etablissements considérables du côté du Sud, au-delà des Lacs que traverse le Fleuve St. Laurent : il se flattoit aussi, que les recherches qu'on pourroit faire du côté de l'Ouest, conduiroient à la découverte de quelque passage dans la Mer du Sud. Il paroit même par la Relation du Père Louis Hennepin, Missionnaire Récollet, qui l'accompagnoit, qu'on étoit alors dans l'opinion, que le Mississipi avoit son embouchure dans la Mer Vermeille. Ce fut à la fin de Décembre 1678, que l'entreprise fut commencée ; on remonta le Fleuve St. Laurent, & on traversa plusieurs Lacs : la Source de la Riviere des *Ilinois*, qui se rend dans le Mississipi, n'est pas éloignée du Lac Michigan : on descendit cette Riviere jusqu'à son embouchure, & on continua la Navigation jusqu'à celle du Mississipi, où M. de la Salle n'arriva que le 7 Avril 1683, s'étant arrêté à construire divers Forts, & à faire alliance avec les différents Cantons de Sauvages qu'il trouva sur sa route. Sept à huit ans après la mort de M. de la Salle, un Gentilhomme Canadien, nommé M. d'Iberville, acheva de reconnoitre les bords du Mississipi, & en 1717, les François y bâtirent une Ville qui est la *Nouvelle Orléans*.

Le nom de *Floride* s'appliquoit autrefois, non-seulement à la presqu'Isle qui le porte aujourd'hui, mais encore à toute l'étendue de pays qui est à l'Ouest, c'est-à-dire à la Louisiane, & même à la Georgie & à la Caroline, qui sont les Provinces les plus méridionales de la Nouvelle Angleterre. Les Espagnols qui sont les seuls Européens établis dans cette presqu'Isle, y ont le Fort St. Augustin, dont nous avons parlé, & le Fort Pensacola, sur le Golfe du Mexique.

Possessions Angloises.

Elles comprennent les huit Pays ou Provinces qui s'étendent à l'Orient du Canada le long de la Mer du Nord, les Pays qui bordent la *Baye d'Hudson*, l'Isle du *Terre-neuve*, & plusieurs autres Isles.

En 1584, une Compagnie formée à Londres pour l'objet des Découvertes, fit partir le sieur Walter-Raleig, qui dirigea d'abord sa route vers les Canaries, d'où il gagna les Antilles, & ensuite la Floride. Il découvrit une vaste étendue de pays, à laquelle il donna le nom de *Virginie*, qui fut restreint à une partie seulement de ce pays. Diverses autres parties ont des dénominations particulieres, telles que celles d'Angleterre, *Maryland*, *Pensilvanie*, &c. Les principales Villes à remarquer ici, sont du Nord au Sud : *Anapolis*, *Boston*, *New-Yorck*, *Philadelphie*, *Christine*, *Ste Marie*, *Jamestown*, *Charlestown* & *Savanah*, Capitales des Provinces d'Acadie, Nouvelle Angleterre, Nouvelle York, Pensilvanie, Nouvelle Jersei, Mariland, Caroline & Georgie, dont l'ensemble est désigné sous le nom général de *Nouvelle Angleterre*. Il est à remarquer que les François, bien longtemps avant que les Anglais eussent connoissance de toutes ces Côtes, en avoient fait la découverte, & y avoient commercé.

ANALYSE

De la premiere Carte pour le détail de la France.

Gouvernement de l'Isle de France.

IL est divisé par la Seine & la Marne, en deux parties, l'une Septentrionale, & l'autre Méridionale: la premiere traversée par la Riviere d'Oise, renferme sept Pays. Saint-Denis, Argenteuil, Gonesse, Louvres, Montmorenci, l'Isle-Adam, Beaumont, Luzarche, &c. appartiennent au petit Pays nommé particuliérement Isle de France. Celui où vous voyez Senlis, Chantilli, Creil, Pont Ste Maxence, Verberie, Compiegne, Crepi, Villers-Coterets, Laferté-Milon, &c. se nomme le Valois. La Ville de Soissons, Capitale de tout le Gouvernement, l'est en particulier du Soissonois. Il y a le Laonois, le Noyonois, & le Beauvaisis, qui reçoivent leurs dénominations des Villes de Laon, Noyon & Beauvais, Pontoise, Chaumont, Magni & Meulan, sont du Vexin François.

Dans la partie méridionale, vous trouvez les Villes de Melun, Corbeil, Brie Comte-Robert, Lagni, &c. C'est ici la Brie Françoise, qui s'étend le long de la Riviere de Seine, depuis l'embouchure de la Marne, jusques vers l'embouchure de l'Yonne. De l'autre côté de la Seine, c'est le Gastinois François, où se trouvent Nemours, Fontainebleau, Laferté-Alis, Pont sur Yonne, Courtenai, &c. La Beauce Françoise, composée du Menars & du Hurepoix, est au midi de l'Isle de France & du Vexin François. Versailles, St. Cloud, Neuilli, Ruel, Marli, Saint Germain, Poissi, Ville-Preux, Marni, Anet, Dreux, Houdan & Mont-Fort, sont du Mantois. Longjumeau, Montlheri, Arpajon, Limours & Chevreuil, sont du Hurepoix.

Gouvernement de Paris.

Ce qui forme le Gouvernement de Paris, c'est la Ville de Paris, & plusieurs Lieux des environs. Toute la partie de cette Ville qui borde la rive gauche droit de la Seine, & qu'on appelle particulierement la Ville, est de l'Isle de France; celle qui borde le rivage gauche, & qu'on appelle l'Université, est du Hurepoix. Conflans, Jussienne, Louvre, Lagni, Gastnil, Arpajon, Villepreux & Poissi, occupent à-peu-près les Limites de ce Gouvernement.

Beaucoup de circonstances se réunissent pour prouver que Paris, longtemps avant l'établissement de la Monarchie Françoise, étoit déjà une Ville recommandable. On vit le premier des Rois François qui y établit sa résidence. Cette Ville avant son regne, n'est renfermée dans ce qu'on nomme la Cité. Quelques siecles fleurit le long de la Riviere de Seine & ses principales avenues, étoient de la dependance. Le sol de la Cité n'étoit alors qu'au niveau de la plus basse Cour de Saint Denis de la Chartre. Le Quartier de Paris nommé la Ville, s'est formé sur le Bois de la premiere Race. Celui de l'Université s'est formé que postérieurement; mais l'un & l'autre, ne furent réparés que fort tard, jusqu'au temps de Philippe Auguste, qui le laissa une premiere enceinte, dans laquelle les forets renfermés. Dans une seconde enceinte que le même Roi fit faire, plusieurs environs & lieux particuliers qui se trouvoient hors de la Ville, furent compris dans la Ville. Le Faubourg saint Germain, & le Faubourg Saint Martin, étoient deux Villes distinctes que la traversée renfermoient dans cette seconde enceinte, & jointes au Quartier de l'Université.

Gouvernement de Champagne.

La Riviere d'Aisne unie au Nord de ce Gou-

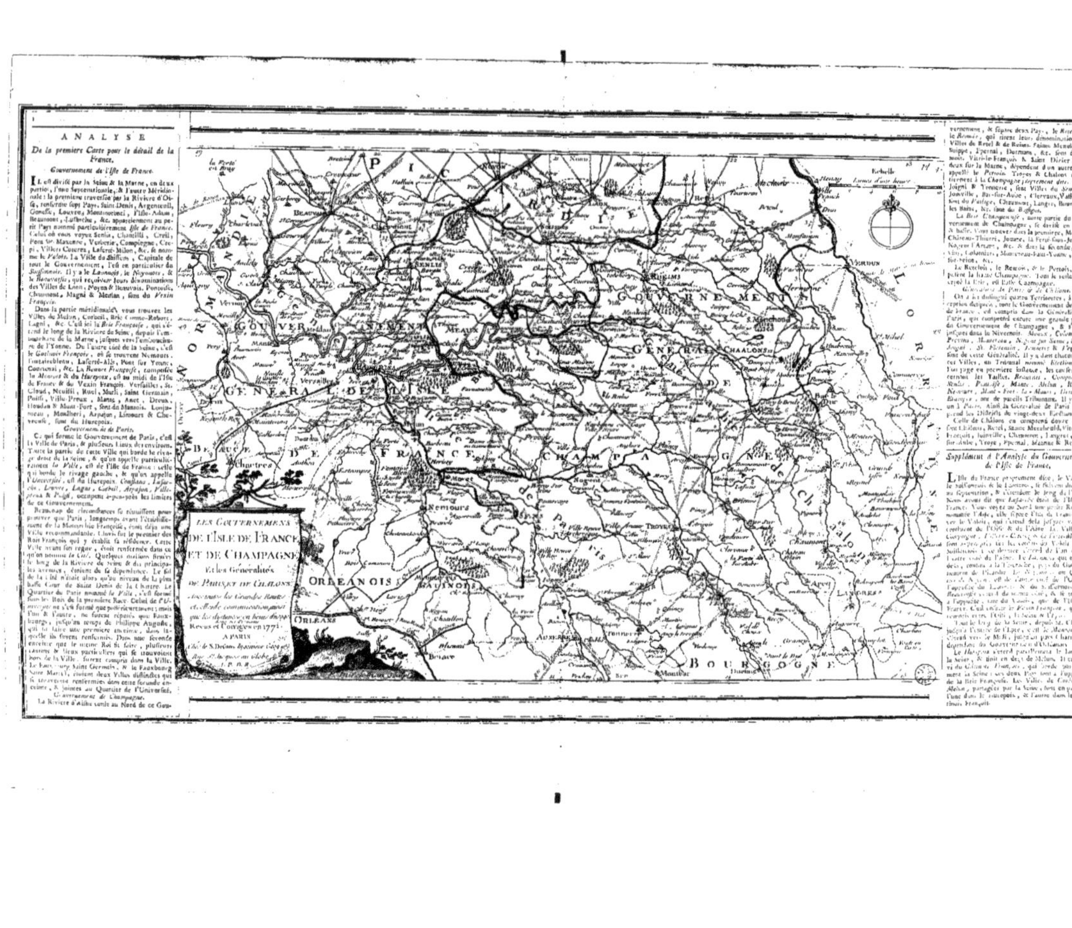

LES GOUVERNEMENS
DE L'ISLE DE FRANCE
ET DE CHAMPAGNE,
Et les Généralités
DE PARIS ET DE CHALONS.
Avec toutes les Grandes Routes
et Mode communications ainsi
que les distances en lieues d'après
Revûs et Corrigés en 1771.
A PARIS
Chez le S. Desnos Ingenieur Géographe
Rue St. Jacques au Globe.

PICARDIE
GOUVERNEMENT
GENERAL CHALONS
NORMANDIE
GENERAL DE L'ISLE
CHAMPAGNE de Chalons
BEAUCE DE FRANCE
Chartres
Orleanois
ORLEANS
BOURGOGNE

vernement, & sépare deux Pays, le Rethelois & le Remois, qui tirent leurs dénominations des Villes de Rethel & de Reims. Sainte-Menehould, Suippe, Epernai, Dormans, &c. sont du Remois. Vitri-le-François & Saint Disier, tous deux sur la Marne, dépendent d'un autre Pays appellé le Pertois. Troyes & Chalons appartiennent à la Champagne proprement dite. Sens, Joigni & Tonnerre, sont Villes du Senonois. Jonville, Bar-sur-Aube, Clervaux, Vassi, &c. sont du Vallage. Chaumont, Langres, Bourbonne les Bains, &c. sont du Bassigni.

La Brie Champenoise, autre partie du Gouvernement de Champagne, se divise en haute & basse. Vous trouvez dans la premiere, Meaux, Château-Thierri, Jouarre, la Ferté-sous-Jouarre, Nogent l'Artaut, &c. & dans la seconde, Provins, Colomier, Montereau-faut-Yonne, Bray-sur-Seine, &c.

Le Rethelois, le Remois, & le Pertois, composent la haute Champagne. Tout le reste, excepté la Brie, est basse Champagne.

Généralités de Paris & de Chalons.

On a là distingué quatre Territoires, à l'exception desquels, tout le Gouvernement de l'Isle de France, est compris dans la Généralité de Paris, qui comprend encore une grande partie du Gouvernement de Champagne, & s'écend jusques dans le Nivernois. Meaux, Colomier, Provins, Montereau, Nogent sur Seine, Sens, Joigni, St. Florentin, Tonnerre & l'Epelu, sont de cette Généralité. Il y a dans chacune de ces Villes, un Tribunal nommé Election, où l'on juge en premiere instance, les causes concernant les Tailles. Beauvais, Compiegne, Senlis, Pontoise, Mante, Melun, Royat, Beaumont, Mont-Fort, la Mure, Dreux & Étampes, une de pareils Tribunaux. Il y en a un à Paris. Ainsi la Généralité de Paris comprend les Districts de vingt-deux Elections.

Celle de Chalons en comprend douze, qui sont Chalons, Reteil, Sainte-Menehould, Vitri-le-François, Joinville, Chaumont, Langres, Bar-sur-Aube, Troyes, Epernal, Sezane & Reims.

Supplément à l'Analyse du Gouvernement de l'Isle de France.

L'Isle de France proprement dite, le Valois, le Soissonois & le Laonois, se faisoient du même Gouvernement, & s'étendent le long de l'Oise. Nous avons dit que l'Aisne se joint à l'Oise de France: Vous voyez au Nord une petite Riviere nommée l'Oise, elle épare l'Isle de France & le Soissonois, du côté du Valois jusques vers le confluent de l'Oise & de l'Aisne. La Ville de Compiegne, l'Oise & la Champagne & le Soissonois sont repartis par les contrées du Valois & du Soissonois à ce dernier côté de l'Oise & de l'autre côté de l'Aisne. Le Laonois qui est au-delà, contient la Fere-tile, pays du Gouvernement de l'Isle de France à Soissons est la source est de, & se trouve à l'opposite, une du Valois, que la Ville de Marne Cest un côté de Vexin François, qui s'y tend à son Isle.

Tout le long de la Seine, depuis St. Cloud, jusques l'entrée de l'Oise, est le Mantois qui s'étend vers le Midi, jusqu'aux pays d'Amiens, dépendans des Gouvernement d'Orleans.

Le Hurepoix s'étend parallement le long de la Seine, & finit en deça de Melun. Il traverse la Seine à son entrée, qui sert de bornes à la Seine & ses deux Pays sont à l'opposite de la Brie Françoise. La Ville de Corbeil & Melun, partagées par la Seine, sont en partie, l'une dans le Gastinois, & l'autre dans le Gastinois François.

ANALYSE
De la deuxieme Carte pour le détail de la France.

LA Province de Normandie représentée sur cette Carte, est divisée en haute Normandie, & basse Normandie.

La Généralité de Rouen, toute dans la haute Normandie, s'étend des deux côtés de la Seine, & renferme une portion du Vexin François. On voit que le Gouvernement du Havre, fait partie de cette Généralité qui comprend les Districts de quatorze Elections.

La Généralité de Caen, renfermée dans la basse Normandie, est composée de neuf Elections. La Dive, Rivière qui se rend dans la Mer, sépare vers son embouchure, cette Généralité d'avec celle de Rouen.

La Généralité d'Alençon, s'étend dans la haute & dans la basse Normandie; elle comprend encore le Perche, Province dépendante du Gouvernement du Maine, & est aussi composée de neuf Elections.

Elections de la Généralité de Rouen,

Rouen, Pont de l'Arche, Andeli & Caudebec, sur la Seine, Evreux, sur l'Iton, Rivière qui se rend dans l'Eure; Pont-Audemer, sur la Rille, qui tombe à l'Occident de la Seine & de l'Iton; Arques & Neufchatel, sur la Rivière d'Arques, qui tombe au Nord de la Seine; Eu, sur la Resle, qui coule au Nord de celle d'Arques; Lions, à l'Est de Rouen, au-Sud de l'Epte; Gisors, sur l'Epte, & Chaumont, dans le Vexin François.

Elections de la Généralité d'Alençon.

Dans la haute Normandie, Lisieux, Bernai, Conches & Verneuil.

Dans la basse Normandie, Alençon, Falaise, Argentan & Domfront.

Dans le Perche, Mortagne.

Elections de la Généralité de Caen.

Caen, Bayeux, St. Lo, Vire, Avranches, Mortain, Coutances, Carentan & Valogne.

Des Pays que renferment la Haute & la Basse Normandie;

On distingue dans la première, 1°. le Pais de Normand, qui s'étend le long du rivage Septentrional de la Seine, depuis l'embouchure de l'Epte, jusques vers Caudebec: la Ville même de Rouen est du Vexin Normand: le Fauxbourg qui est à l'opposite, & qu'on appelle le Fauxbourg St. Sever, dépend d'un autre Pays appellé le Roumois. 2°. le Pays de Bray, où vous voyez Neufchatel, Aumale, Forges, &c. 3°. Le Pays de Caux, qui occupe tout le rivage maritime depuis la Seine jusqu'à la Resle, & dont le Gouvernement du Havre fait partie 4°. Le Roumois qui commence un peu au dessus d'Elbeuf, & finit au-dessous de Quillebeuf. La Rille, depuis le lieu où elle reçoit la Corentone jusqu'à son embouchure dans la Seine, sépare ce Pays d'avec le Lieuvin. 5°. Le Pays de Campagne, renfermé entre la Seine, la Rille & l'Eure, & qui se divise en Campagne de Neubourg, où se trouvent Neubourg, Evreux, Vernon, Louviers, Pont-de-l'Arche, &c. & Campagne de St. André, de laquelle dépendent St. André, Yvri, Conches, Verneuil, Nonancourt, &c. 6°. Le Pays d'Ouche, renfermé entre la Rille & la Corentone; St. Pierre de l'Erreure, & la Ferté Frénai, y sont les principaux lieux à remarquer. 7°. Le Lieuvin, renfermé entre la Rille, la Touque & la Corentone, vous y voyez Lisieux, Pont-l'Evêque & Honfleur. Et 8°. le Pays d'Auge, qui est compris entre la Touque & la Dive.

Les Pays distingués dans la basse Normandie, sont la Campagne de Caen, le Bessin, le Bocage, le Pays des Marches, le Pays d'Houlme, l'Avranchin, & le Cotentin, qui ont pour Villes principales, Caen, Bayeux, Vire, Alençon, Domfront, Avranches & Coutances.

On voit à l'Occident du Cotentin, plusieurs Isles, dont les plus considérables, sont l'Isle Jersey, l'Isle Grenezey, & l'Isle Alderney ou Auregny: elles sont sous la domination Angloise.

Remarques sur quelques Villes.

Il n'y a dans la Ville de Rouen, qu'un seul Pont construit sur une rangée de bateaux qui regne d'un bord de la Rivière à l'autre. Ce Pont se hausse & se baisse, selon que la Rivière accroit ou diminue: il a été construit en 1626. Il y avoit autrefois un Pont de pierre de soixante & quinze toises de long, & composé de treize arches; mais l'an 1501, le 2 d'Août, à deux heures après midi, trois arches de ce Pont tombèrent en ruine. L'an 1531, deux autres arches eurent le même sort, & en 1564, quelques-unes de celles qui restoient s'étant entr'ouvertes. Il n'y eut plus de sûreté à y passer, ce qui donna lieu à la construction de celui qu'on y voit maintenant. Rouen est dans une situation basse & enfoncée sur le bord de la Seine. Quelque fois l'antiquité de cette Ville, dont le Fondateur étoit d'un quelqu'un, plus ancien que les Rois David & Salomon. Il est certain que du temps des Romains, elle étoit peu considérable; elle a acquis quelque lustre sous ses premiers Rois. Dans la suite, les Ducs de Normandie y ont fait leur résidence, le Négoce s'y est établi, & elle est devenue ce que nous la voyons aujourd'hui.

Les Anciens Historiens ni les Géographes, ne disent rien de la Ville du Havre, ce qui fait penser que ce n'étoit pas encore une Ville, du temps que les Romains étoient maitres des Gaules. Il y a quelque lieu de présumer qu'elle l'étoit sous les premiers Normands; mais on ignore absolument le temps où elle a commencé de l'être.

Louis XII a jeté les premiers fondements de la Ville du Havre, qui a un très-bon Port & une Citadelle que le Cardinal de Richelieu a fait bâtir à ses frais pour s'opposer aux attaques des Anglois.

La Ville de Dieppe, tire son nom du mot Anglois, Deep Bay, qui signifie baie, & profond, ce qui se confirme, dit l'Ignaniol, par la situation même de la Ville qui est dans un fond.

Alençon, dans la basse Normandie, est une des plus considérables Villes de cette Province. Elle est principalement connue par les toiles que l'on y fabrique, & par les diamants que l'on trouve dans son voisinage, nommés diamants d'Alençon.

La petite Ville de Dangeon est connue par les excursions que ses habitans font rendent à la Tournelle du Parlement de Rouen.

Le Mont St. Michel est un rocher isolé d'environ un demi-quart de lieue de circuit, au milieu de la Baye que forment les Côtes de Normandie & de Bretagne. Ceux que la curiosité y conduit, n'oublient pas de monter dans la Lanterne du clocher de l'Abbaye, qui est élevée d'environ trois cent toises au dessus du niveau de la Grève: Il s'offre à l'oeil une perspective des plus étendues: l'on y découvre la pointe de Grenezey, l'Isle d'Aurances, celle de Jersey, en Bretagne, &c. la vue porte jusqu'à l'Isle de Jersey, qui en est distante de seize lieues. Il est vrai qu'à la simple vue, elle ne paroit que comme un nuage; mais on la distingue très-bien, en se servant de lunettes.

ANALYSE

De la troisième Carte, pour le détail de la France.

Gouvernement de Picardie.

IL comprend cinq Pays, qui se suivent de l'Orient à l'Occident. Ce sont la Thiérasche, le Vermandois, le Santerre, l'Amienois & le Ponthieu. Le premier occupe une partie du cours de l'Oise : les quatre autres occupent ensemble tout le cours de la Somme.

1. *La Thiérasche.* Guise, sur l'Oise, est sa principale Ville. Remarquez au-dessous de Guise, sur la même Riviere, Ribemont & Lafere. L'Oise passe entre la Chapelle & Aubenton, qui sont à l'Orient de Guise. La Serre, petite Riviere, qui roule au bas de Moncornet, passe à Crefly, & se rend dans l'Oise, entre Lafere & Chaum, Vervins & Marle sont entre l'Oise & la Serre.

2. *Le Vermandois.* Ici vous trouvez la source de la Somme. L'Escaut a aussi sa source dans ce pays. Sur la Somme sont situées Saint Quentin, principale Ville, & Ham. Le Catelet est sur l'Escaut.

3. *Le Santerre.* Sa plus grande étendue est du Septentrion au Midi. D'une part, il confine à l'Artois, & de l'autre, au Beauvaisis. Les Villes & lieux qui en dépendent, sont, Peronne, principale Ville, & Brai, tous deux sur la Somme, Nesle, Roye, Montdidier, Breteuil, Creve-Coeur, &c.

4. *L'Amienois.* Quelques Géographes lui donnent le nom de petite Picardie. Vous trouvez, dans son étendue, Amiens, Corbie & Pequigni sur la Somme, Dourlens, sur l'Authie, Poix, Conti, &c. Amiens est une ville peuplée & forte. La plûpart de ses Habitans s'entretiennent du produit des Manufactures, & du grand trafic de Savon qui s'y fait. Le stratagème dont usèrent les Espagnols, pour prendre cette Ville, en 1597, est très-connu. Les habitans d'Amiens ne souffrent pas volontiers qu'on leur rappelle cette époque.

5. *Le Ponthieu.* Il renferme Abbeville, Puntremi & Crosai, sur la Somme, Hilchecourt, Domart, S. Riquier, Bouflers, Cressi & Rue, entre la Somme & l'Authie, Nempont, sur l'Authie, & Montreuil, sur le Canche. Entre la Somme & la Resle, vous trouvez S. Valeri, situé à l'embouchure de la Somme. Ayraine, Oisemont, Gamache, Aufl, &c.

Gouvernement du Boulonnois.

La Canche, vers son embouchure, sépare ce Gouvernement de celui de Picardie. D'un côté est Montreuil, de l'autre est Etaples. C'est à l'embouchure de la petite Riviere de Lianne, que se trouve la Ville de Boulogne, capitale du Boulonnois & de tout le Gouvernement, qui comprend, outre le Boulonnois, le Pays reconquis, où vous voyez Calais, Guines & Ardres.

Calais, Ville & Port de Mer, n'étoit autrefois qu'un village du Comté de Guines. Philippe de France, Comte de Boulogne, le fit entourer de murailles; & S. Louis l'unit au Domaine de la Couronne. Sous le regne de Philippe de Valois, Edouard III, Roi d'Angleterre, fit le siege de cette Ville, qui ne se rendit qu'au bout d'un an. N'ayant pu s'en emparer par la force des armes, il la prit par famine. Ce fut le 3 Septembre 1446, que le siege commença, & les Calaisiens ne cédèrent que vers la fin d'Août 1447. Les circonstances de ce siege sont aujourd'hui trop connues, pour que je m'arrete à les détailler. Les Anglois gardèrent Calais jusqu'au mois de Janvier 1548, qu'il fut

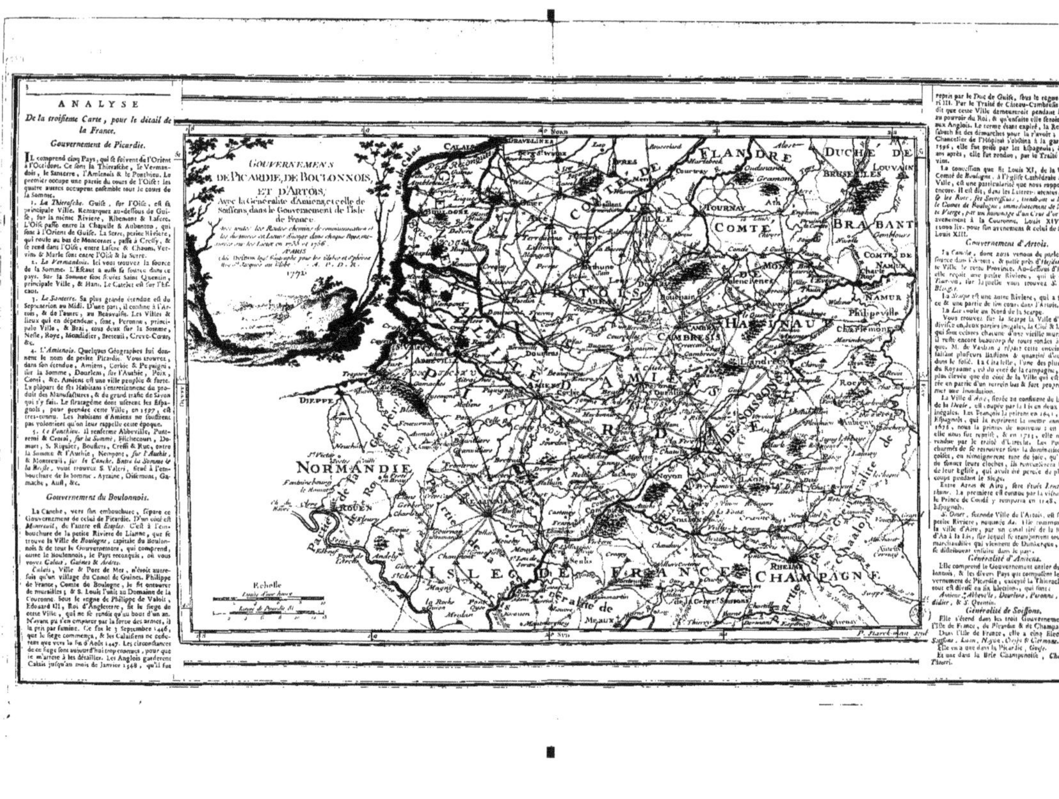

repris par le Duc de Guise, sous le regne d'Henri III. Par le Traité de Câteau-Cambresis, il [est] dit que cette Ville demeureroit pendant huit [ans] au pouvoir du Roi, & qu'ensuite elle seroit ren[due] aux Anglois. Le terme étant expiré, la Reine [Eli]sabeth fit des démarches pour la r'avoir; mai[s le] Chancelier de l'Hôpital s'obstina à la garder. En 1596, elle fut prise par les Espagnols, & d[eux] ans après, elle fut rendue, par le Traité de V[er]vins.

La concession que fit Louis XI, de la Vil[le &] Comté de Boulogne, à l'Eglise Cathédrale de ce[tte] Ville, est une particularité que nous rapporter[ons] encore. Il est dit, dans les Lettres patentes, qu[e lui] & les Rois, ses Successeurs, tiendront à l'ave[nir] le Comté de Boulogne, immédiatement de la Sa[in]te Vierge, par un hommage d'un Coeur d'or, à l[eur] avenement à la Couronne. Louis XIV don[na] 1200 liv. pour son avenement & celui de son p[ere] Louis XIII.

Gouvernement d'Artois.

La Canche, dont nous venons de parler, a sa source dans l'Artois, & passe près d'Hesdin, p[eti]te Ville de cette Province. Au-dessous d'Hes[din] elle reçoit une petite Riviere, qui se nomme Tiarenne, sur laquelle vous trouvez S. Pol & Blangi.

La Scarpe est une autre Riviere, qui a sa source & une partie de son cours dans l'Artois.

La Lis coule au Nord de la Scarpe.

Vous trouvez sur la Scarpe la Ville d'Arras, divisée en deux parties inégales, La Cité & La Ville, qui sont ceintes chacune d'une vieille muraille; il reste encore beaucoup de tours rondes à l'antique. M. de Vauban a réparé cette enceinte en faisant plusieurs Bastions & quantité d'ouvrages dans le fossé. La Citadelle, l'une des plus fortes du Royaume, est du côté de la campagne, un peu plus élevée que du côté de la Ville qui est entrée en partie d'un terrain bas & fort propre à former une inondation.

La Ville d'Aire, située au confluent de la Lis & de la Deule, est coupée par la Lis en deux parties inégales. Les François la prirent en 1641, les Espagnols, qui la reprirent la même année, en 1676, nous la prîmes de nouveau; en 17.. elle nous fut reprise, & en 1711, elle nous fut rendue par le traité d'Utrecht. Les Bourgeois charmés de se retrouver sous la domination Françoise, en témoignèrent tant de joie, qu'à force de sonner leurs cloches, ils renouvellèrent la [voûte] de leur Eglise, qui avoit été percée de plusieurs coups pendant le Siege.

Entre Arras & Aire, sont situés Lens & Béthune. La première est connue par la victoire que le Prince de Condé y remporta en 1648, sur les Espagnols.

S. Omer, seconde Ville de l'Artois, est sur une petite Riviere, nommée Aa. Elle communique à la ville d'Aire, par un canal tiré de la Riviere d'Aa à la Lis, sur lequel se transportent toutes les marchandises qui viennent de Dunkerque, & qui se distribuent ensuite dans le pays.

Généralité d'Amiens.

Elle comprend le Gouvernement entier du Boulonnois, & les divers Pays qui composent le Gouvernement de Picardie, excepté la Thiérache. Le tout est divisé en six Elections, qui sont: Amiens, Abbeville, Dourlens, Peronne, Montdidier, & S. Quentin.

Généralité de Soissons.

Elle s'étend dans les trois Gouvernements de l'Ile de France, de Picardie & de Champagne. Dans l'Ile de France, elle a cinq Elections: Soissons, Laon, Noyon, Crépi & Clermont. Elle en a une dans la Picardie, Guise. Et une dans la Brie Champenoise, Château-Thierri.

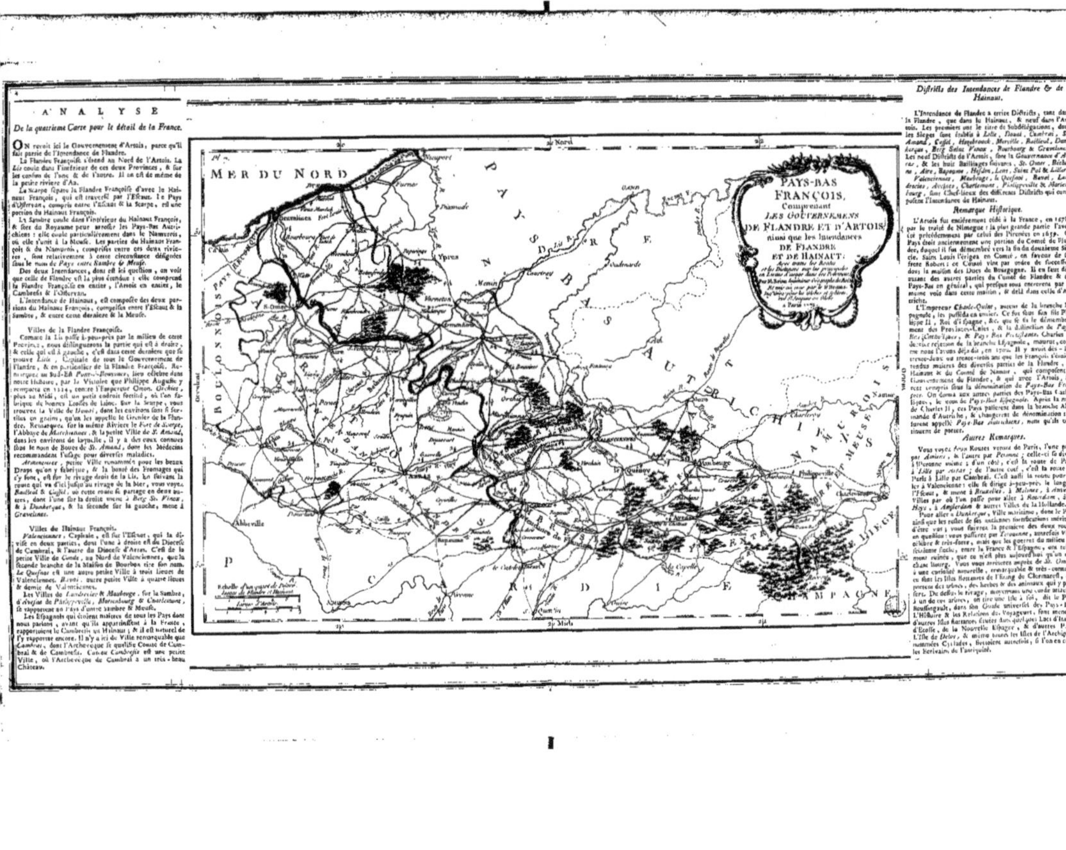

A N A L Y S E

De la quatrième Carte pour le détail de la France.

ON revoit ici le Gouvernement d'Artois, parce qu'il fait partie de l'Intendance de Flandre.

La Flandre Françoiſe s'étend au Nord de l'Artois. La Lis coule dans l'intérieur de ces deux Provinces, & ſur les confins de l'une & de l'autre. Il en eſt de même de la petite rivière d'Aa.

La Scarpe ſépare la Flandre Françoiſe d'avec le Hainaut François, qui eſt traverſé par l'Eſcaut. Le Pays d'Oſtervan, compris entre l'Eſcaut & la Scarpe, eſt une portion du Hainaut François.

La Sambre coule dans l'intérieur du Hainaut François, & ſort du Royaume pour arroſer les Pays-Bas Autrichiens : elle coule particulièrement dans le Namurois, où elle s'unit à la Meuſe. Les parties du Hainaut François & du Namurois, compriſes entre ces deux rivières, ſont relativement à cette circonſtance déſignées ſous le nom de *Pays entre Sambre & Meuſe*.

Des deux Intendances, dont eſt ici queſtion, on voit que celle de Flandre eſt la plus étendue : elle comprend la Flandre Françoiſe en entier, l'Artois en entier, le Cambreſis & l'Oſtervan.

L'Intendance de Hainaut, eſt compoſée des deux portions du Hainaut François, compriſes entre l'Eſcaut & la Sambre, & entre cette dernière & la Meuſe.

Villes de la Flandre Françoiſe.

Comme la Lis paſſe à-peu-près par le milieu de cette Province, nous diſtinguerons la partie qui eſt à droite, & celle qui eſt à gauche, c'eſt dans cette dernière que ſe trouve *Lille*, Capitale de tout le Gouvernement de Flandre, & en particulier de la Flandre Françoiſe. Remarquez au Sud-Eſt *Pont-à-Bouvines*, lieu célèbre dans notre Hiſtoire, par la Victoire que Philippe Auguſte y remporta en 1214, contre l'Empereur Othon. *Orchies*, plus au Midi, eſt un petit endroit fortifié, où l'on fabrique de bonnes Eſtoffes de laine. Sur la Scarpe, vous trouvez la Ville de *Douai*, dont les environs ſont ſi fertiles en grains, qu'on les appelle le Grenier de la Flandre. Remarquez ſur la même Rivière le *Fort de Scarpe*, l'Abbaye de *Marchiennes*, & la petite Ville de *S. Amand*, dans les environs de laquelle, il y a des eaux connues ſous le nom de Boues de *St. Amand*, dont les Médecins recommandent l'uſage pour diverſes maladies.

Armentieres, petite Ville renommée pour les beaux Draps qu'on y fabrique, & la bonté des Fromages qui s'y font, eſt ſur le rivage droit de la Lis. En ſuivant la route qui va d'ici juſqu'au rivage de la Mer, vous voyez *Bailleul* & *Caſſel*, où cette route ſe partage en deux autres, dont l'une ſur la droite mène à *Berg St. Vinox*, & à *Dunkerque*, & la ſeconde ſur la gauche, mène à *Gravelines*.

Villes de Hainaut François.

Valenciennes, Capitale, eſt ſur l'Eſcaut, qui la diviſe en deux parties, dont l'une à droite eſt du Diocèſe de Cambrai, & l'autre du Diocèſe d'Arras. C'eſt de la petite Ville de *Condé*, au Nord de Valenciennes, que la ſeconde branche de la Maiſon de Bourbon tire ſon nom. *Le Queſnoi* eſt une autre petite Ville à trois lieues de Valenciennes. *Bavai*, autre petite Ville à quatre lieues & demie de Valenciennes.

Les Villes de *Landrecies* & *Maubeuge*, ſur la Sambre, d'aveſine de *Philippeville*, *Mariembourg* & *Charlemont*, ſe rapportent au Pays d'entre Sambre & Meuſe.

Les Eſpagnols qui étoient maîtres de tous les Pays dont nous parlons, avant qu'ils appartinſſent à la France, rapportoient le Cambreſis au Hainaut ; & il eſt naturel de l'y rapporter encore. Il n'y a ici de Ville remarquable que *Cambrai*, dont l'Archevêque ſe qualifie Comte de Cambrai & de Cambreſis. *Cateau-Cambreſis* eſt une petite Ville, où l'Archevêque de Cambrai a un très-beau Château.

Diſtricts des Intendances de Flandre & de Hainaut.

L'Intendance de Flandre a treize Diſtricts, tant dans la Flandre, que dans le Hainaut, & neuf dans l'Artois. Les premiers ont le titre de Subdélégations, dont les Sièges ſont établis à *Lille*, *Douai*, *Cambrai*, *St. Amand*, *Caſſel*, *Hazebrouck*, *Merville*, *Bailleul*, *Dunkerque*, *Berg Saint Vinox*, *Bourbourg* & *Gravelines*. Les neuf Diſtricts de l'Artois, ſont la Gouvernance d'*Arras*, & les huit Bailliages ſuivans, *St. Omer*, *Béthune*, *Aire*, *Bapaume*, *Heſdin*, *Lens*, *Saint Pol* & *Lillers*.

Valenciennes, *Maubeuge*, *le Queſnoi*, *Bavai*, *Landrecies*, *Avesnes*, *Charlemont*, *Philippeville* & *Mariembourg*, ſont Chef-lieux des différens Diſtricts qui compoſent l'Intendance de Hainaut.

Remarque Hiſtorique.

L'Artois fut entièrement cédé à la France, en 1678, par le traité de Nimègue : la plus grande partie l'avoit été précédemment par celui des Pirénées en 1659. Ce Pays étoit anciennement une portion du Comté de Flandre, duquel il fut démembré vers la fin du douzième Siècle. Saint Louis l'érigea en Comté, en faveur de ſon frère Robert : ce Comté vint par ordre de ſucceſſion dans la maiſon des Ducs de Bourgogne. Il en faut dire autant des autres parties du Comté de Flandre & des Pays-Bas en général, qui preſque tous entrèrent par la même voie dans cette maiſon, & delà dans celle d'Autriche.

L'Empereur *Charle-Quint*, auteur de la branche Eſpagnole, les poſſéda en entier. Ce fut ſous ſon fils Philippe II, Roi d'Eſpagne, &c. que ſe fit le démembrement des Provinces-Unies, & la diſtinction de *Pays-Bas Catholiques*, & *Pays-Bas Proteſtans*. Charles II. dernier rejeton de la branche Eſpagnole, mourut, comme nous l'avons déja dit, en 1700. Il y avoit dés-lors trente-deux ou trente-trois ans que les François s'étoient rendus maîtres des diverſes parties de la Flandre, du Hainaut & du Comté de Namur, qui compoſent le Gouvernement de Flandre, & qui avec l'Artois, furent compris ſous la dénomination de *Pays-Bas François*. On donna aux autres parties des Pays-Bas Catholiques, le nom de *Pays-Bas Eſpagnols*. Après la mort de Charles II, ces Pays paſſèrent dans la branche Allemande d'Autriche, & changèrent de dénomination : ils furent appellé *Pays-Bas Autrichiens*, nom qu'ils continuent de porter.

Autres Remarques.

Vous voyez deux Routes venant de Paris, l'une paſſe par *Amiens*, & l'autre par *Péronne* : celle-ci ſe diviſe à Péronne même : d'un côté, c'eſt la route de Paris à *Lille* par *Arras* ; de l'autre côté, c'eſt la route de Paris à Lille par Cambrai. C'eſt auſſi la route pour aller à Valenciennes : elle ſe dirige à-peu-près le long de l'Eſcaut, & mène à *Bruxelles*, à *Malines*, à *Anvers*, Villes par où l'on paſſe pour aller à *Rotterdam*, à la *Haye*, à *Amſterdam* & autres Villes de la Hollande.

Pour aller à *Dunkerque*, Ville maritime, dont le Port ainſi que les reſtes de ſes anciennes fortifications méritent d'être vus ; vous ſuivrez la première des deux routes en queſtion : vous paſſerez par *Terouanne*, autrefois Ville célèbre & très-forte, mais que les guerres du milieu du ſeizième ſiècle, entre la France & l'Eſpagne, ont tellement ruinée, que ce n'eſt plus aujourd'hui qu'un méchant bourg. Vous vous arrêterez auprès de *St. Omer*, à une curioſité naturelle, remarquable & très-connue : ce ſont les Iſles flottantes de l'Etang du Clermareſt, qui portent des arbres, des herbes & des animaux qui y paiſſent. De deſſus le rivage, moyennant une corde attachée à un de ces arbres, on tire une Iſle à ſoi, dit le Père Bouſſingault, dans ſon Guide univerſel des Pays-Bas. L'Hiſtoire & les Relations des Voyageurs, font mention d'autres Iſles flottantes ſituées dans quelques Lacs d'Italie, d'Ecoſſe, de la Nouvelle Eſpagne, & d'autres Pays. L'Iſle de *Delos*, & même toutes les Iſles de l'Archipel, nommées Cyclades, flottoient autrefois, ſi l'on en croit les Ecrivains de l'antiquité.

ANALYSE

De la cinquieme Carte, pour le détail de la France.

LES deux Duchés de *Lorraine* & de *Bar*, appartiennent à la France, depuis 1736. Le Comté de *Clermont*, & les Territoires de *Stenai*, *Dun le Jeunery*, ainsi que ceux de *Thionville*, *Mouzel*, *Danvilliers* & autres, dépendans du Duché de *Luxembourg*, lui appartiennent, depuis 1659, que la cession lui en fut faite par la paix des Pyrénées. Antérieurement à cette cession, & depuis 1552, elle étoit maîtresse des trois Évêchés de *Metz*, *Verdun* & *Toul*, qui dépendoient auparavant de l'Empire d'Allemagne.

Duché de Lorraine.

Remarquez tout-à-fait au Midi, une montagne, qu'on appelle le *Mont des Faucilles*. C'est du pied de cette montagne, que la *Moselle* sort. Depuis sa source, jusqu'à *Remiremont*, elle coule à peu-près du Sud-Est au Nord-Est, & de-là, jusques vers *Nanci*, elle coule presque toujours du Sud au Septentrion : elle se détourne ensuite vers l'Occident ; & là, tout la quittons, pour aller gagner une moyenne riviere, nommée la *Meuse*. C'est sur cette riviere, que nous trouvons la ville de *Toul*, divisée en vieille & nouvelle ville, qui sont séparées l'une de l'autre, par un fossé. La *Seille*, qui coule au Nord, se rend aussi dans la *Moselle*, & passe à *Nomeni*, Marquisat, qui relevoit autrefois de l'Empire. Cheminons vers l'Orient, nous trouverons la *Sare*, autre riviere, qui se rend dans la *Moselle*, & a son cours dans les parties de la Lorraine, voisines de l'Allemagne & du Duché de *Luxembourg*. *Sare-Louis* est la principale ville à remarquer sur cette riviere. La *Meuse* ne coule point dans le Duché de Lorraine ; mais nous la trouvons sur les confins de ce Duché & du Barrois.

Pour faire, avec ordre, la nomenclature des villes & principaux lieux du Duché en question, nous les distinguerons dans l'ordre qui suit :

Entre la *Meuse* & la *Moselle*, se trouvent :

Neuf Châtel, *Vaudemont*, *Mirecourt*, *Dompaire*, *Darnei*, & *Plombieres* lieu connu par ses eaux minérales. Vous trouvez sur la *Moselle*, *Remiremont*, qui est célebre par son Chapitre de Dames Nobles ; plus au Nord, *Epinal*, *Chatel*, *Charmes*, *Bayon*, *Cheligni*, *Goudreuze* & *Frouy*.

Entre la *Moselle* & la *Meurte* :

Bayon, *Rambervillers* & *Gerbevillers*. *Reberges*, *Saint Nicolas* & *Nanci* sont sur la *Meurte*.

Entre la *Meurte* & la *Sare* :

Lunéville, & en tirant du coté de l'Orient, *Blamont* & *Badonviller*. Vers le Nord-Ouest & le Nord, *Amance*, *Château-Salins* ; & près de l'Étang de *Lindre*, où l'on pêche de très-belles carpes, la petite ville de *Dieuze*, au Nord & à l'Est de laquelle vous voyez *Marsal* & *Moyenvic*. Sur- vers d'ici au Nord, vous trouvez *Boucquenom*, *Sar-Albe*, *Sarguemine*, *Saltzock*, *Sare-Louis* & *Fénétrange*, toutes villes situées sur la *Sare* ; au-delà de laquelle, en revenant au Midi, vous voyez *Bitch* & *Bitche*.

Lutzlstein ou la *petite Pierre*, est le chef-lieu d'un Comté, partagé entre les deux branches de la Maison Palatine. La Principauté de *Salm*, où sont les sources de la *Sare*, appartient au Prince de ce nom, qui est d'une ancienne Maison, appellée la Maison des Rhingraves.

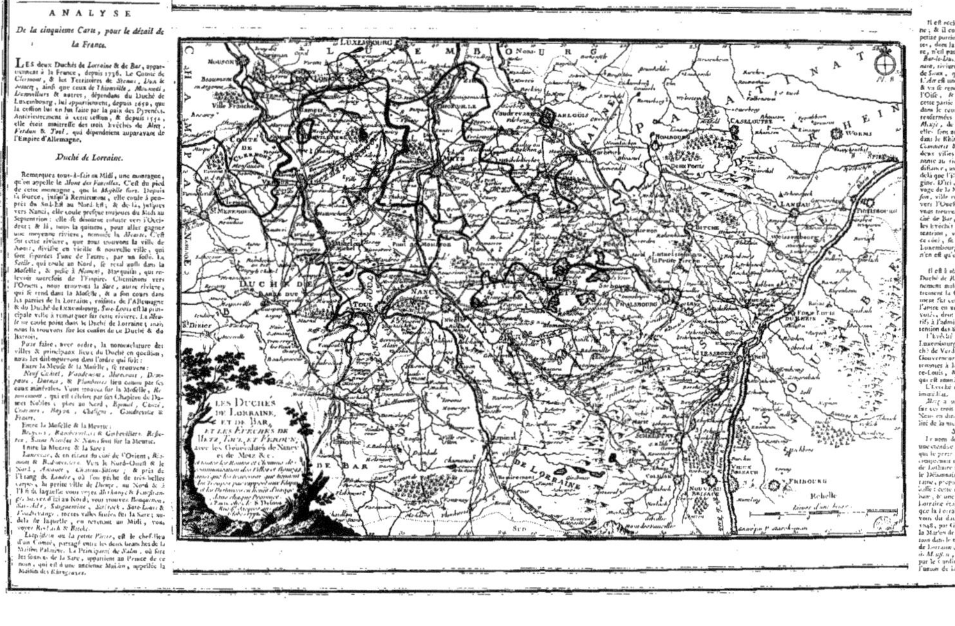

Il est occidental, par rapport à celui de Lorraine ; & il confine à la Champagne. Vous voyez une petite portion de la *Marne*, qui coule sur ses limites, dans la ville de *Saint Dizier*, & n'est pas éloignée d'une lieue.

Bar-le-Duc, capitale de tout le Duché, est sur l'Ornain, riviere, qui se rend dans la *Marne*. La riviere de *Saux*, qui coule au midi, se rend dans l'Ornain. L'*Aire* est une autre riviere, qui coule vers le Nord, & va se rendre dans l'*Aine* ; celle-ci se rend dans l'*Oise*, & l'*Oise* dans la *Seine*. Ainsi, toute cette partie du Duché de *Bar*, se trouve renfermée dans le cours de la *Seine*. Les autres parties sont renfermées dans le cours du *Rhin*, à cause de la *Masye*, de la *Moyel*, & des autres rivieres dont elles sont arrosées, qui toutes portent leurs eaux dans le *Rhin*. Vous remarquerez, sur la *Meuse*, *Commerci* & *Saint Mihiel*. Au-gré de ces deux villes, est une terre considérable, apparte- nante au titre Marquis de *Basscompierre*. À une petite distance, au Nord-Est, vous voyez *Apremont* : c'est delà que l'Illustre Maison de ce nom, tire son ori- gine. D'ici, vous allez à l'Orient, joindre le riva- ge de la *Moselle*, où vous trouverez *Pont-à-Mousson*, ville remise par son Université. En remontant vers l'Ouest, & tirant ensuite au Nord, vous vous trouverez dans la partie la plus reculée du Du- ché de *Bar*, qui est les environnemens au coté par les Évêchés de *Metz* & de *Verdun*. Plus au Sep- tentrion, vous le voyez l'*Argon* : & tout auprès de ce coté, se confondent avec celui du Duché de *Luxembourg*, & la ville même de *Luxembourg* n'en est qu'environ à deux lieues.

Remarques.

Il est à observer que ce Duché de *Lorraine* & le Duché de *Bar*, sont compris sous un seul Gouver- nement militaire. L'Intendance de *Lorraine*, au- trement la Généralité de Nancy, s'étend particulière- ment sur ces deux Duché, qui sont aussi partagés pour l'armée en un certain nombre de Bailliages & Pré- vôtés, dont les districts sont en même tems relatifs à l'administration de la Justice, & à la manu- tention des Subsides.

L'Évêché de *Metz*, qui confine d'une part au *Luxembourg*, & de l'autre à l'Alsace, & l'Évê- ché de *Verdun*, sont depuis long-tems tout un seul Gouvernement. Les parties du *Luxembourg*, ré- unies à la France, le Comté de *Chiny*, *Saren- ce-Louis*, &c. dépendent de ce Gouvernement, qui est aussi militaire.

L'Évêché de *Toul* forme aussi un Gouvernement immédiat.

Metz a un Parlement, dont le ressort s'étend sur ces trois Gouvernemens, à la réserve de la *Neuf* en divers parties de l'Intendance & Généra- lité de la même ville.

Supplément Historique.

Le nom de *Lorraine* étoit anciennement donné à une étendue de Pays beaucoup plus grande que celle qui le porte maintenant. La Lorraine d'autrefois comprenoit tout le Pays qui entre sous le nom de *Lotharie* [1], lors du partage de l'Empire de *Louis le Débonnaire*, entre ses enfans. Il y avoit la Lor- raine, proprement dite, qui se divisa en haute & basse : cette derniere comprenoit la Duché de *Bra- bant*, & une partie de l'Evêché de *Liege*. La basse Lorraine étoit à peu de différence près, la même que la Lorraine actuelle ; celle-ci fut conquise en 1748, par *Gerard*, Landgrave d'Alsace, auteur de la Maison de Lorraine d'aujourd'hui. Il a été ques- tion dans le même article de la puissante du Duché de Lorraine, par *René*, Duc d'Anjou, surnommé *le Magnanime*. La avoient été possédées & données par le Cardinal *Louis*, dernier Duc de *Bar*, dans l'union de la Lorraine & du Barrois.

ANALYSE
De la sixieme Carte, pour le détail de la France.

LE Rhin coule du Midi au Septentrion, le long des frontieres du Gouvernement d'Alsace & de la Souabe. La ville de Basle, que vous voyez sur ce Fleuve, est de la Suisse; mais *Huningue*, à une lieue de-là, est une ville Françoise. Au Nord-Est, vous voyez *Mulhausen*, ville libre & alliée des Suisses. Le pays où vous êtes, se nomme le *Suntgow*, dont *Befort* est regardé comme la ville capitale: cette ville appartient à la Maison de Mazarin. Les autres villes & lieux à remarquer, dans le *Suntgow*, sont, *Altkirk* petite ville qui est le chef lieu d'un Bailliage & d'une Seigneurie, de laquelle dépendent trente villages. *Landser*, au Nord-Est, est un grand bourg, dont le Bailliage renferme pareillement trente villages dans son district. La petite ville de *Than* est remarquable, par les bons vins rouges qui croissent dans ses environs. La riviere d'*Ill*, qui passe à Mulhausen, a sa source & une partie de son cours dans le *Suntgow*: elle coule ensuite dans la Haute-Alsace, & passe à une petite distance de *Colmar*, qui en est la ville capitale. Les deux villes de *Schlestat* & *Enseisheim*, l'une au Nord, & l'autre au Sud de Colmar, sont situées sur cette riviere. *Neuf-Brisach*, ville & forteresse d'importance, est située à l'Orient de Colmar, entre l'Ill & le Rhin. A l'opposite, vous voyez, sur le Rhin, le *Vieux-Brisach*, qui est de la Souabe-Autrichienne. Vous remarquerez encore la ville d'*Egensheim*, à une petite distance de Colmar.

La ville de *Strasbourg* est sur un bras de l'Ill, dans la Basse-Alsace. Le fort de *Kel*, situé sur le Rhin, dans les Etats de Bade, se trouve à l'opposite de cette ville. Au Nord-Est de Strasbourg, vous trouvez la ville de *Haguenau*. En revenant à l'Orient, vous trouvez le *Fort-Louis*, sur le Rhin, & de l'autre coté du Fleuve, un Fort qui lui est opposé dans les Etats de Bade. Les villes de *Lauterbourg* & *Weissenbourg*, sont sur la frontiere de l'Alsace & du Palatinat. La riviere de *Lutter* sert ici de limite, & sépare l'Alsace, tant du Palatinat que du Duché de Deux-Ponts. La ville de *Landau*, dans le Palatinat, appartient à la France, depuis 1714, & est une de nos meilleures places fortes.

A différentes distances de Strasbourg, vous trouvez plusieurs villes, châteaux & villages, qui dépendent du Domaine temporel de l'Evêché de cette ville. *Kockersberg*, au Nord Ouest, est un ancien Château, qui donne son nom au territoire dans lequel il est situé. Plus, à l'Ouest, se trouve le Bourg de *Saverne*, où il y a un Château de la plus grande magnificence: c'est là, que réside l'Evêque de Strasbourg. *Ransfelden*, sur l'Ill, est une petite ville qui lui appartient. *Rheinau*, à l'Est, lui appartient pareillement, & n'est que le reste d'une ville qui a été détruite en grande partie, par la rapidité des eaux du Rhin. *Epsein*, *Mutzcien*, & divers autres lieux, tant de la Haute que de la Basse-Alsace, dépendent du même Domaine.

Strasbourg est une grande ville, bien peuplée, & fort marchande. Ses rues sont pour la plûpart étroites & bâties dans un goût ancien; mais les édifices publics, tels que la Cathédrale, la Maison-de-Ville, l'Arsenal, l'Hôpital-royal, l'Hôpital de la ville, le Palais de l'Evêque, &c. méritent d'être vus. La situation de cette ville, à un quart de lieue du Rhin, contribue beaucoup à l'étendue de son commerce. La structure du Pont

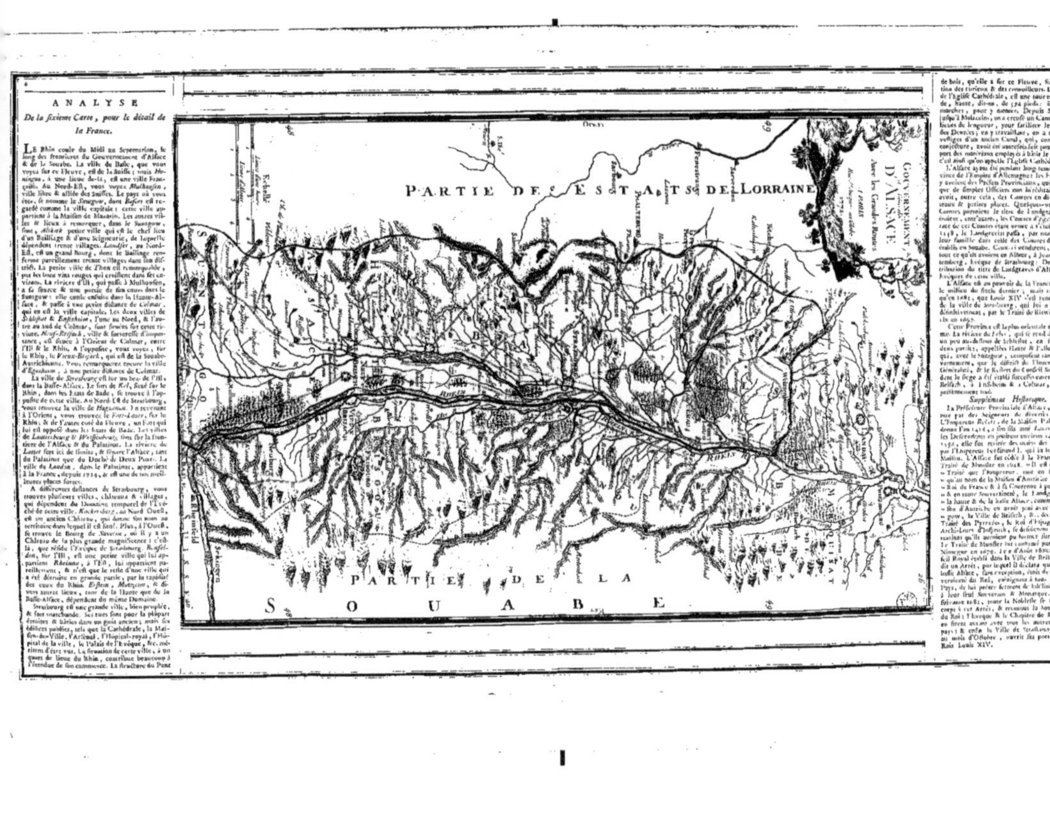

de bois, qu'elle a sur ce Fleuve, fixe l'attention des curieux & des connoisseurs. Le Clocher de l'Eglise Cathédrale, est une tour en Pyramide, haute, dit-on, de 574 pieds: il y a peu de marches, pour y monter. Depuis Strasbourg jusqu'à Molsheim, on a creusé un Canal de deux lieues de longueur, pour faciliter le transport des Denrées; en y travaillant, on a trouvé les vestiges d'un ancien Canal, qui, comme on le conjecture, avoit été autrefois fait pour le transport des matériaux employés à bâtir le *Munster*: c'est ainsi qu'on appelle l'Eglise Cathédrale.

L'Alsace ayant été pendant long-tems une Province de l'Empire d'Allemagne; les Empereurs y avoient des Préfets Provinciaux, qui n'étoient que de simples Officiers non héréditaires. Il y avoit, outre cela, des Comtes en divers Châteaux & petites places. Quelques-uns de ces Comtes portoient le titre de Landgraves tels énée; entr'autres, les Comtes d'*Egensheim*. La race de ces Comtes étant venue à s'éteindre, en 1359, le Landgraviat passa, par mariage, de leur famille dans celle des Comtes d'*Oeting*, établis en Souabe. Ceux-ci vendirent, en 1536, tout ce qu'ils avoient en Alsace, à Jean de Lichtemberg, Evêque de Strasbourg: De là, l'attribution du titre de Landgraves d'Alsace, aux Evêques de cette ville.

L'Alsace est au pouvoir de la France, depuis le milieu du siecle dernier; mais ce n'a été qu'en 1681, que Louis XIV s'est rendu maître de la ville de Strasbourg, qui lui a été cédée définitivement, par le Traité de Riswick, conclu en 1697.

Cette Province est la plus orientale du Royaume. La riviere de *Seltz*, qui se rend dans l'Ill, un peu au-dessus de Schlestat, en sépare les deux parties, appellées Haute & Basse-Alsace, qui, avec le Suntgow, composent tant le Gouvernement, que le district de l'Intendance ou Généralité, & le ressort du Conseil Souverain, dans le siege a été établi successivement à Neuf-Brisach, à Ensisheim & à Colmar, où il est présentement fixé.

Supplément Historique.

La Préfecture Provinciale d'Alsace, a été remise par des Seigneurs de diverses familles. L'Empereur Rodolphe, de la Maison Palatine, la donna l'an 1418, à son fils aîné Louis, de qui les Descendans en jouirent environ 130 ans. En 1558, elle fut retirée des mains des Palatins, par l'Empereur Ferdinand I, qui la laissa dans sa Maison. L'Alsace fut cédée à la France par le Traité de Munster en 1648. « Il est dit par ce « Traité que l'Empereur, tant en son nom, « qu'au nom de la Maison d'Autriche, cede au « Roi de France & à sa Couronne à perpétuité « & en toute Souveraineté, le Landgraviat de « la haute & de la basse Alsace, comme la Mai- « son d'Autriche en avoit joui avec le Sund- « gow, la Ville de Brisach, &c. &c. » Par le Traité des Pyrénées, le Roi d'Espagne & les Archi-Ducs d'Inspruck, se désistérent des prétentions qu'ils auroient pu former sur l'Alsace. Le Traité de Munster fut confirmé par celui de Nimegue en 1679. Le 9 d'Août 1680, le Conseil Royal établi dans la Ville de Brisach, rendit un Arrêt, par lequel il déclara que toute la basse Alsace, sans exception, étoit de la Souveraineté du Roi, enjoignant à tous ceux du Pays, de lui prêter serment de fidélité, comme à leur seul Souverain & Monarque. L'année suivante 1681, pour la Noblesse se soumit en corps à cet Arrêt, & reconnut la souveraineté du Roi: l'Evêque & le Chapitre de Strasbourg en firent autant avec tous les autres gens du pays; & enfin la Ville de Strasbourg même, au mois d'Octobre, ouvrit ses portes au feu Roi Louis XIV.

ANALYSE

De la septieme Carte, pour le détail de la France.

Gouvernemens de Bourgogne.

Toute la partie de ce Gouvernement qui confine à celui de Champagne, est du cours de la Seine. Les parties voisines du Nivernois & du Bourbonnois, font du cours de la Loire. La Saône, grande Rivière qui se jette dans le Rhône, coule de la Franche-Comté, dans la Bourgogne, dont elle arrose les parties orientales, qui par-là se trouvent comprises dans le cours du Rhône. La Bresse, le Bugey, le Valromey & le Pays de Gex, Pays annexés à la Bourgogne, font pareillement du cours du Rhône.

Nous ferons la Nomenclature des Villes & Lieux les plus remarquables, relativement à cette division, & nous commencerons par ceux du cours de la Seine.

Vers la source de ce Fleuve, nous trouvons le Village de St. Seine, le plus considérable de tous ceux qui se voyent aux environs de cette Source. A quelque distance de là, on trouve Chanceaux, Ougni & Durfine, autres Villages situés sur la Seine, qui n'est encore ici qu'un ruisseau. Plus bas, se voit la petite Ville d'Auxerie-Duc. Chatillon-fur-Seine & Bar-fur-Seine, tant après Aisei-le-Duc. Toute cette contrée se nomme le *Pays de la Montagne*.

En tirant à l'occident, vous trouverez le Pays d'Auxois, & là, les Villes de Semur, Montbard, Noyers, Avalon, Saulieu, Arnai-le-Duc, &c. L'Auxerrois qui se trouve à la suite, est ainsi appelé de la Ville d'Auxerre. Vous y trouvez Vermanton, l'Isavant, les deux Coulanges; dont l'un est nommé Coulanges-la-Vineuse, Mezri, Mailli, &c. Les Grosses d'Arci, petit village à une lieue de Vermançon, sont connues des Amateurs de Curiosités naturelles.

Pays & Villes du cours de la Loire.

Au Midi de l'Auxois, se trouvent l'Autunois & le Charolois, qui reçoivent leurs dénominations des Villes d'Autun & de Charolles. Les restes d'antiquité que l'on trouve de tous côtés aux environs d'Autun, prouvent que c'étoit autrefois une Ville très-somptueuse. Le petit Pays de Brionnois, au midi du Charolois, a Semur, qu'on appelle Semur en Brionnois, pour le distinguer de Semur en Auxois. La Loire coule à l'extrémité de l'Autunois, qu'elle separe d'avec la Province de Bourbonnois. Bourbon-Lanci, à une lieue du rivage de la Loire, est une Ville de l'Autunois : cette Ville bâtie sur la croupe d'une montagne, a des bains renommés. Le mot Lanci a fourni à nombre de Doctes la maniere de quantité de rêveries : Il est à croire, comme le pensent quelques-uns, que ce mot appartient au vieux langage, & qu'il signifie la même chose que l'ancien.

Pays & Villes du cours du Rhône.

Auxose & St. Jean de Losne, font deux petites Villes peu distantes l'une de l'autre, & situées toutes deux sur la Saône. A quelque distance au Nord-Ouest, vous trouvez la Ville de Dijon, & en revenant au Midi, les deux petites Villes de Nuis & de Beaune, connues par les excellens vins de leurs environs. La fameuse Abbaye de Ciseaux, est entre Nuis & St. Jean de Losne. Vous trouvez à différentes distances de Dijon, beaucoup d'autres petites Villes,

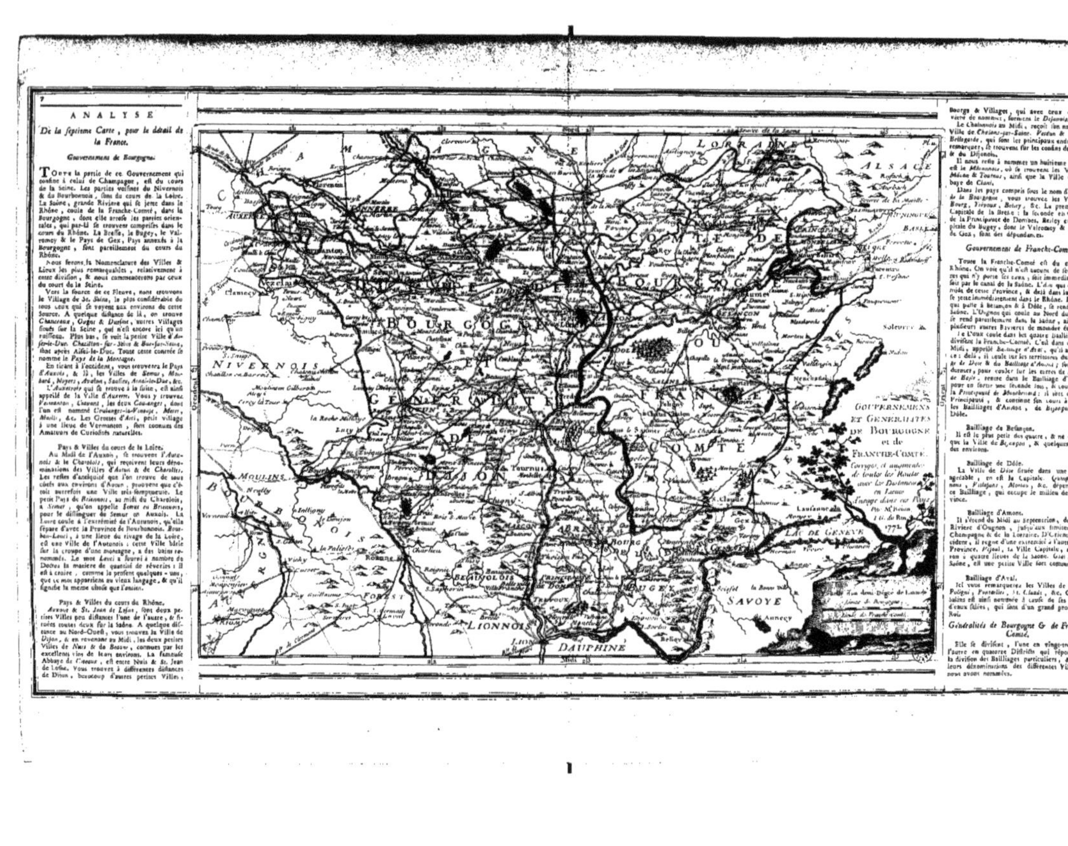

Bourgs & Villages, qui avec ceux que l'on vient de nommer, forment le Dijonois.

Le Chalonnois au Midi, reçoit son nom de la Ville de Chalons-sur-Saône. Verdun & Seure ou Bellegarde, qui sont les principaux endroits à y remarquer, se trouvent sur les confins de ce pays & du Dijonois.

Il nous reste à nommer un huitieme pays qui est le Mâconnois, où se trouvent les Villes de Mâcon & Tournus, ainsi que la Ville & l'Abbaye de Cluni.

Dans les pays compris sous le nom d'Annexes de la Bourgogne, vous trouvez les Villes de Bourg, Trévoux, Belley, &c. La premiere est Capitale de la Bresse : la seconde en Capitale de la Principauté de Dombes, Belley en la Capitale du Bugey, dont le Valromey & le pays de Gex, sont des dépendances.

Gouvernement de Franche-Comté.

Toute la Franche-Comté est du cours du Rhône. On voit qu'il n'est aucune de ses Rivieres qui n'y porte ses eaux, soit immédiatement, soit par le canal de la Saône. L'Ain qui coule au midi de cette Province, & deçà dans la ..reste, se jette immédiatement dans le Rhône. Le Doux qui passe à Besançon & à Dôle, se rend dans la Saône. L'Ougnon qui coule au Nord du Doux, se rend pareillement dans la Saône, ainsi que plusieurs autres Rivieres de moindre étendue.

Le Doux coule dans les quatre Bailliages qui divisent la Franche-Comté. C'est dans celui du Midi, appelé Bailliage d'Aval, qu'il a sa source : delà, il coule sur les territoires du Bailliage de Dôle & du Bailliage d'Amont ; sort de ce dernier, pour couler sur les terres de l'Evêché de Bayle, rentre dans le Bailliage d'Amont, pour en sortir une seconde fois, & couler dans la Principauté de Montbeliard : il sort de cette Principauté, & continue son cours à travers les Bailliages d'Amont, de Besançon & de Dôle.

Bailliage de Besançon.

Il est le plus petit des quatre, & ne contient que la Ville de Besançon, & quelques Bourgs des environs.

Bailliage de Dôle.

La Ville de Dôle située dans une contrée agréable, en est la Capitale. Quingei, Usenons, Villafans, Monsau, &c. dépendent de ce Bailliage, qui occupe le milieu de la Province.

Bailliage d'Amont.

Il s'étend du Midi au septentrion, depuis la Riviere d'Ougnon, jusqu'aux limites de la Champagne & de la Lorraine. D'Orient en Occident, il regne d'une extrémité à l'autre de la Province. Vejoul, la Ville Capitale, est environ à quatre lieues de la Saône. Gisi, sur la Saône, est une petite Ville fort commerçante.

Bailliage d'Aval.

Ici vous remarquerez les Villes de Salins, Poligni, Pontarlier, St. Claude, &c. Celle de Salins est ainsi nommée à cause de ses sources d'eaux salées, qui sont d'un grand produit au Roi.

Généralités de Bourgogne & de Franche-Comté.

Elle se divisent, l'une en vingt-trois, & l'autre en quatorze Districts qui répondent à la division des Bailliages particuliers, & tirent leurs dénominations des différentes Villes que nous avons nommées.

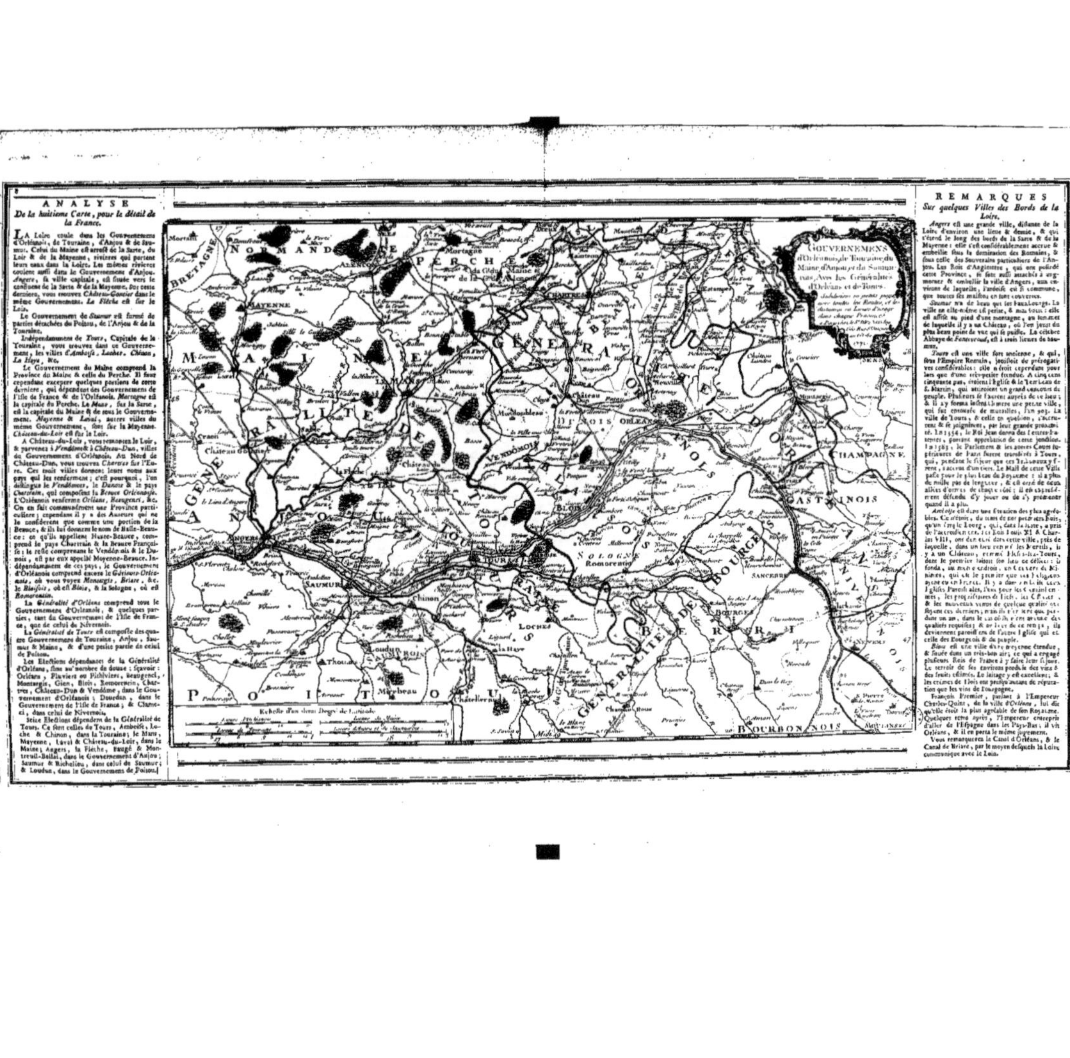

ANALYSE
De la huitieme Carte, pour le détail de la France.

LA Loire coule dans les Gouvernemens d'Orléanois, de Touraine, d'Anjou & de Saumur. Celui du Maine est arrosé de la Sarte, du Loir & de la Mayenne, rivieres qui portent leurs eaux dans la Loire. Les mêmes rivieres coulent aussi dans le Gouvernement d'Anjou. *Angers*, sa ville capitale, est située vers le confluent de la Sarte & de la Mayenne, sur cette derniere, vous trouvez *Château-Gontier* dans le même Gouvernement. *La Flèche* est sur le Loir.

Le Gouvernement de *Saumur* est formé de parties détachées du Poitou, de l'Anjou & de la Touraine.

Indépendamment de *Tours*, Capitale de la Touraine, vous trouvez dans ce Gouvernement, les villes d'*Amboise*, *Loches*, *Chinon*, *La Haye*, &c.

Le Gouvernement du Maine comprend la Province du Maine & celle du Perche. Il faut cependant excepter quelques portions de cette derniere, qui dépendent des Gouvernemens de l'Isle de France & de l'Orléanois. *Mortagne* est la capitale du Perche. Le *Mans*, sur la Sarte, est la capitale du Maine & de tout le Gouvernement. *Mayenne* & *Laval*, autres villes du même Gouvernement, sont sur la Mayenne. *Château-du-Loir* est sur le Loir.

A *Château-du-Loir*, vous remontez le Loir, & parvenez à *Vendôme* & à *Château-Dun*, villes du Gouvernement d'Orléanois. Au Nord de Château-Dun, vous trouvez *Chartres* sur l'Eure. Ces trois villes donnent leurs noms aux pays qui les renferment ; c'est pourquoi, l'on distingue le *Vendômois*, le *Dunois* & le pays *Chartrain*, qui composent la *Beauce Orléanoise*. L'Orléanois renferme *Orléans*, *Beaugenci*, &c. On en fait communément une Province particuliere ; cependant il y a des Auteurs qui ne le considerent que comme une portion de la Beauce, & ils lui donnent le nom de Basse-Beauce : ce qu'ils appellent Haute-Beauce, comprend le pays Chartrain & la Beauce Françoise ; le reste comprenant le Vendômois & le Dunois, est par eux appellé Moyenne-Beauce. Indépendamment de ces pays, le Gouvernement d'Orléanois comprend encore le *Gâtinois-Orléanois*, où vous voyez *Montargis*, *Briare*, &c. le *Blaisois*, où est *Blois*, & la Sologne, où est *Romorentin*.

La *Généralité d'Orléans* comprend tout le Gouvernement d'Orléanois, & quelques parties, tant du Gouvernement de l'Isle de France, que de celui du Nivernois.

La *Généralité de Tours* est composée des quatre Gouvernemens de Touraine, Anjou, Saumur & Maine, & d'une petite partie de celui de Poitou.

Les Elections dépendantes de la Généralité d'Orléans, sont au nombre de douze ; sçavoir : Orléans, Pluviers ou Pithiviers, Beaugenci, Montargis, Gien, Blois, Romorentin, Chartres, Château-Dun & Vendôme, dans le Gouvernement d'Orléanois ; Dourdan, dans le Gouvernement de l'Isle de France ; & Clameci, dans celui de Nivernois.

Seize Elections dépendent de la Généralité de Tours. Ce sont celles de Tours, Amboise, Loche & Chinon, dans la Touraine ; le Mans, Mayenne, Laval & Château-du-Loir, dans le Maine ; Angers, la Flèche, Baugé & Montreuil-Bellai, dans le Gouvernement d'Anjou ; Saumur & Richelieu, dans celui de Saumur ; & Loudun, dans le Gouvernement de Poitou.

REMARQUES
Sur quelques Villes des Bords de la Loire.

Angers est une grande ville, distante de la Loire d'environ une lieue & demie, & qui s'étend le long des bords de la Sarte & de la Mayenne : elle s'est considérablement accrue & embellie sous la domination des Romains, & sous celle des Souverains particuliers de l'Anjou. Les Rois d'Angleterre, qui ont possédé cette Province, se sont aussi attachés à augmenter & embellir la ville d'Angers, aux environs de laquelle, l'ardoise est si commune, que toutes ses maisons en sont couvertes.

Saumur n'a de beau que les Fauxbourgs. La ville en elle-même est petite, & mal bâtie : elle est assise au pied d'une montagne, au sommet de laquelle il y a un Château, où l'on jouit du plus beau point de vue qui se puisse. La célebre Abbaye de *Fontevraud*, est à trois lieues de Saumur.

Tours est une ville fort ancienne, & qui, sous l'Empire Romain, jouissoit de prérogatives considérables : elle n'étoit cependant pour lors que d'une très-petite étendue. A cinq cens cinquante pas, étoient l'Eglise & le Tombeau de S. Martin, qui attiroient un grand concours du peuple. Plusieurs se bâtirent auprès de ce lieu ; & il s'y forma insensiblement une petite ville, qui fut entourée de murailles, l'an 903. La ville de Tours, & celle en question, s'accrurent & se joignirent, par leur grande proximité. En 1354, le Roi Jean donna des Lettres-Patentes, portant approbation de cette jonction. En 1583, le Parlement & les autres Cours supérieures de Paris furent transférés à Tours, qui, pendant le séjour que ces Tribunaux y firent, s'accrut d'un tiers. Le Mail de cette Ville passe pour le plus beau du Royaume : il a plus de mille pas de longueur, & est orné de deux allées d'ormes de chaque côté ; il est expressément défendu d'y jouer ou de s'y promener quand il a plu.

Amboise est dans une situation des plus agréables. Ce n'étoit, du tems de nos premiers Rois, qu'un simple Bourg, qui, dans la suite, a pris de l'accroissement. Les Rois Louis XI & Charles VIII, ont demeuré dans cette ville, près de laquelle, dans un lieu nommé les Vertils, il y a un Château, nommé Plessis-lez-Tours, dont le premier faisoit son lieu de délices : il fonda, au même endroit, un Couvent de Minimes, qui est le premier que ces Religieux ayent eu en France. Il y a dans cette ville deux Eglises Paroissiales, l'une pour les Gentilshommes, les propriétaires de fiefs, les Officiers & les nouveaux venus de quelque qualité que soyent ces derniers ; mais ils n'en sont que pendant un an, dans le cas où ils n'ont aucune des qualités requises ; & ou lieu de ce tems là, ils deviennent paroissiens de l'autre Eglise qui est celle des Bourgeois & du peuple.

Blois est une ville d'une très-grande étendue, & située dans un très-bon air ; ce qui a engagé plusieurs Rois de France à y faire leur séjour. Le terroir de ses environs produit des vins & des fruits estimés. Le laitage y est excellent ; & les crêmes de Blois ont presqu'autant de réputation que les vins de Bourgogne.

François Premier, parlant à l'Empereur Charles-Quint, de la ville d'*Orléans*, lui dit qu'elle étoit la plus agréable de son Royaume. Quelques tems après, l'Empereur entreprit d'aller de l'Espagne dans les Pays-Bas ; il vit Orléans, & il en porta le même jugement.

Vous remarquerez le Canal d'Orléans, & le Canal de Briare, par le moyen desquels la Loire communique avec le Loin.

De la neuvieme Carte, pour le détail de la France.

LA Bretagne est en plus grande partie environnée de Mer, & forme une presqu'Ile, qui tient à la Normandie, au Maine, à l'Anjou & au Poitou. On la divise en Haute & Basse. La Haute Bretagne, située du côté des Terres, est composée des cinq Diocèses, de Nantes, Rennes, Dol, Saint Malo & Saint Brieu. Les Diocèses de Treguier, Saint Paul de Léon, Quimpercorentin & Vannes, composent la Basse-Bretagne.

Toutes les Provinces du Royaume contribuent, par des subsides, au soutien de l'Etat. Les unes, & c'est le plus grand nombre, les fournissent à titre d'imposition. Quelques autres, comme la Bretagne, la Bourgogne, le Languedoc, &c. les fournissent à titre de Don-gratuit. Ces Provinces s'appellent *Pays d'états*, relativement au privilege qu'elles ont de former des Assemblées générales, tant pour délibérer sur les affaires particulieres de la Province, que pour faire la répartition du Don-gratuit en question, sur les différens districts qui la composent. La Bretagne est une des Provinces où cette répartition se fait par Diocèses, proportionnément à l'étendue & au nombre de Villes, de Bourgs & d'habitans, que chaque Diocèse contient. L'Assemblée des Etats est composée des Députés du Clergé, de la Noblesse, & de ceux des villes qui ont droit d'en nommer : telles sont, entr'autres, toutes les villes épiscopales.

Huit des Diocèses de la Bretagne, sont maritimes. Vous en trouvez cinq, qui s'étendent le long de la Manche, & se trouvent à l'opposite de l'Angleterre. Les trois autres s'étendent le long de cette partie de l'Océan, appellée Golfe de Gascogne.

Diocèses à l'opposite de l'Angleterre.

C'est premierement le Diocese de Dol, qui a fort peu d'étendue. La ville de *Dol* est située à une petite distance de la Mer, sur un terrein marécageux, ce qui fait qu'on y respire un air mal sain.

Sur la Côte du Diocese de Saint Malo, vous trouvez *Cancale*, lieu connu par la pêche abondante d'huitres, qui s'y fait. La ville de *Saint Malo*, l'une des plus commerçantes du Royaume, & dont les habitans sont très-expérimentés dans la navigation, est bâtie sur une langue de terre, qu'on nomme le Sillon. Remarquez, dans l'intérieur de ce Diocese, *Dinan*, *Montfort*, *Ploermel* & *Jugon*, villes qui députent aux Etats.

Dans le Diocese de *Treguier*, vous remarquerez la ville de même nom, qui est l'une des plus anciennes de la Bretagne. *Lannion* & *Guincamp*, villes de ce Diocese, dépendent du Duché de Penthievre, & députent aux Etats. *Morlaix*, à six lieues de Lannion, est une ville peuplée & fort marchande, qui députe pareillement aux Etats.

En continuant de suivre la Côte vers l'Occident, vous trouvez le Diocese de *Saint Paul de Léon*. Il y a près de douze cens ans que la ville de ce nom est érigée en Evêché : son premier Evêque, nommé Paul, fut mis au rang des Saints ; & par vénération pour sa mémoire, on joignit son nom à celui de la ville, qui est du Domaine temporel de l'Evêché, & dont les environs forment la Principauté de *Léon*, appartenante à la Maison de Rohan-Chabot. *Lesneven* est une ville qui députe aux Etats. *Landerneau* y députe pa-

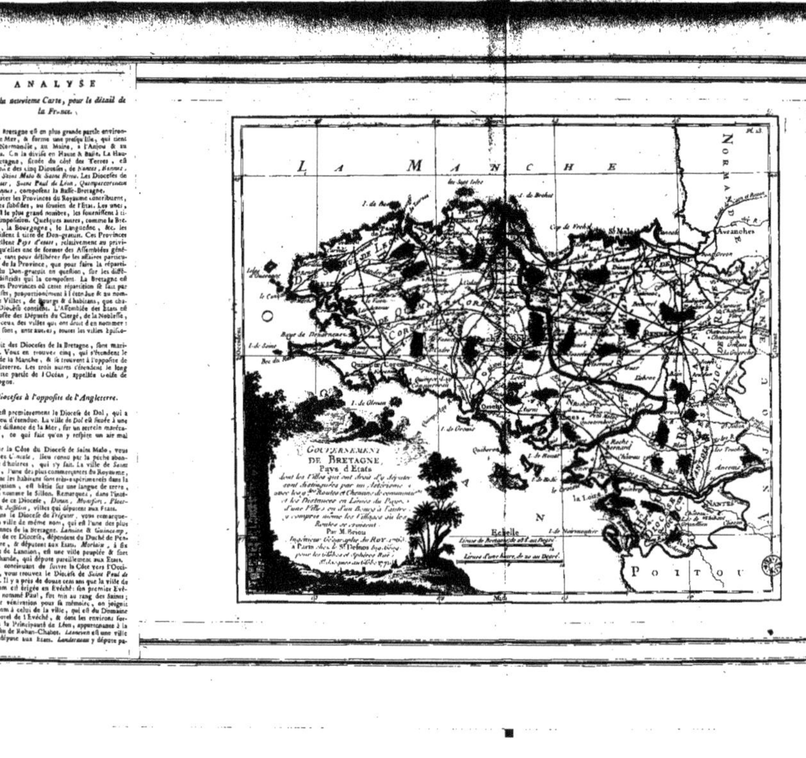

reillement, ainsi que la ville de *Brest*. Cette derniere, située au fond d'une Baye, qui en porte le nom, a un port des plus beaux & des plus sûrs de tout le Royaume.

Dioceses qui s'étendent le long du Golfe de Gascogne.

Ce sont les Dioceses de Quimpercorentin, & de Vannes & de Nantes.

La ville de *Quimpercorentin*, située sur une petite riviere, nommée l'Oder, est fort marchande. Le nom de *Quimper*, signifie, en Langue Bretonne, *entouré de murailles* : celui de *Corentin* qui y est ajouté, est le nom du premier Evêque de cette ville. *Quimperlai*, *Conquerneau* & *Aerhaut*, villes qui députent aux Etats.

Vannes étoit, du tems des Romains, la plus puissante ville de la Bretagne, & ses habitans les plus habiles de toute la Gaule, dans l'art de manœuvrer sur mer. La riviere de *Blavet* coule dans ce Diocese : c'est à son embouchure que se trouve le Port de l'*Orient*, où, depuis 1666, la Compagnie des Indes a établi son magasin. A l'opposite, est le *Port-Louis*. L'Orient est une des villes de ce Diocese, qui députent aux Etats. Les autres sont, *Huye*, *Redon*, *Auroi*, *Hennebond*, *Pontivi*, chef-lieu du Duché de Rohan, & *Malestroit*.

C'est dans le Diocese de *Nantes*, que la Loire finit son cours. La ville de *Nantes*, située sur ce fleuve, n'est pas d'une grande étendue ; mais elle est entourée de cinq Fauxbourgs, qui l'amplifient considérablement. C'est une de nos plus florissantes villes de commerce. Les gros vaisseaux, chargés pour Nantes, & qui ne peuvent remonter jusqu'à cette ville, s'arrêtent à *Painbeuf*, où l'on décharge toutes les marchandises qu'ils apportent. Vous remarquerez aussi, sur la Loire, *Le Croisic*, petite ville & Port du Mer, entre l'embouchure de la Loire, & celle de la Vilaine ; *Guerande*, autre petite ville, qui en est peu distante, & *Chateau-Briane*, sur les confins du Diocese & de celui de Rennes : ces quatre villes députent aux Etats.

Diocese de Rennes.

Il est au Nord de celui de Nantes, & à l'Ouest de ceux de S. Malo & de Dol : il confine aux Provinces de Normandie, du Maine & de l'Anjou. C'est le seul des neuf Dioceses de la Bretagne, qui ne soit point maritime.

La ville de *Rennes*, située sur la Vilaine, au confluent de cette riviere, & d'une autre, nommée l'*Ille*, est le siege du Parlement de la Province, & le lieu de l'Assemblée des Etats. Depuis 1720 qu'un incendie, qui dura près de huit jours, consuma 850 maisons, dans une étendue de 1160 toises quarrées, elle est rebâtie à neuf en grande partie, & se trouve maintenant beaucoup plus belle qu'elle n'étoit auparavant. Ses Fauxbourgs sont plus grands que la ville, qui a trois ponts sur la Vilaine, dont le plus beau, appelé le Pont-Neuf, fait communiquer la ville haute avec la ville basse. Les écluses construites sur la Vilaine la rendent navigable au-dessus de Rennes, où par leur moyen, l'on transporte le vin, le bois, l'ardoise, la pierre à bâtir, &c.

En tirant du côté du Maine, vous trouvez, sur une même ligne, les trois petites villes de *Fougeres*, *Vitré* & la *Guerche*, qui, avec celle d'*Hedé*, députent aux Etats.

Isles.

Il y en a plusieurs autour de la Bretagne ; l'Ile de *Brehat*, l'Ile de *Bas*, l'Ile d'*Ouessant*, l'Ile de *Groais* & *Belle-Ile*. Cette derniere, qui est la plus considérable, a environ seize lieues de tour, & contient quatre paroisses. *Le Palais* en est le chef-lieu.

ANALYSE
De la dixième Carte, pour le détail de la France.

POITOU. La Vienne traverse tout le Haut-Poitou, & reçoit la Creuse, qui coule sur les confins de cette Province & de la Touraine. Remarquez près de leur confluent, le *Port de Pilet.* De-là, remontez la Vienne, vous voyez *Chastelleraud.* Le *Clain,* autre rivière, qui se rend dans la Vienne, passe à *Poitiers,* ville de grande étendue, mais peu peuplée. A une lieue de Chastelleraud, on voit quelques restes d'anciennes murailles, qu'on appelle le Vieux-Poitiers, & où l'on croit qu'étoit anciennement la ville capitale du Poitou. On ajoute que l'Empereur Claude allant à son expédition d'Angleterre, fut suivi d'un grand nombre de Poitevins; & que pour récompense, il permit à ces peuples de reconstruire leur capitale au lieu où elle est maintenant.

La *Thoue,* rivière qui, grossie de plusieurs autres, se rend dans la Loire à Saumur, coule en plus grande partie dans le Poitou, où elle a sa source. Vous remarquerez sur cette rivière, les villes de *Thouars, Airvaut* & *Parthenai.* Sur quelques-unes de celles qui y portent leurs eaux, vous trouverez *Loudun, Moncontour, Bressuire, Argenson-le-Château,* &c.

La *Sèvre,* rivière qui se jette dans la Loire, à l'opposite de Nantes, a sa source & une partie de son cours dans le Poitou. Remarquez encore ici une autre Sèvre, qui passe à Niort, & porte ses eaux à la Mer. Pour les distinguer, on appelle l'une *Sèvre Nantoise,* & l'autre *Sèvre Niortoise.*

La Côte du Poitou. (Voyez la Carte générale) n'offre point de lieu plus considérable que les *Sables d'Olonne,* petite ville avec un bon Port. On trouve, à trois lieues de la Mer, la ville & Evêché de *Luçon.* La rivière qui coule à l'Ouest, se nomme le *Lay. La Roche-sur-Yon,* Seigneurie appartenante à M. le Duc d'Orléans, est ainsi nommée, à cause de sa situation sur le bord de l'*Yon,* petite rivière qui se rend dans le Lay. Toute cette contrée maritime est nommée le Bas-Poitou. *Fontenai-le-Comte,* sur la Vendée, en est la principale ville. Il est à remarquer que la Côte du Poitou est marécageuse en beaucoup d'endroits: elle l'est principalement entre la Vendée & le Lay, ce qui a donné lieu de pratiquer divers canaux qu'on voit ici marqués.

BERRI. La ville de *Bourges,* sa capitale, est recommandable par son ancienneté & par l'importance dont elle étoit avant que les Romains eussent mis le pied dans cette partie de la Gaule. C'est encore aujourd'hui une ville assez considérable, quoiqu'elle ait beaucoup souffert en différens tems: elle a quatre portes, sept Fauxbourgs, & un grand nombre de Tours, qui, avec les marais dont elle est environnée, servent à sa défense. *Sancerre,* sur le bord de la Loire, est une ville connue par les vins que produisent ses environs. Ces deux villes & diverses autres appartiennent au Haut-Berri, qui est à peu-près compris entre la Loire & le Cher. *Issoudun,* capitale du Bas-Berri, est aussi une ville très-ancienne.

NIVERNOIS. La ville de *Nevers,* bâtie en forme d'amphithéâtre, sur le bord de la Loire, existoit dans le tems de la conquête des Gaules par les Romains: elle étoit sous la dépendance des peuples, nommés *Aduens,* qui formoient une des plus puissantes Républiques de la Gaule. La *Charité-sur-Loire,* est une jolie ville, près de laquelle il y a une Colline, qui produit de fort bon vin. A l'Orient, vous voyez *Château-Chinon, Moulins-Engelbert, Corbigni, Veselai,* &c. Toute cette partie du Nivernois se nomme le *Morvan.*

BOURBONNOIS. Il dépendoit anciennement du

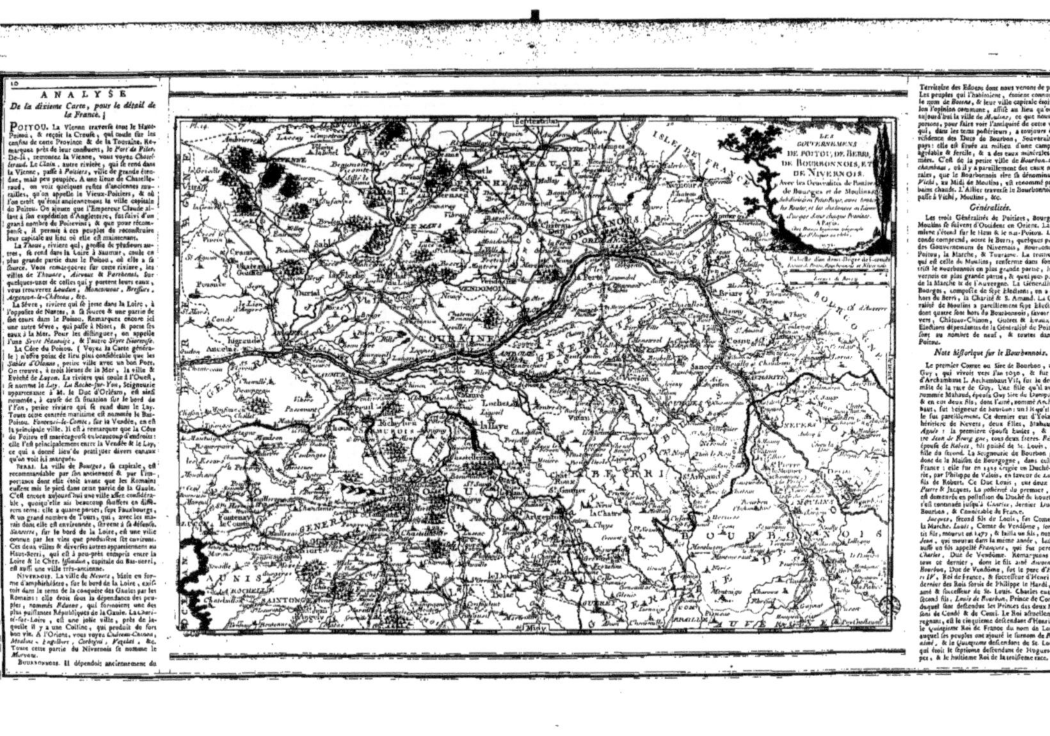

Territoire des Eduens dont nous venons de parler. Les peuples qui l'habitoient, étoient connus sous le nom de *Boiens,* & leur ville capitale étoit, selon l'opinion commune, assise au lieu qu'occupe aujourd'hui la ville de *Moulins,* ce que nous rapportons, pour faire voir l'antiquité de cette ville, qui, dans les tems postérieurs, a toujours été la résidence des Ducs de Bourbon, Souverains du pays: elle est située au milieu d'une campagne agréable & fertile, & à des eaux minérales estimées. C'est de la petite ville de *Bourbon-l'Archambaut,* où il y a pareillement des eaux minérales, que le Bourbonnois tire sa dénomination. *Vichi,* au Midi de Moulins, est renommé par ses bains chauds. L'Allier traverse le Bourbonnois, & passe à Vichi, Moulins, &c.

Généralités.

Les trois Généralités de Poitiers, Bourges & Moulins se suivent d'Occident en Orient. La première s'étend sur le Haut & le Bas-Poitou. La seconde comprend, outre le Berri, quelques parties des Gouvernemens de Nivernois, Bourbonnois, Poitou, la Marche, & Touraine. La troisième, qui est celle de Moulins, renferme dans son district le Bourbonnois en plus grande partie, le Nivernois en plus grande partie, & quelques parties de la Marche & de l'Auvergne. La Généralité de Bourges, composée de sept Elections, en a deux hors du Berri, la Charité & S. Amand. La Généralité de Moulins a pareillement sept Elections, dont quatre sont hors du Bourbonnois, savoir, Nevers, Château-Chinon, Guéres & Evaux. Les Elections dépendantes de la Généralité de Poitiers, sont au nombre de neuf, & toutes dans le Poitou.

Note historique sur le Bourbonnois.

Le premier Comte ou Sire de Bourbon, a été Guy, qui vivoit vers l'an 1030, & fut père d'Archambaut I. Archambaut VII, fut le dernier mâle de la race de Guy. Une fille qu'il avoit, nommée Mahaud, épousa Guy Sire de Dampierre, & en eut deux fils, dont l'aîné, nommé Archambaut, fut seigneur de bourbon: un II qu'il eut, le fut pareillement. Ce dernier eut d'Yolande, héritière de Nevers, deux filles, Mahaud & Agnès: la première épousa Eudes, & l'autre Jean de Bourg, tous deux freres. Béatrix épousa de Robert, fils puisné de St. Louis, étoit fille du second. La Seigneurie de Bourbon passa donc de la Maison de Bourgogne, dans celle de France: elle fut en 1327 érigée en Duché-Pairie, par Philippe de Valois, en faveur de Louis, fils de Robert. Ce Duc Louis, eut deux fils. Pierre & Jacques, la postérité du premier, qui est demeurée en possession du Duché de bourbon, s'est continuée jusqu'à Charles, dernier Duc de Bourbon, & Connétable de France.

Jacques, second fils de Louis, fut Comte de la Marche. Louis, Comte de Vendôme, son petit fils, mourut en 1477, & laissa un fils, nommé Jean, qui mourut dans la même année, laissant aussi un fils appelé François, qui fut père de Charles, Duc de Vendôme. Remarquons surtout ce dernier, dont le fils aîné Antoine de Bourbon, Duc de Vendôme, fut le père d'Henri IV, Roi de France, & successeur d'Henri III, dernier des Rois sortis de Philippe le Hardi, fils aîné & successeur de St. Louis. Charles eut un second fils, Louis de Bourbon, Prince de Condé, duquel sont descendus les Princes des deux Maisons de Condé & de Conti. Le Roi actuellement regnant, est le cinquième descendant d'Henri IV, le Quinzième Roi de France du nom de Louis, auquel les peuples ont ajouté le surnom de Bienaimé, & le Quinzième descendant de St. Louis, qui étoit le septième descendant de Hugues-Capet, & le huitième Roi de la troisième race.

ANALYSE

De la onzieme Carte, pour le détail de la France.

Il s'agit, dans cette Analyse, des Gouvernemens de Lyonnois & d'Auvergne. Le premier comprend les trois pays de Lyonnois, Forez & Beaujolois : le second, qui lui est contigu, renferme la Haute & la Basse-Auvergne.

Gouvernement & Généralité de Lyonnois.

Vous voyez que le Forez est le plus étendu des trois Pays, qui composent ce Gouvernement. C'est de la ville de Forez, située sur la Loire, qu'il tire sa dénomination. Saint Etienne, que vous voyez au Sud, est une ville considérablement peuplée, & fameuse par les manufactures de Fer, d'Acier & de toutes sortes d'Armes, qui y sont établies. La ville de Montbrison, capitale du Forez, porte le nom d'un vieux Château, qui s'y trouve renfermé : le lieu où elle est bâtie, étoit couvert de marécages ; il devint à sec, avec le tems : de quelques maisons qu'on y éleva dès-lors, auxquelles d'autres furent ajoutées dans la suite, il se forma un Bourg, qui, ayant été fermé de murailles, dans le dernier siecle, a pris le nom de Ville. Celle de Roane, est à remarquer, en ce que c'est-là que la Loire, qui traverse le Forez du Midi au Septentrion, commence à porter bateaux.

De l'autre côté de la Loire, nous trouvons le Beaujolois, qui s'étend jusqu'au rivage de la Saône : Il reçoit son nom de la petite ville de Beaujeu, au Sud-Est de laquelle, se trouve Ville-Franche, capitale du Pays.

En suivant d'ici le cours de la Saône, nous parviendrons au lieu de son confluent avec le Rhône : & là, nous trouverons la ville de Lyon, bâtie à la pointe de la Presqu'Isle, qui sépare les deux Fleuves. Deux ponts, l'un sur le Rhône, & l'autre sur la Saône, réunissent ces trois parties. A gauche, de l'autre côté du Rhône, en descendant, c'est le Fauxbourg de la Guillotiere : à l'opposite, sur la Saône, c'est un autre Fauxbourg ou Quartier, nommé de Fourviere. La ville est entourée de très-beaux Quais, qui règnent le long du Rhône & de la Saône : ses Places publiques, son Eglise Cathédrale, son Hôtel-de-Ville, &c. sont autant d'objets qui excitent l'admiration des Voyageurs. Cette ville tenoit un rang distingué entre les Cités des Gaules, même avant que les Romains y dominassent ; & lorsqu'elle eut subi leur joug, elle devint plus florissante que jamais, par les soins que prirent les Empereurs de la peupler, de l'embellir & de la rendre commerçante. Sa splendeur, loin de diminuer, ne fit encore que s'accroître sous la domination de nos Rois, qui n'ont cessé de la protéger, & d'y encourager l'industrie & le Négoce. Au Sud-Ouest de Lyon, vous trouvez Saint Chaumont, petite ville fort peuplée. La ville de Condrieu, connue par ses vins, est à quelques lieues de-là, sur le Rhône. Le Lyonnois, proprement dit, renferme diverses autres petites villes : vous remarquerez la Bresle, Tarare, Anse, &c.

Les Elections, dépendantes de la Généralité de Lyon, sont au nombre de cinq, savoir Lyon, Montbrison, St. Etienne, Roane & Ville-Franche.

Gouvernement & Généralité d'Auvergne.

L'Allier traverse toute la Basse-Auvergne, & reçoit, à droite & à gauche, quantité d'autres

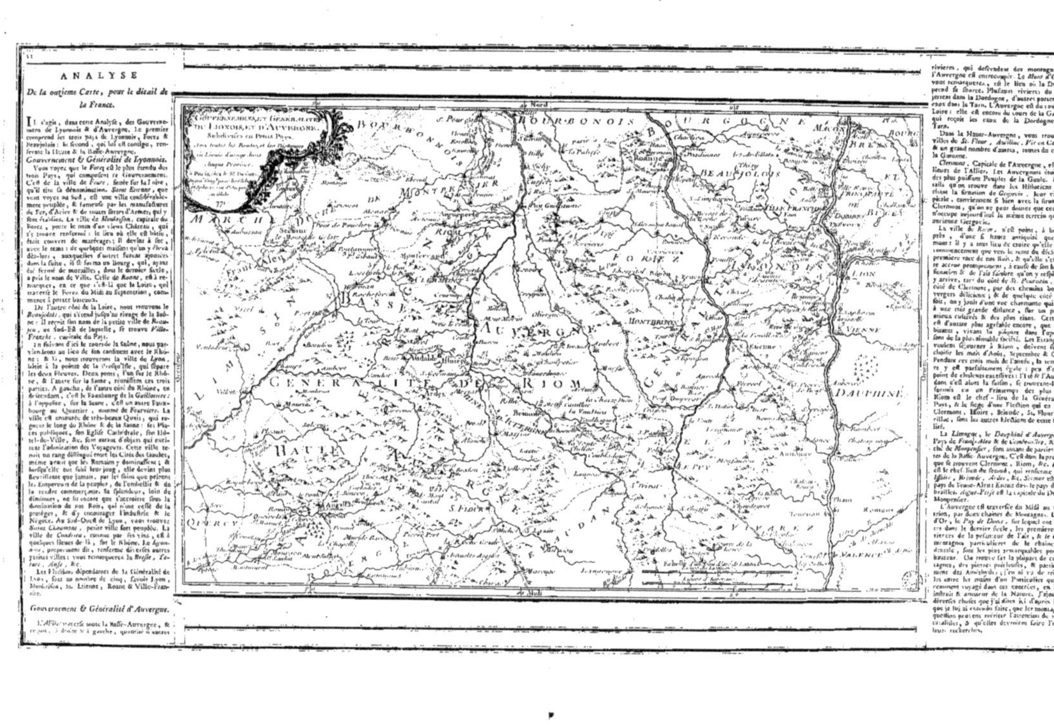

rivieres, qui descendent des montagnes dont l'Auvergne est entrecoupée. Le Mont d'Or, que vous remarquerez, est le lieu où la Dordogne prend sa source. Plusieurs rivieres du pays se jettent dans la Dordogne, d'autres portent leurs eaux dans le Tarn. L'Auvergne est du cours de la Loire : elle est encore du cours de la Garonne, qui reçoit les eaux de la Dordogne & du Tarn.

Dans la Haute-Auvergne, vous trouvez les villes de St. Flour, Aurillac, Vic en Carladez, & un grand nombre d'autres, toutes du cours de la Garonne.

Clermont, Capitale de l'Auvergne, est à trois lieues de l'Allier. Les Auvergnats étoient un des plus puissans Peuples de la Gaule. Les détails qu'on trouve dans les Historiens, touchant la situation de Gergovie, leur ville capitale, conviennent si bien avec la situation de Clermont, qu'on ne peut douter que cette ville n'occupe aujourd'hui le même terrein que cette ancienne Gergovie.

La ville de Riom, n'est point, à beaucoup près, d'une si haute antiquité que Clermont : il y a tout lieu de croire qu'elle n'a pris commencement que vers le tems du déclin de la premiere race de nos Rois, & qu'elle s'est ensuite accrue promptement, à cause de son heureuse situation & de l'air salubre qu'on y respire. On y arrive, tant du côté de St. Pourçain, que du côté de Clermont, par des chemins bordés de vergers délicieux ; & de quelque côté que ce soit, on y jouit d'une vue charmante qui s'étend à une très grande distance, sur un pays des mieux cultivés & des plus riants. Cette Ville est d'autant plus agréable encore, que ses habitans, vivant la plupart dans l'opulence, sont de la plus aimable société. Les Etrangers qui veulent séjourner à Riom, doivent sur-tout choisir les mois d'Août, Septembre & Octobre. Pendant ces trois mois de l'année, la température y est parfaitement égale : peu d'orages ; point de chaleurs excessives : l'Eté & l'Automne, dont c'est alors la saison, se trouvent-là transformés en un Printemps des plus beaux. Riom est le chef-lieu de la Généralité du Pays, & le siege d'une Election qui en dépend. Clermont, Issoire, Brioude, St. Flour & Aurillac, sont les autres Elections de cette Généralité.

La Limagne, le Dauphiné d'Auvergne, les Pays de Franc-Aleu & de Combrailles, & le Duché de Montpensier, sont autant de parties distinctes de la Basse-Auvergne. C'est dans la premiere, que se trouvent Clermont, Riom, &c. Vodable est le chef-lieu du second, qui renferme de plus Issoire, Brioude, Ardes, &c. Sermur est dans le pays de Franc-Aleu : Evaux dans le pays de Combrailles. Aigue-Perse est la capitale du Duché de Montpensier.

L'Auvergne est traversée du Midi au Septentrion, par deux chaînes de Montagnes. Le Mont d'Or, le Puy de Dôme, sur lequel ont été faites dans le dernier siecle, les premieres expériences de la pesanteur de l'air, & le Cantal, montagnes particulieres de la chaîne occidentale, sont les plus remarquables pour leur hauteur. On trouve sur la plupart de ces montagnes, des pierres précieuses, & particulierement des Améthystes ; j'en ai vu de très-belles entre les mains d'un Particulier qui a récemment voyagé dans ces contrées, en homme instruit & amateur de la Nature. J'ajouterai à diverses choses que j'ai dites ici d'après le récit que je lui ai entendu faire, que les montagnes en question pensent mériter l'attention de nos Naturalistes, & qu'elles devroient faire l'objet de leurs recherches.

ANALYSE

De la douzieme Carte, pour le détail de la France.

Nous avons à parler ici du Dauphiné. Le Rhône lui sert de limites du côté du Nord, & le sépare d'avec la Bresse & le Bugey. Du côté de l'Occident, il lui sert encore de limites, & le sépare d'avec le Lyonnois, le Vivarez & le Bas-Languedoc. La Durance coule au Midi, & le sépare, en divers endroits, d'avec la Provence. L'Isere, riviere qui vient de la Savoye, a la plus confidérable partie de son cours dans le Dauphiné. Le Drac & plufieurs autres rivieres particulieres de cette Province, portent leurs eaux dans l'Isere.

Bas-Dauphiné.

Le Viennois, le Valentinois & le Tricaftin, ainfi appellés des villes de *Vienne*, *Valence* & *St. Paul-trois-Châteaux*, font les Pays du Dauphiné, qui s'étendent le long du Rhône. Ces trois Pays & un quatrieme, qui reçoit fon nom de la ville de *Die*, fituée à l'Orient de Valence, & qu'on appelle le Diois, compofent le Bas-Dauphiné.

Le Viennois, enfermé entre le Rhône & l'Isere, eft le plus étendu de ces quatre Pays. Du côté de l'Orient, il confine à la Savoye. Vous voyez *Pont-Beauvoifin*, ville frontiere, qui eft divifée par la riviere de *Guier*, en deux parties, dont l'une eft de Savoye, & l'autre de Dauphiné. Suivez d'ici le long du Rhône. Toutes les villes & lieux que vous trouverez, jufqu'à l'embouchure de l'Isere, dépendent du Viennois. *Cremieu*, *La Guillotiere* Fauxbourg de Lyon, & la petite ville de *Saint Saphorin*, font au-deffus de Vienne. En defcendant, vous voyez *Saint Rambert*, *Saint Pallier* & *l'huis*. Remarquez fur l'Isere, *Romans* & *Saint Marcelin*. Beaucoup d'autres petites Villes, Bourgs & Châteaux occupent l'intérieur du Pays. Il en eft pareillement dans le Valentinois, le Tricaftin & le Diois. *Creft* & *Montelimar* font dans le Valentinois. *Pierre-latte*, *Donçere*, *Condorcet* dépendent du Tricaftin. *Caftillon*, *Luc*, *Roquebel*, *Barnave*, *Efpenel*, *Sarlicux*, *Quint*, &c. font des environs de Die. Des fix Elections que comprend la Généralité du Dauphiné, il y en a quatre dans le Bas-Dauphiné, qui font Vienne, Valence, Romans & Montelimar.

Haut-Dauphiné.

La Ville de *Grenoble*, fituée fur l'Isere, eft du Haut Dauphiné. On appelle *Grefivaudan*, le Pays qui la renferme. *Bourg d'Offant*, *Vizille*, *St. Quentin*, *Vorelfe*, *la Grande Chartreufe*, &c. font des lieux du Grefivaudan. Les villes de *Briançon*, *Ambrun* & *Gap*, donnent leurs noms au Briançonnois, à l'Embrunois & au Gapençois, autres pays du Haut-Dauphiné. Il y en a un entre le Gapençois, le Diois & le Tricaftin, qu'on appelle *Les Baronies*; ce font les deux Baronies de *Montauban* & de *Mevillons*, fituées au Midi de la ville de Die, qui donnent lieu à cette dénomination. Au Nord de Gap, vous voyez *St. Bonnet* & *Lefdiguieres*: le Pays particulier, qui les renferme, fe nomme *Champfaur*: Il eft fur les confins du Grefivaudan & du Gapençois. *Pont de Royan*, au Sud-Ouest de Grenoble, eft le chef lieu du Royanés, petit pays qui s'étend le long de l'Isere, fur les confins du Viennois & du Grefivaudan.

Le Haut-Dauphiné a deux Elections, qui font Grenoble & Gap.

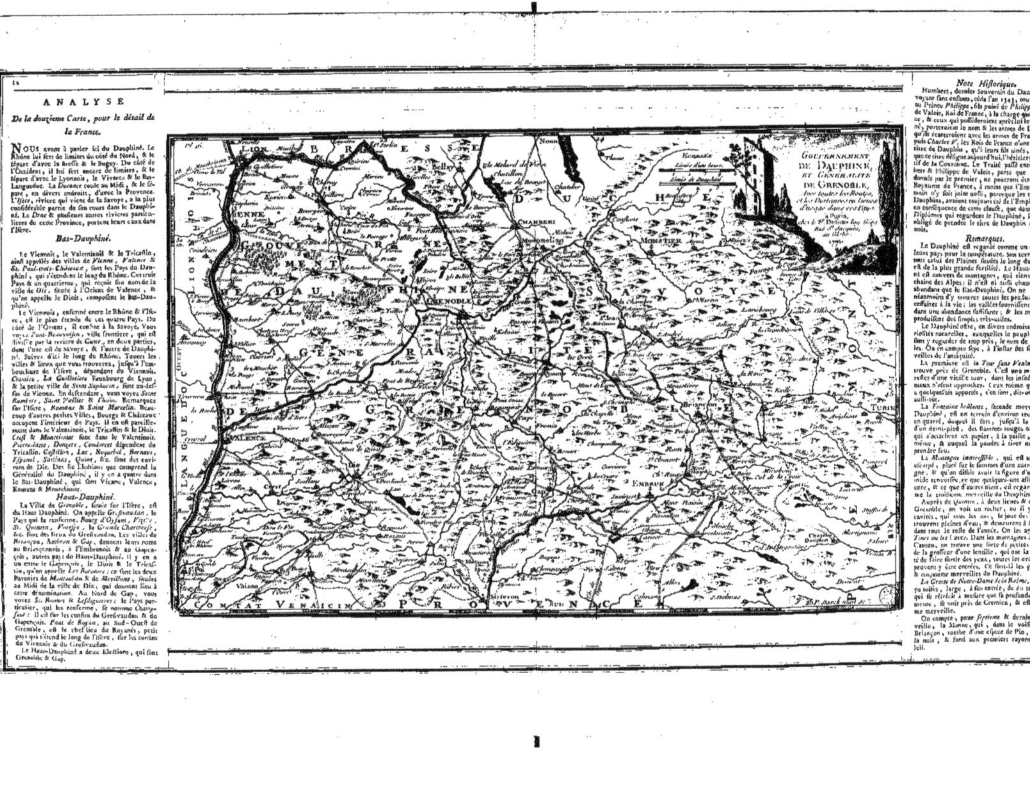

Note Historique.

Humbert, dernier Souverain du Dauphiné, fe voyant fans enfants, céda l'an 1343, tous fes Etats au Prince *Philippe*, fils puiné de *Philippe* IV, dit de Valois, Roi de France, à la charge que ce Prince, & ceux qui poffederoient après lui le Dauphiné, porteroient le nom & les armes de Dauphin, qu'ils écarteroient avec les armes de France. Depuis *Charles V*, les Rois de France n'ont donné le titre de Dauphin, qu'à leurs fils aînés, en forte que ce titre défigne aujourd'hui, l'héritier préfomptif de la Couronne. Le Traité paffé entre Humbert & Philippe de Valois, porte que les Etats donnés par le premier, ne pourront être unis au Royaume de France, à moins que l'Empire Romain n'y foit joint auffi, parceque les terres des Dauphins, avoient toujours été de l'Empire. C'eft en conféquence de cette claufe, que dans tous les Diplômes qui regardent le Dauphiné, le Roi eft obligé de prendre le titre de Dauphin de Viennois.

Remarques.

Le Dauphiné eft regardé comme un des meilleurs pays pour la température. Son terroir, furtout celui des Plaines fituées le long du Rhône, eft de la plus grande fertilité. Le Haut-Dauphiné eft couvert de montagnes, qui tiennent à la chaîne des Alpes: il n'eft ni auffi chaud ni auffi abondant que le Bas-Dauphiné. On ne laiffe pas néanmoins d'y trouver toutes les productions néceffaires à la vie: les vallées fourniffent du grain dans une abondance fuffifante; & les montagnes produifent des fimples très-utiles.

Le Dauphiné offre, en divers endroits, des curiofités naturelles, auxquelles le peuple doit, fans y regarder de trop près, le nom de Merveilles. On en compte fept, à l'inftar des fept merveilles de l'antiquité.

La premiere eft la *Tour fans Venin*, qui fe trouve près de Grenoble. C'eft une mazure ou refte d'une vieille tour, dont les infectes venimeux n'ofent approcher. Ceux même que l'on y a quelquefois apportés, s'en font, dit-on, retirés auffi-tôt.

La *Fontaine brûlante*, feconde merveille du Dauphiné, eft un terrein d'environ trente pieds en quarré, duquel il fort, jufqu'à la hauteur d'un demi-pied, des flammes rouges & bleues, qui s'attachent au papier, à la paille, au bois même, & auquel la poudre à tirer ne fauroit prendre feu.

La *Montagne inacceffible*, qui eft un rocher efcarpé, placé fur le fommet d'une autre montagne, & qu'on difoit avoir la figure d'une pyramide renverfée, ce que quelques-uns affurent encore, & ce que d'autres nient, eft regardée comme la troifieme merveille du Dauphiné.

Auprès de *Quintin*, à deux lieues & demie de Grenoble, on voit un rocher, ou il y a deux cavités, qui tous les ans, le jour des Rois, fe trouvent pleines d'eau, & demeurent à fec, pendant tout le refte de l'année. On les appelle les *Tines ou les Cuves*. Dans les montagnes du même Canton, on trouve une forte de petites pierres, de la groffeur d'une lentille, qui ont la propriété de faire fortir des yeux, toutes les ordures qui peuvent y être entrées. Ce font-là les *quatrieme & cinquieme* merveilles du Dauphiné.

La *Grotte de Notre-Dame de la Balme*, haute de 50 toifes, large, à fon entrée, de 60 toifes, & qui fe rétrécit à mefure que fa profondeur augmente, fe voit près de Cremieu, & eft la fixieme merveille.

On compte, pour *feptieme* & derniere merveille, la *Manne*, qui, dans le voifinage de Briançon, tombe d'une efpece de Pin, pendant la nuit, & fond aux premiers rayons du Soleil.

ANALYSE

De la treizieme Carte, pour le détail de la France.

§ I.
Gouvernement de Provence.

IL s'étend le long de la Méditerranée. Le Rhône qui coule à son extrémité occidentale, le sépare d'avec le Gouvernement de Languedoc. Le Var coule à l'extrémité opposée, & le sépare d'avec les parties de l'Italie, soumises au Roi de Sardaigne. Vous voyez dans ce Gouvernement, la plus grande partie du cours de la Durance : remarquez, sur cette riviere, la ville de *Sisteron*, où il y a un siege épiscopal. Il y en a dans les villes d'*Apt*, *Riez*, *Senez* & *Digne*, toutes du cours du Rhône, par rapport aux différentes rivieres sur lesquelles elles sont situées, qui portent leurs eaux dans ce Fleuve, par le Canal de la Durance. Le Verdon, sur lequel se trouvent la petite ville de *Colmars* & celle de *Castelane*, est la plus considérable de ces rivieres. Au Nord de Colmars, se trouve le Pays nommé *Vallée de Barcelonette*, annexé au Gouvernement de Provence, depuis 1713 : auparavant il dépendoit des Etats de Savoye. Vous trouverez, du côté de l'Italie, tant sur le Var que sur d'autres rivieres, différentes Villes de remarque, comme *Glandeves*, *Vence*, *Grasse* & *Antibes* : cette derniere est un Port de Mer, & une Place d'importance. Au Sud-Ouest, vous voyez la ville de *Frejus*, peu distante de la Mer. Entre Frejus & Antibes, se trouvent les deux petites Isles, dites de : *rins* : la moins éloignée du rivage, est appellée l'Isle *Sainte Marguerite* : Il y a quelques Forts & une Citadelle, où l'on enferme des prisonniers d'Etat : l'autre Isle porte le nom de Ste. *Honorat*, qui y fonda un Monastere vers la fin du quatrieme siecle. L'*Argens*, riviere qui coule de l'Occident à l'Orient, a son embouchure dans la Mer, à une petite distance de Frejus. Vous remarquerez au Midi, la ville de *Saint Tropez* : & de-là, tirant à l'Occident, vous verrez la ville d'*Hyeres*, celle de Toulon, *La Ciotat* & *Marseille*. Les *Isles d'Hyeres* sont à l'opposite de la ville de même nom, entre Toulon & St. Tropez. Il nous faut remarquer au Nord de Toulon, la petite ville de *St. Maximin*; de-là venir à *Aix*, & gagner ensuite le rivage du Rhône, pour voir la ville d'*Arles*, située sur un des bras de ce Fleuve. Il y a ici un pont à traverser, pour entrer dans la *grande Camargue*, Isle qui occupe toute l'embouchure du Rhône & le divise en deux bras : elle est renommée par l'excellence de ses pâturages. La *Crau d'Arles*, est une contrée montueuse, dont le terroir est extrêmement pierreux, & où l'on ne cultive que des vignes. Entre Aix & Arles, vous trouvez la *Mer de Berre*, autrement appellée, *Lac de Martigue*, dans lequel se rend la riviere d'Arc, qui passe à Aix. Ce Lac communique avec la Mer, par le moyen des fossés que l'on a creusés. A l'entrée, se trouve la ville de *Martigue*, composée de trois parties, *Jonquieres*, *l'Isle* & *Ferrieres*.

La Provence fut en 1487, solemnellement réunie à la Couronne par le Roi Charles VIII, à la priere des trois Etats du Pays. On conserva aux Provençaux, leurs loix particulieres & leurs privileges; & il fut stipulé que jamais la Provence ne seroit réputée Province du Royaume de France. C'est relativement à cette stipulation, que dans les diplomes qui lui sont adressés, le Roi prend particuliérement la qualité de Comte de Provence, &c.

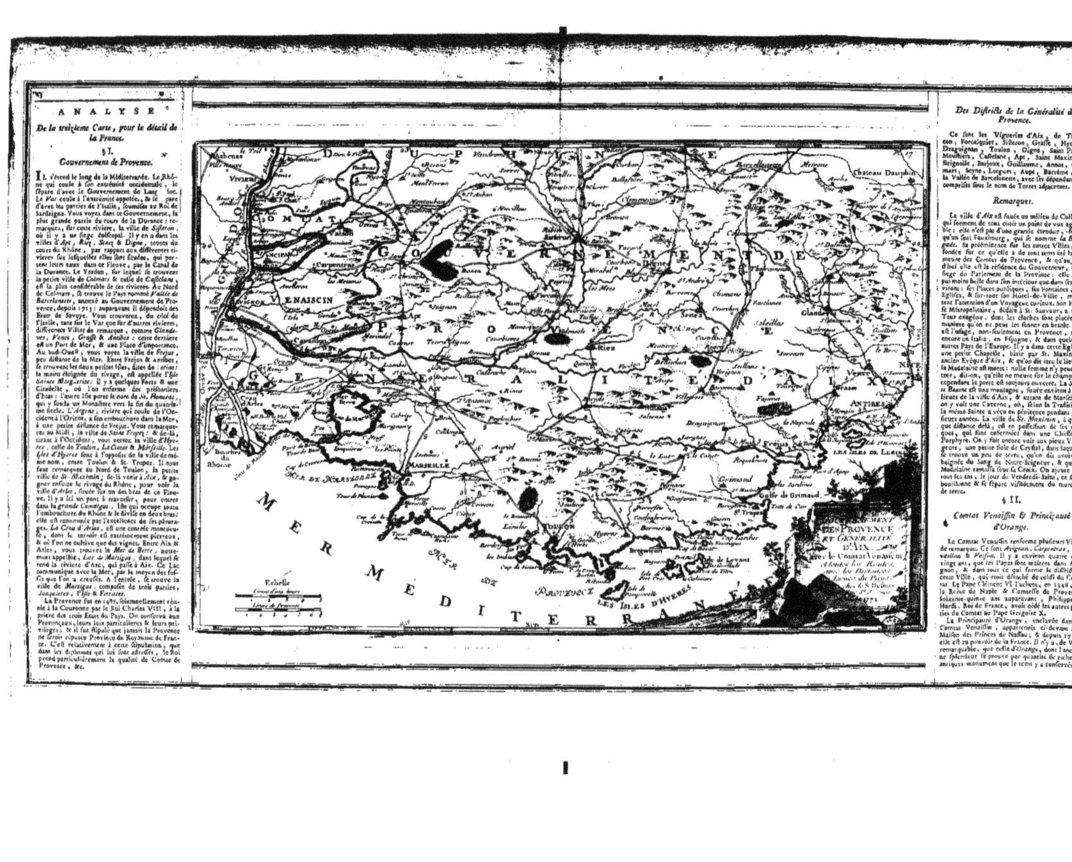

Des Districts de la Généralité de Provence.

Ce sont les Vigueries d'Aix, de Tarascon, Forcalquier, Sisteron, Grasse, Hyeres, Draguignan, Toulon, Digne, Saint Paul, Moustiers, Castelane, Apt, Saint Maximin, Brignolle, Barjoux, Guillaume, Annot, Colmars, Seyne, Lorgues, Aups, Barrême, & la Vallée de Barcelonette, avec ses dépendances, comprises sous le nom de Terres adjacentes.

Remarques.

La ville d'*Aix* est située au milieu de Collines qui forment de tous côtés un point de vue agréable : elle n'est pas d'une grande étendue, & n'a qu'un seul Fauxbourg, qui se nomme *la Bourgade*. Sa prééminence sur les autres Villes, est fondée sur ce qu'elle a de tout tems été la demeure des Comtes de Provence, & qu'aujourd'hui elle est la résidence du Gouverneur, & le siege du Parlement de la Provence : elle n'est pas moins belle dans son intérieur que dans ses environs : ses Places publiques, ses Fontaines, ses Eglises, & sur-tout son Hôtel-de-Ville, méritent l'attention d'un Voyageur curieux. Son Eglise Métropolitaine, dédiée à St. Sauveur, a une Tour exagône, dont les cloches sont placées de manière qu'on ne peut les sonner en branle, mais est l'usage, non-seulement en Provence, mais encore en Italie, en Espagne, & dans quelques autres Pays de l'Europe. Il y a dans cette Eglise une petite Chapelle, bâtie par St. Maximin, ancien Evêque d'Aix, & qu'on dit être le lieu où la Madelaine est morte : nulle femme n'y peut entrer, dit-on, qu'elle ne meure sur le champ, & cependant la porte est toujours ouverte. La *Sainte Baume* est une montagne, située environ... lieues de la ville d'Aix, & autant de Marseille; on y voit une Caverne, où, selon la Tradition, la même Sainte a vécu en pénitence pendant plusieurs années. La ville de *St. Maximin*, à quelque distance delà, est en possession de ses reliques, qui sont enfermées dans une Chasse de Porphyre. On y fait encore voir aux pieux Voyageurs, une petite fiole de Crystal, dans laquelle se trouve un peu de terre, qu'on dit avoir été baignée du Sang de Notre-Seigneur, & que la Madelaine ramassa sous la Croix. On ajoute que tous les ans, le jour du Vendredi-Saint, elle bouillonne & se sépare visiblement du morceau de terre.

§ II.
Comtat Venaissin & Principauté d'Orange.

Le Comtat Venaissin renferme plusieurs Villes de remarque. Ce sont *Avignon*, *Carpentras*, *Cavaillon* & *Vaison*. Il y a environ quatre vingt ans, que les Papes sont maîtres dans Avignon, & dans tout ce qui forme le district de cette Ville, qui étoit détaché de celui du Comtat. Le Pape Clément VI l'acheta, en 1348, de la Reine de Naple & Comtesse de Provence. Soixante-quinze ans auparavant, Philippe le Hardi, Roi de France, avoit cédé les autres parties du Comtat au Pape Grégoire X.

La Principauté d'Orange, enclavée dans le Comtat Venaissin, appartenoit ci-devant à la Maison des Princes de Nassau; & depuis elle est au pouvoir de la France. Il n'y a, de remarquable, que celle d'Orange, dont l'ancienne splendeur se prouve par quantité de riches & antiques monumens que le tems y a conservés.

ANALYSE
De la quatorzieme Carte, pour le détail de la France.

§. I.
Gouvernemens & Généralités du Languedoc, de Roussillon & Foix.

LE Gouvernement de Languedoc, comprend le Haut-Languedoc, le Bas-Languedoc, & les trois Pays du Vivarez, du Velai & du Gevaudan, appellés en général Pays des Cévennes, par rapport aux montagnes de ce nom, qui en occupent presque toute l'étendue. Le tout est divisé en deux Généralités, ou, pour me servir du terme propre, en deux Intendances, qui sont celle de Toulouse, dont le district s'étend sur le Haut-Languedoc; & celle de Montpellier, qui renferme, dans son district, le Bas-Languedoc, & le Pays des Cévennes.

Roussillon & Foix composent une troisieme Intendance; & sont, comme le Languedoc, Pays d'Etats.

Toute cette étendue de Pays, à l'exception du Roussillon, est du cours de trois grands Fleuves.

Premierement, du Cours de la Loire, Vous remarquez que la Loire sort des montagnes du Vivarez, & coule ensuite à travers le Velai, dont elle arrose la Ville capitale, qui est Le Puy. Vous remarquez aussi que l'Allier, qui est la plus considérable des rivieres qu'elle reçoit, a sa source & une partie de son cours dans le Gevaudan.

Secondement, du Cours du Rhône. Presque toutes les villes & lieux du Vivarez sont sur le Rhône, ou sur différentes rivieres qui s'y rendent. Au Nord & sur le Rhône, vous voyez Tournon, à l'opposite de Thain, petite ville du Dauphiné. Privas, capitale du Vivarez, est au Midi; & à l'opposite, se trouve Loriol, autre petite ville de Dauphiné. Bourg St. Andiol & Pierre-Latte, tout à peu près l'un vis-à-vis de l'autre. Vous trouvez, au sortir du Vivarez, le Diocèse d'Usez, & les villes de St. Esprit, Bagnols, Roquemaure, &c. la premiere, connue par son Pont de vingt-six Arches, construit sur le Rhône en 1265; le Comtat Venaissin & la Principauté d'Orange se trouvent de l'autre côté du Rhône, à l'opposite de ce Diocèse, qui est suivi de celui de Nimes, où vous voyez Beaucaire, ville fameuse, par les foires qui s'y tiennent, & au-dessus de laquelle le Gardon, qui passe à Alès, se jette dans le Rhône. C'est sur le Gardon, que se trouve le fameux Pont du Gard, qui joint deux montagnes, & à trois étages l'un sur l'autre. A l'opposite de Beaucaire, vous voyez Tarascon, ville du Diocèse d'Arles, qui est opposé à celui de Nemes.

Troisiemement, du Cours de la Garonne, qui coule dans la partie occidentale, à travers les Diocèses de Rieux, de Comenge & de Toulouse. C'est un peu au-dessus de la ville de Toulouse, que le Canal royal, après avoir traversé une partie du Bas-Languedoc, & tout le Haut-Languedoc, à peu près par le milieu, se joint à la Garonne, qui, à une petite distance de-là, commence à faire la séparation des deux Généralités de Toulouse & de Montauban. et Villes les plus remarquables, que nous trouvons en-deçà, autrement au Nord du Canal, sont Isle & Montauban. Sur le Tarn, Gaillac & Lavaur, tou-

tes deux sur l'Agout, riviere qui se rend dans le Tarn. En approchant du Canal, vous trouvez St. Papoul, simple Bourg, où il y a un siége Episcopal, & Castelnaudari, principale ville du Diocèse de St. Papoul. De l'autre côté du Canal, vous trouvez Carcassonne, Alet, Mirepoix, &c. L'Ariege, riviere qui se rend dans la Garonne, traverse tout le pays de Foix, du Midi au Septentrion: près de cette riviere, vous trouvez les villes de Foix, Pamiers, Tarascon, &c. Vous remarquerez que le Tarn & le Lot, ont tous deux leurs sources dans le Gevaudan: c'est sur le premier que se trouve Mende, capitale de ce Pays, au sortir duquel, vers le Midi, vous trouvez le Diocèse d'Alet, & de suire, ceux de Lodeve, Montpellier, Agde, Beziers, St. Pons & Narbonne, qui, avec les Diocèses de Nimes & d'Usez, dont nous avons parlé, composent le Bas-Languedoc. Vous remarquerez dans le Diocèse de Montpellier, Lunel & Frontignan, villes renommées par leurs excellens vins muscats. Leucate, dans celui de Narbonne, étoit ci-devant un lieu des mieux fortifiés. A quelque distance, au Sud-Est, vous trouvez Salces, ville dépendante de la Viguerie de Perpignan, la plus étendue & la plus considérable des trois Vigueries qui divisent le Gouvernement de Roussillon.

§. II.
Généralités de Montauban & d'Auch, faisant partie du Gouvernement de Guyenne.

Nous distinguerons ce qui est en-deçà de la Garonne & du Tarn, & ce qui est au-delà. Deux Provinces sont en-deçà, le Querci & le Rouergue. Au-delà, vous trouvez l'Armagnac, suivi au Midi de l'Astarac, du Bigorre & du pays nommé les Quatre Vallées. Le Comingey & le Conserans sont à l'Orient. Le Querci & le Rouergue composent la Généralité de Montauban: le reste est de la Généralité d'Auch, qui comprend encore d'autres Pays, dont nous parlerons dans l'Analyse suivante.

Les principales villes du Querci, sont Cahors & Montauban; l'une dans le Haut, & l'autre dans le Bas-Querci.

Le Rouergue, pays de montagnes, est divisé en deux parties. Dans celle qu'on nomme proprement le Rouergue, vous voyez la ville de Rhodez sur l'Aveiron. La Marche de Rouergue, divisé en Haute & Basse, comprend tout le reste du Pays. Dans la Haute-Marche, se trouvent Milhaud & Vabres. Ville-Franche est capitale de la Basse-Marche. C'est Rhodez qui est la capitale de tout le Rouergue.

La Garonne sépare le Querci d'avec l'Armagnac, dont Auch est la ville capitale. Au Nord & sur la même riviere, vous voyez celle de Leitoure, chef-lieu d'un petit pays nommé la Lomagne, compris dans l'Armagnac, ainsi que les pays de Fesdan & de Riviere, entre la Garonne & la Gimone.

L'Astarac a pour capitale Mirande.

Vous remarquerez dans le Bigorre, la ville de Tarbe, sa capitale; & en approchant des Pyrenées, les deux Bourgs de Bagnères & Barege, qui sont en grande renommée pour leurs eaux chaudes.

La petite ville de Castans, dans la partie septentrionale des Quatre Vallées, est chef-lieu de ce Pays.

Le Cominge est le premier pays arrosé par la Garonne, sur laquelle vous trouvez St. Bertrand, sa ville capitale.

C'est le Conserans qui nous reste à voir: il est contigu au pays de Foix, & St. Lizier est la ville capitale.

§ I.
Partie occidentale de la Généralité d'Auch, faisant partie du Gouvernement de Guienne.

TOUS les Pays en général que l'Adour traverse, sont de cette Généralité. Ainsi elle comprend, outre l'Armagnac, le Bigorre, & les autres Pays dont nous avons déjà parlé.

1°. *Le Pays de Chalosse*, que l'on divise en *Chalosse* proprement dite, où vous voyez St. Sever, jolie ville sur l'Adour, qui en est la capitale; *Pays de Tursan*, où se trouvent *Aire* & *Grenade*; & *Vicomté de Marsan*, dont la ville de Montmarsan est le chef-lieu.

2°. *Le Gabardan*, pays joint au Condomois, & dont Gabaret est le chef-lieu.

3°. *Les Landes*, pays qui s'étend le long de la Mer, & ainsi appellé, à cause de son peu de fertilité. *Dax*, sa ville capitale, est située sur l'Adour. Remarquez au Nord, la petite ville de *Tartas*, & celle d'*Albret*, chef-lieu d'un Duché, qui appartient aujourd'hui à la Maison de Bouillon, & qui a autrefois appartenu, sous le titre de Comté, aux Ancêtres maternels de notre grand Roi Henri IV.

4°. *Le Pays de Labour.* Ici vous remarquerez *Bayonne*, ville riche & très-marchande, située à l'embouchure de l'Adour. *St. Jean de Luz*, au Midi, est regardé comme le plus beau Bourg de France. Remarquez la petite rivière de *Bidassoa*, qui sépare les Terres de France, de celles d'Espagne.

§ II.
Gouvernement & Intendance du Béarn & de la Basse-Navarre.

Le Gouvernement comprend le Béarn & la Basse-Navarre seulement. L'Intendance comprend de plus, le Vicomté de Soule, renfermé entre ces deux Pays, mais dépendant du Gouvernement de Guienne. La ville de Pau, capitale particuliere du Béarn, l'est aussi de tout le Gouvernement, & le chef-lieu du district de l'Intendance qui est jointe à celle d'Auch, n'y ayant ordinairement qu'un seul Intendant pour les deux districts.

Vous remarquerez dans le Béarn, outre la ville de Pau, celles d'*Oleron*, *Lejeas*, *Ortez*, *Sauveterre*, *Navarreins*, &c.

St. Jean-Pied-de-port, capitale de la Basse-Navarre, est une place forte, située près des Pyrénées. *St. Palais*, au Nord, est la seconde ville du Pays.

Dans le Vicomté de Soule, vous voyez *Mauléon*, qui en est la ville capitale.

Le Béarn, la Basse-Navarre, & le Comté de Foix, dont nous avons parlé dans l'Analyse précédente, passerent de la Maison de Foix Graille dans celle d'Albret, par le mariage de Catherine, héritiere des biens de la premiere, avec Jean, Sire d'Albret. Henri d'Albret, leur fils, épousa une Princesse de France, & de ce mariage, sortit Jeanne d'Albret, mere d'Henri IV, qui, avant de parvenir à la Couronne de France, fut Roi de Navarre, sous le nom d'Henri II.

§ III.
Généralité de Bourdeaux, faisant partie du Gouvernement de Guienne.

Le Querci & le Rouergue, composant la Généralité de Montauban, l'Armagnac, l'Estarac, le Bigorre, les Quatre Vallées, le Comin-

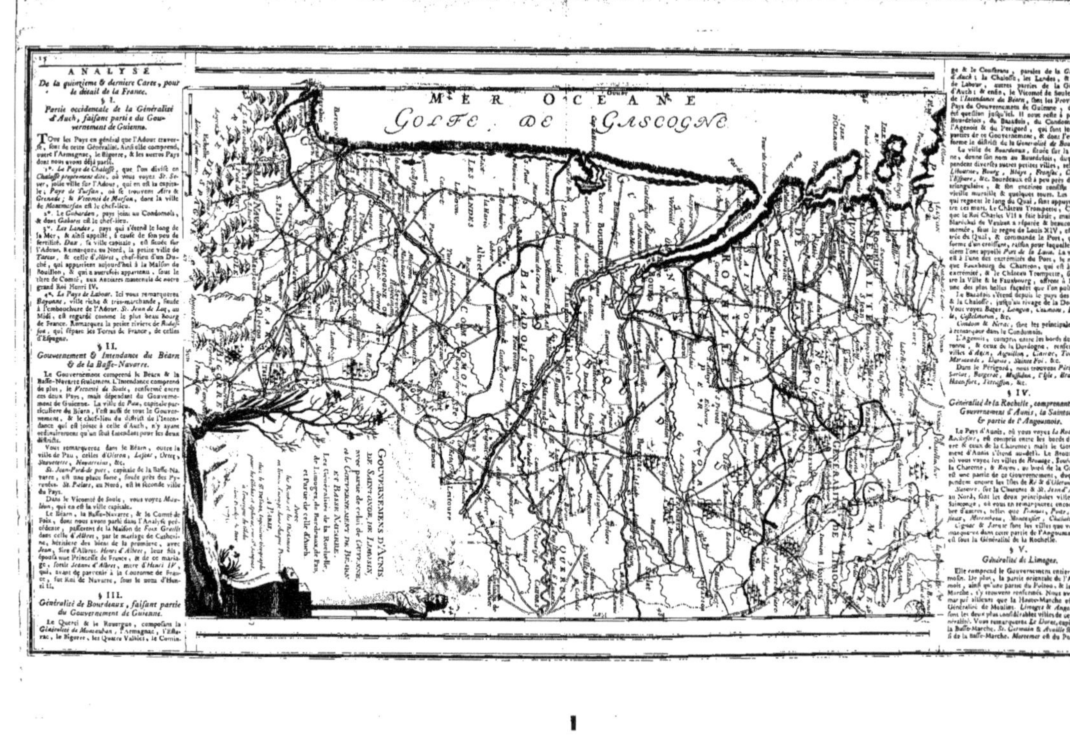

ge & le Couserans, parties d[e la Généralité]
d'Auch; la Chalosse, les Lan[des]
de Labour, autres parties d[e la Généralité]
d'Auch; & enfin, le Vicomté d[e Soule, partie]
de l'Intendance du Béarn, son[t les]
Pays du Gouvernement de Guien[ne, dont il a]
été question jusqu'ici. Il nous r[este le]
Bourdelois, du Bazadois, du C[ondomois,]
l'Agenois & du Périgord, qui[sont les autres]
parties de ce Gouvernement, & [dont l'ensemble]
forme le district de la Généralité[de Bourdeaux.]

La ville de *Bourdeaux*, située[sur la Garon]
ne, donne son nom au Bourdelo[is, duquel dé]
pendent diverses autres petites vil[les, telles que]
Libourne, *Bourg*, *Blaye*, *Fron*[*sac*, *Guitres*,]
l'Esparre, &c. Bourdeaux est à peu[près de forme]
triangulaire, & son enceinte [est formée d'une]
vieille muraille & quelques tou[rs]
qui regnent le long du Quai, son[t]
tre ces murs. Le Château Tromp[ette]
que le Roi Charles VII a fait bât[ir, mais que le]
Maréchal de Vauban a réparée &[aug]
mentée, sous le regne de Louis X[IV]
trée du Quai, & commande le [Port, qui a la]
forme d'un croissant, raison pour[laquelle les an]
ciens l'ont appellé *Port de la Lu*[*ne*]
est à l'une des extrémités du Po[rt]
que Fauxbourg du Chartron, q[ui]
extrémité, & le Château Tromp[ette]
are la Ville & le Fauxbourg, off[re à la vue]
une des plus belles façades que[l'on puisse voir.]

Le Bazadois, s'étend depuis le p[ays des Landes]
& la Chalosse, jusqu'au rivage d[e la Dordogne.]
Vous voyez *Bazas*, *Langon*, *Cau*[*dro*]
le, *Castelnorun*, &c.

Condom & *Nérac*, sont les pr[incipales villes]
à remarquer dans le Condomois.

L'Agenois, compris entre les b[ords de la Ga]
ronne, & ceux de la Dordogne, [renferme les]
villes d'*Agen*, *Aguillon*, *Clair*[*ac*,]
Marmande, *Duras*, *Sainte Foi*, [&c.]

Dans le Périgord, nous trouve[ns Périgueux,]
Sarlat, *Bergerac*, *Mussidan*, *l'Is*[*le*, *Brantôme*,]
Hautefort, *Terrasson*, &c.

§ IV.
Généralité de la Rochelle, comp[renant tout le] Gouvernement d'Aunis, la [Saintonge] & partie de l'Angou[mois.]

Le Pays d'Aunis, où vous voye[z la Rochelle &]
Rochefort, est compris entre les [bords de la Se]
ere & ceux de la Charente; mais[le Gouverne]
ment d'Aunis s'étend au-delà. [Le Brouageais,]
où vous voyez les villes de *Brouag*[*e*]
la Charente, & *Royan*, au bord d[e la Gironde,]
est une partie de ce Gouverneme[nt, duquel dé]
pendent encore les Isles de *Ré* &[d'Oleron.]

Saintes, sur la Charente & *St.*[*Jean d'Angeli*]
au Nord, sont les deux principal[es villes de la]
Saintonge, où vous en remarquere[z encore nom]
bre d'autres, telles que *Taillebo*[*urg*, *Pons*, *Roche*]
fieux, *Marenchaux*, *Montguyon*[]
Cognac & *Jarnac* sont les vill[es]
marquerez dans cette partie de l'A[ngoumois, qui]
est sous la Généralité de la Roche[lle.]

§ V.
Généralité de Limo[ges.]

Elle comprend le Gouvernem[ent entier de Li]
mosin. De plus, la partie orienta[le de l'Angou]
mois, ainsi qu'une partie du Poit[ou & la Basse]
Marche, s'y trouvent renfermés. [Nous avons re]
marqué ailleurs que la Haute-Ma[rche est de la]
Généralité de Moulins. *Limoges* [& Angoulême]
sont les deux plus considérables vil[les de cette Gé]
néralité. Vous remarquerez *Le Do*[*rat*, capitale de]
la Basse-Marche. *St. Germain* & *A*[*neuille* sont aus]
si de la Basse-Marche. *Mortemer* e[st en Poitou.]

www.ingramcontent.com/pod-product-compliance
Ingram Content Group UK Ltd.
Pitfield, Milton Keynes, MK11 3LW, UK
UKHW021435090726
13657UKWH00003B/1098